高等职业教育“十四五”规划教材
中国特色高水平高职专业建设计划成果
现代农业装备应用技术专业群系列教材

U0965145

农机底盘结构与维修

邹法毅　郭雪峰　主编

中国农业大学出版社
·北京·

内容简介

本书共7个学习情境，以国内外广泛应用的FIAT系列轮式拖拉机底盘技术、中国一拖集团生产的东方红牌拖拉机底盘技术、上海纽荷兰系列拖拉机底盘技术、美国生产的大功率轮式拖拉机先进的底盘技术为实例，介绍了拖拉机底盘各系统和机构(包括离合器、变速器、驱动桥、制动系、转向系和行驶系)的拆装、检查调整、使用保养和故障排除等内容，涵盖了主要机构和系统的组成、构造、原理等基本知识，以及进行拖拉机底盘技术保养与磨合的知识和技能要点。通过对本书的学习，学生能掌握底盘结构与维修的基本理论和操作技能，具有一定的分析能力，能够正确处理和解决各种常见底盘故障。

本书可作为高等职业院校现代农业装备应用技术及相关专业课程教材，也可作为中等职业学校农机类专业课程教材，还可作为农机维修企业的培训用书及农机维修技术人员的参考用书。

图书在版编目(CIP)数据

农机底盘结构与维修 / 邹法毅，郭雪峰主编． --北京 ：中国农业大学出版社， 2025.3.
ISBN 978-7-5655-3428-7

Ⅰ. S22

中国国家版本馆CIP数据核字第20252UF404号

书　　名　农机底盘结构与维修
作　　者　邹法毅　郭雪峰　主编

策划编辑	郭建鑫　张秀环	**责任编辑**	郭建鑫
封面设计	李尘工作室		
出版发行	中国农业大学出版社		
社　　址	北京市海淀区圆明园西路2号	**邮政编码**	100193
电　　话	发行部 010-62733489,1190		读者服务部 010-62732336
	编辑部 010-62732617,2618		出　版　部 010-62733440
网　　址	http://www.caupress.cn	**E-mail**	cbsszs@cau.edu.cn
经　　销	新华书店		
印　　刷	河北朗祥印刷有限公司		
版　　次	2025年4月第1版　　2025年4月第1次印刷		
规　　格	185 mm×260 mm　　16开本　　13.5印张　　335千字		
定　　价	42.00元		

图书如有质量问题本社发行部负责调换

编审人员

主　编　邹法毅　黑龙江农业工程职业学院

　　　　郭雪峰　黑龙江省农业机械化技术推广总站

副主编　孙念成　黑龙江农业工程职业学院

　　　　周立元　海南经贸职业技术学院

　　　　张　儒　哈尔滨职业技术大学

　　　　胡继生　黑龙江北大荒农业股份有限公司七星分公司第七管理区

主　审　赵作伟　黑龙江农业工程职业学院

前　言

党的二十大报告提出“统筹职业教育、高等教育、继续教育协同创新，推进职普融通、产教融合、科教融汇，优化职业教育类型定位。”这要求职业教育更加注重研究人才培养模式，而教材正是人才培养的重要支撑，是“三教”改革的重要基础。为贯彻落实“职普融通、产教融合、科教融汇”精神，依据现代农业装备应用技术专业的专业核心课程“底盘拆装与维护”教学要求，我们按照工作过程及系统化课程教学模式编写了本书。

本书坚持“理实一体化”的特色，按工作过程系统化要求重新设计和整合教学内容，将技能训练项目设计成学习性工作任务，以学习情境为教学单元，通过学生自主式和探究式活动学习专业知识，通过学生独立或协作完成工作任务培养专业技能。

本书的突出特色是由以支持“教”为主导的“教材”向以支持“学”为主导的“学材”和“导材”转化，教材不再是知识的“存储器”，而是知识的“超链接”；实践操作部分更加具体化和典型化，有利于设计真实或仿真的工作任务，使学生在完整的工作过程中培养职业素质和职业行动能力。

本书按拖拉机底盘部分的构成划分为 7 个学习情境。前 6 个学习情境以拖拉机底盘各系统和机构的拆装、检查调整、使用保养和故障排除为载体，涵盖了主要机构和系统的组成、构造、原理等基本知识；最后一个学习情境为综合运用知识和技能进行拖拉机底盘技术保养与磨合。每个学习情境以“学习目标”为引领，将原来学科化的知识和抽象化的技能重新打包成与工作过程相对应的承载知识和能力的“资讯包”，为学生提供基本的信息资料和学习指导。在内容设计上，不是简单的陈述和罗列，而是通过大量形象生动的插图来展示原理性和操作性内容，达到“助学”的效果；在关键知识点上，通过“知识链接”“维修提示”“安全提示”等方式时刻体现“导学”的作用。本书不但适用于学习情境教学模式，也适用于以能力培养为本位的“理实一体化”教学模式。本书内容以国内外广泛应用的 FIAT90 系列轮式拖拉机底盘技术为主，在必备知识部分适当介绍一些履带式拖拉机底盘技术；在扩展学习部分主要介绍当前国际知名拖拉机生产企业——凯斯纽荷兰公司生产的大功率轮式拖拉机的先进底盘技术；在实操训练部分主要以纽荷兰 SNH 系列拖拉机的拆装、调整和故障诊断与维修等内容为主，适当介绍东方红系列(采用 FIAT 技术)轮式拖拉机与之不同的部分。

本书由邹法毅、郭雪峰主编，赵作伟主审。具体编写分工如下：邹法毅编写绪论、学习情境 1、学习情境 2，并统编全书；郭雪峰编写学习情境 3；孙念成编写学习情境 4；周立元编写学习情境 5;张儒编写学习情境 6;胡继生编写学习情境 7。

本书在编写过程中得到了上海纽荷兰农业机械有限公司技术培训部朱金涛老师和凯斯纽荷兰机械(哈尔滨)有限公司售后服务部闫春华经理的大力支持和帮助,在此一并致谢。

由于编者的时间和水平所限,书中难免有疏漏和不足之处,敬请读者批评指正,以便再版时修订完善。

编　者

2025 年 1 月

目　　录

绪　论

学习目标

- 能描述农用拖拉机的类型和用途；
- 能说出拖拉机型号的含义；
- 能描述拖拉机底盘系统的各组成部分及其功用；
- 能认知传动系的组成和型式；
- 会利用信息技术查阅有关资料，了解拖拉机发展现状和趋势。

0-1　必备知识　拖拉机的认知

课程导入

1. 农用拖拉机有哪些类型？各类型拖拉机分别适用于哪些农业生产作业？

2. 国产拖拉机的型号编制规则有哪些？请说出 SH504 型拖拉机型号的含义。

3. 请上网查阅国外拖拉机型号的含义，如凯斯纽荷兰、约翰迪尔等知名品牌的拖拉机。

4. 查阅有关资料，了解国内外农用拖拉机发展的现状和趋势，特别是底盘部分有哪些新技术和新结构。

一、农用拖拉机的用途与类型

农用拖拉机是农业生产的主要动力机械，用于牵引和驱动各种非自走型作业机械，主要完成整地、播种、田间管理及收获等项作业，还可完成农田基本建设和农业运输作业。一般拖拉机按其用途、结构和功率大小有如下分类。

(一)按拖拉机用途分类

按其用途不同可分为普通型拖拉机、园艺型拖拉机、中耕型拖拉机和特殊用途型拖拉机四类。

(1)普通型拖拉机　它的特点是应用范围较广，主要用于一般条件下的农田移动作业、固定作业和运输作业等，如丰收-180、SH500、SNH800、东方红-1204 等型号的拖拉机。

(2)园艺型拖拉机　主要用于果园、菜地、茶林等各项作业，它的特点是体积小、功率小、机动灵活。小型四轮拖拉机及手扶拖拉机属于这种类型。

(3)中耕型拖拉机　主要用于中耕作业，也兼用于其他作业，如长春-400、东方红-20 型高地隙变型拖拉机等，由于具有较高的地隙和较窄的行走装置，可用于玉米、高粱、棉花等高秆作物的中耕。有些拖拉机，如铁牛-650 型等，地隙比普通拖拉机稍高些。它们既适用于一般农田作业，又可用于中耕，故称“万能”中耕型拖拉机。

(4)特殊用途型拖拉机　即适于在特殊工作环境下作业或适于某种特殊需要的拖拉机。如山地拖拉机、沤田拖拉机（船形）、水田拖拉机和葡萄园拖拉机等。

(二)按拖拉机行驶装置分类

按行驶装置的型式分,可分为履带式(或链轨式)拖拉机及轮式拖拉机两类,半履带式拖拉机则是这两种拖拉机的变型。

(1)履带式拖拉机　主要用于土质黏重、潮湿地块田间作业,农田水利、土方工程等农田基本建设作业,如东方红-802、东方红-1002/1202 等型号的拖拉机。

(2)轮式拖拉机　轮式拖拉机的行驶装置是车轮。按车轮或轮轴的数量不同又可分为手扶式和轮式三种:

①手扶拖拉机　它的行走轮轴只有一根。如轮轴上只有一个车轮的称为独轮拖拉机,有两个车轮的称为双轮拖拉机。由于它们只有一根轴,因此在农田作业时操作者多为步行,用手扶持操纵拖拉机工作,所以,习惯上称为手扶拖拉机。如工农-12 型、东风-12 型等手扶拖拉机。

②轮式拖拉机　它的行走轮轴有两根,如轮轴上有三个车轮的称为三轮拖拉机,有四个车轮的称为四轮拖拉机。平常所说的轮式拖拉机就是指上述两类拖拉机。目前应用最广泛的是四轮拖拉机。就其驱动型式不同,四轮拖拉机还可分为两轮驱动和四轮驱动两种。两轮驱动一般为后两轮驱动、两前轮导向,驱动型式代号用 4×2 来表示(4 和 2 分别表示车轮总数和驱动轮数),主要用于一般农田作业、排灌作业和农副产品加工以及运输作业等。四轮驱动型拖拉机,前后四个轮子都由发动机驱动,驱动型式代号用 4×4 来表示。在农业上主要用于土质黏重、大块地深翻、泥道运输作业等。在林业上用于集材和短途运材。

(三)按拖拉机发动机功率大小分类

(1)大型拖拉机　功率在 73.6 kW(100 马力)以上。

(2)中型拖拉机　功率在 14.7～73.6 kW(20～100 马力)。

(3)小型拖拉机　功率在 14.7 kW(20 马力)以下。

二、国产拖拉机的型号编制规则

根据 JB/T 9831—2014《农林拖拉机 型号编制规则》的规定,拖拉机型号一般由系列代号、功率代号、型式代号、功能代号和区别标志组成,其排列顺序如图 0-1 所示。

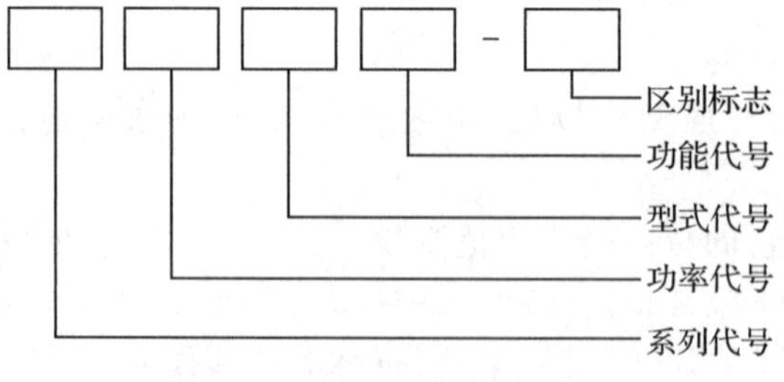

图 0-1　拖拉机型号编制规则

(1)系列代号　用不多于 3 个大写汉语拼音字母表示(后一个字母不得用 I 和 O),用以区别不同系列和不同设计的机型。如无必要,系列代号可以省略。

(2)功率代号　用发动机标定功率值千瓦(kW)乘以系数 1.36 换算成马力(HP)取整数表示。

(3)型式代号　采用数字符号,见表 0-1。

表 0-1　型式代号

代号	型式	代号	型式
0	后轮驱动四轮式	4	四轮驱动式
1	手扶式(单轴式)	5	自走底盘式
2	履带式	9	船式
3	三轮式或并置前轮式		

(4)功能代号　采用字母符号,见表 0-2。

表 0-2　功能代号

功能代号	功能	功能代号	功能
空白	一般农用拖拉机	P	坡地用
G	果园用	S	水田用
H	高地隙中耕用	T	运输用
J	集材用	Y	园艺用
L	营林用	Z	沼泽地用
D	大棚用	E	工程用

(5)区别标志　结构经重大改进后,可加注区别标志,区别标志用大写的英文字母(I、O 除外)或/和阿拉伯数字表示。区别标志应尽量简化。

例如,SH500 型拖拉机,即 SH(上海)牌,发动机功率为 50 HP(36.8 kW)后轮驱动四轮式农用拖拉机。

三、现代农用拖拉机的发展趋势

自 20 世纪 90 年代以来,国内外农用拖拉机进入了大型化、标准化和系列化的发展时期。随着电子信息技术等高新技术的应用,现代大功率农用拖拉机日益向智能化、机电一体化、改善驾驶人员的工作条件和节能环保的方向发展。进入 21 世纪以后,国内外农用拖拉机的发展趋势具有以下几个特点:

(1)拖拉机产品系列的划分将更加细化,即每个拖拉机系列族将派生出 4～6 个系列,变型产品品种将越来越多。

(2)产品结构型式仍将以前轮小、后轮大、前轮转向的标准型为主,四轮驱动式将占 95%以上,大、中型拖拉机一般只生产四轮驱动式产品。

(3)发动机功率将继续增加,4 缸和 6 缸发动机将普遍采用增压和中冷技术。发动机的所有技术进步均以有利于环保和节能为前提,拖拉机柴油机的排放要求将越来越严格,代用燃料的研究将进一步得到发展。

(4)全动力换挡变速箱将作为拖拉机的标准装备,液压无级传动系得到广泛应用,高速(50 km/h)拖拉机将越来越多。

(5)拖拉机机电一体化水平将进一步提高。电子技术的应用更为广泛,在现有产品部件应用的基础上，将在无级变速传动系统、动力换挡的动力输出轴、静液压转向器、负荷传感系统、液压泵悬架系统、前置动力输出轴和前置提升器等部件上广泛采用电子技术。

(6)为了适应生态农业、保护性耕作、畜禽集约化与无公害饲养等可持续发展农业的需要，以全球卫星定位系统(GPS)、地理信息系统(GIS)与卫星遥感系统(RS)等为代表的高新技术在大、中型拖拉机上的应用将是今后一段时间的主要发展方向，无人驾驶拖拉机将陆续问世。另外，为提高机械性能和使用方便性，今后拖拉机将更为广泛地采用计算机技术，实现作业自动监视与报警、自动控制、自动监测主要工作部件故障、自动记录和自动排除故障等。

0-2　必备知识　传动系概述

课程导入

1. 拖拉机底盘由哪些系统和装置组成？
2. 传动系的功用是什么？由哪些部件组成？
3. 为什么拖拉机需要变速变矩？
4. 轮式拖拉机传动系与履带式拖拉机有哪些不同？
5. 观察SNH800型轮式拖拉机和东方红-802型履带式拖拉机，认知其传动系部件及装配关系。

一、拖拉机底盘系统的组成与功用

现代拖拉机的底盘一般由传动系、转向系、制动系、行驶系(又称行走系)、工作装置等组成。

1. 传动系

传动系是发动机与驱动轮之间所有传动部件的总称。主要由离合器、变速器、驱动桥及最终传动等组成。它将发动机的动力传给驱动轮和动力输出轴。同时具有以下功能：降低转速增加扭矩，改变转速和扭矩，实现拖拉机倒驶，传递或切断动力。

2. 转向系

转向系主要由方向盘、转向器、转向操纵机构等组成。用于控制拖拉机的行驶方向，保证拖拉机直线行驶和转向，使拖拉机能正确、安全地工作。

3. 制动系

制动系主要由制动器和制动操纵机构等组成。用于使拖拉机强制减速或停车，并使已停驶的拖拉机能可靠地停留在原地。

4. 行驶系

行驶系主要由车架、车桥、悬架、车轮、行走装置(履带式)等组成。行驶系的功用是支承拖拉机的全部质量，保持各部件的正常位置，将发动机传到驱动轮上的驱动扭矩变为拖拉机工作所需的推进力，并承受作用于车轮的其他力和力矩，保证拖拉机正常行驶。

5. 工作装置

主要包括液压悬挂装置、牵引装置和动力输出装置等。液压悬挂装置以液压为动力提升农机具，操纵农机具的升降，控制农机具工作深度或保持农机具离地高度及液压输出；牵引装置用于拖拉机连接牵引农机具进行生产作业，或连接拖车进行运输作业；动力输出装置用于将拖拉机发动机功率的一部分以至全部，以旋转机械能的方式传递到需要动力的农机具上。

二、传动系的组成与功用

动力机械的传动系按结构和传动介质的不同分为机械式、液力机械式、静液压式和电力式等。目前，拖拉机主要采用机械式传动系。传动系的组成及其在拖拉机上的布置形式，取决于发动机的类型和性能、拖拉机的结构形式、拖拉机行驶系及传动系本身的结构形式等许多因素。

（一）组成

1. 轮式拖拉机传动系的组成

如图 0-2 所示，轮式拖拉机的传动系由离合器、变速箱、驱动桥和最终传动等部件组成。多数轮式拖拉机的发动机纵向布置在前部，并且采用后轮驱动或四轮驱动。发动机发出的动力依次经过离合器→变速箱→中央传动（主减速器）→差速器→最终传动→半轴，传到两侧驱动轮。

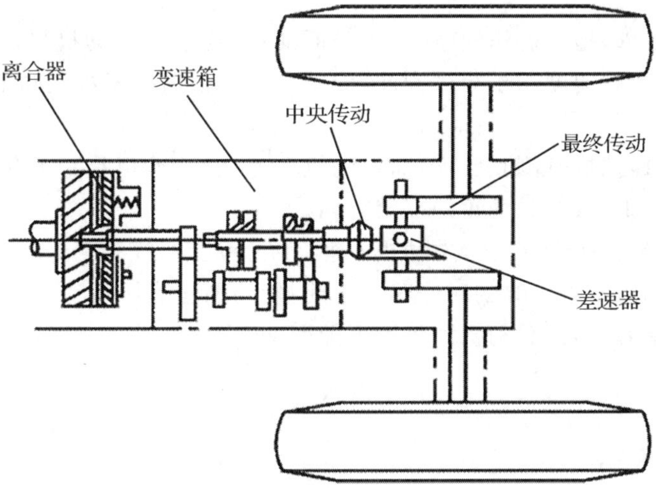

图 0-2 轮式拖拉机传动系

四轮驱动拖拉机传动系装有分动器，它是一个齿轮传动机构。变速箱先将动力传给分动器，再通过分动器将动力分别输出给前、后驱动轮。

2. 履带式拖拉机传动系的组成

图 0-3 为履带式拖拉机的传动系。与轮式拖拉机的主要不同是，转向机构（转向离合器）代替了差速器。

（二）功用

传动系的任务是与发动机配合工作，以保证拖拉机能在不同使用条件下正常行驶和作业，并具有良好的动力性和经济性。因此传动系必须具备以下功用：

（1）减速增矩　拖拉机需要在低速大扭矩状态下工作，而发动机的工作特性无法满足这一需要，因此，必须通过传动系进行减速增矩。

（2）变速变矩　拖拉机在各种不同的作业和行驶条件下，对驱动轮扭矩和行驶速度的要求变动很大。尽管在一定负荷下可通过改变发动机油门而改变机车的行驶速度和扭矩，但远不

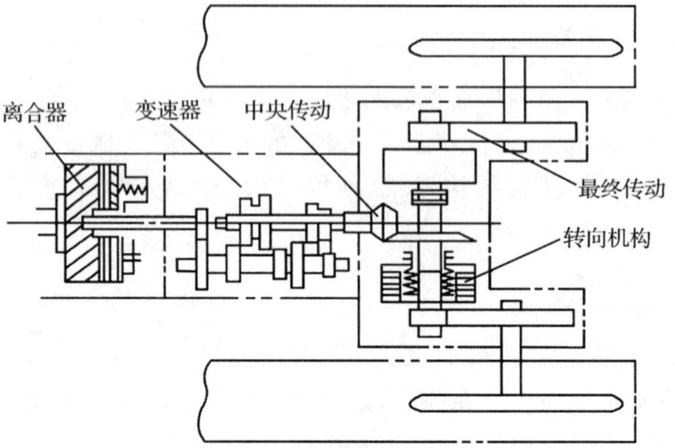

图 0-3 履带式拖拉机传动系

能满足全部需要。此外,拖拉机作业时,为了降低油耗,要求使发动机尽可能在接近标定功率下工作,也需要改变行驶速度和扭矩。为此,传动系应能根据拖拉机不同工况的需要随时变速变矩。

(3)实现倒驶 拖拉机有倒驶要求,而发动机不能逆转,所以拖拉机传动系应能在发动机旋转方向不变的情况下,改变驱动轮的旋转方向。

(4)切断动力和平顺接合动力 发动机不能带负荷起动,拖拉机行驶时需要变换挡位(变速变矩),并能在发动机不熄火时临时停车。为此,传动系应能切断动力的传递,并能平顺接合动力以使拖拉机平稳起步,使发动机和传动系免受冲击负荷。

学习情境1　离合器的拆装与维护

学习目标

- 能描述离合器的用途；
- 能描述离合器的工作原理；
- 能认知离合器组成部件，并说出它们之间的装配关系；
- 能选择适当的工具拆卸和安装离合器；
- 能调整离合器自由间隙；
- 会诊断和排除离合器故障。

1-1　必备知识　离合器的认知

课程导入

1. 拖拉机离合器的功用是什么？离合器的工作原理是什么？

2. 离合器由哪几部分组成？离合器有哪些类型？

3. SNH800 型拖拉机离合器属于什么类型？有哪些特点？

4. 如何理解离合器压盘、从动盘、膜片弹簧、分离杠杆、分离轴承、离合器自由行程等名词术语？

5. 查阅有关资料，确定 SNH800 型拖拉机离合器的技术数据。

一、离合器的功用

广义的离合器是指机械设备中用于接合或断开两个部件之间动力传递的装置。在动力机械上的离合器一般是指用于接合或断开发动机至传动系统动力的传递机构。拖拉机上的离合器位于发动机与变速器之间，如图 1-1 所示，其功用是：

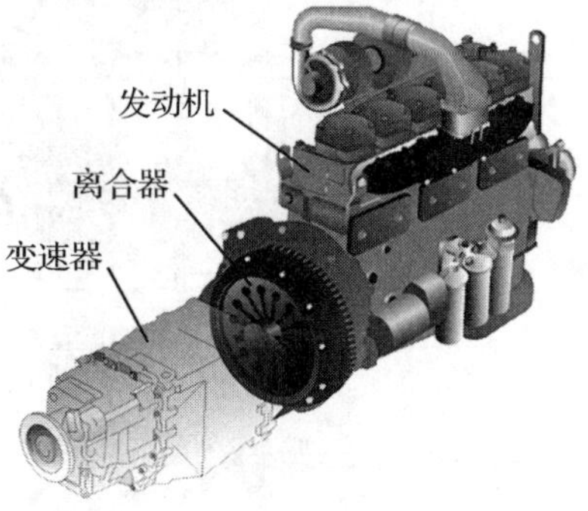

图 1-1　离合器所处的位置

(1)拖拉机起步时，柔和接合发动机的动力，以保证拖拉机平稳起步；

(2)临时切断动力，以防止在变速器换挡时齿轮产生冲击；

(3)在发动机转速突变或传动系扭矩剧增时出现打滑，以防止传动系过载，使零部件不致损坏。

二、离合器的类型

离合器根据其动力传递方式不同，可分为摩擦式、液力式和电磁式等多种类型。拖拉机广泛采用摩擦式离合器。摩擦式离合器按结构和工作特点分类如下：

(1)按摩擦片的数目分为单片式、双片式和多片式，如图 1-2 所示。单片式离合器分离彻底，从动部分转动惯量小，散热较好；双片式和多片式离合器接合平顺，摩擦扭矩较大，但分离不易彻底，从动部分转动惯量较大，不易散热。

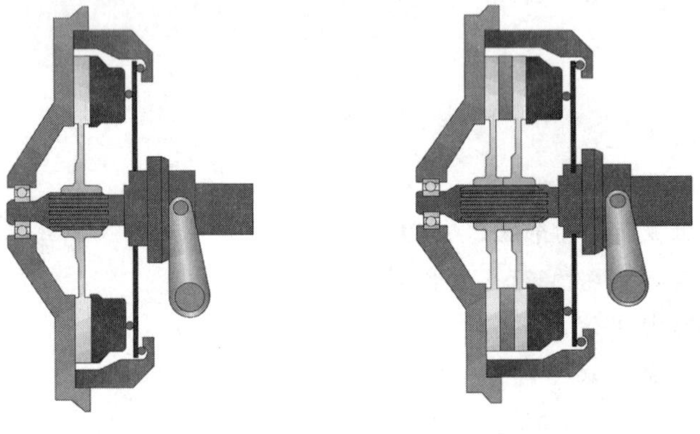

图 1-2　单片式和双片式离合器

(2)按压紧装置分为弹簧压紧式、杠杆压紧式和液压压紧式。按弹簧压紧的形式又分为周布弹簧式(采用螺旋弹簧)和膜片弹簧式(又称蝶形弹簧式)两种，如图 1-3 所示。由于膜片弹簧的压缩特性优于螺旋弹簧，而且使离合器的结构简化和紧凑，一般大、中型拖拉机普遍采用膜片弹簧式离合器。

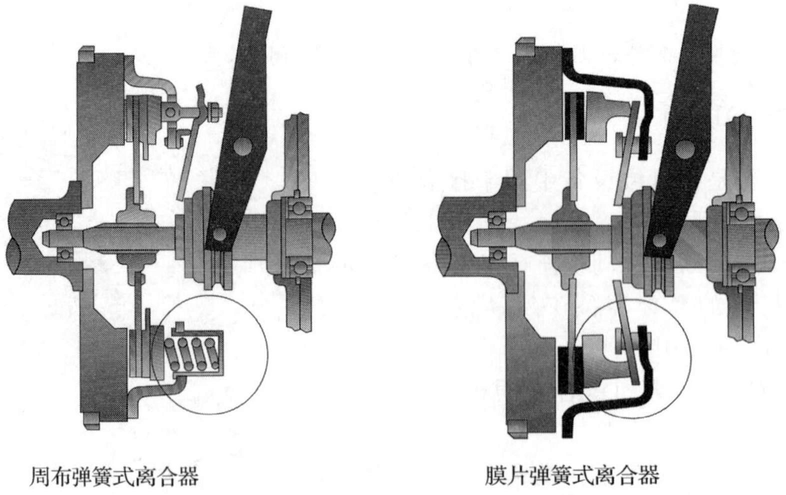

图 1-3　周布弹簧式离合器和膜片弹簧式离合器

(3)按摩擦表面的工作条件分为干式和湿式。湿式离合器的摩擦片浸在油中，用油来冷却摩擦表面，带走热量和磨屑，提高了离合器的使用寿命。由于与油接触，降低了摩擦系数，必须用多个摩擦片。湿式离合器常用于大功率的拖拉机或动力换挡变速器上。干式离合器的摩擦片不能接触油，一般为单片或双片，散热效果差，但结构简单、摩擦系数高。

（4）按离合器在传动系中的作用分为单作用式和双作用式。单作用式离合器只控制一个动力的传递，即传向变速器的发动机动力；双作用式离合器相当于两个离合器合为一体，控制两个动力的传递，拖拉机常采用双作用离合器来分别控制传向变速器和动力输出装置的发动机动力。

（5）按分离操纵方式分为机械操纵式、液压操纵式和气动操纵式。分离操纵机构将离合器踏板力和踏板运动传递到分离轴承和压盘上。机械操纵式又分为机械杠杆式和机械拉索式。液压和气动操纵式是利用液体和气体作为传动介质来传递踏板动力的。由于液压操纵式离合器便于布置和工作可靠，目前拖拉机普遍采用液压操纵式离合器。

三、摩擦式离合器的组成和结构

摩擦式离合器结构简单、性能可靠、维修方便，目前绝大部分拖拉机采用摩擦式离合器。它的基本构造包括主动部分、从动部分、压紧机构和分离操纵机构四部分，如图 1-4 所示。

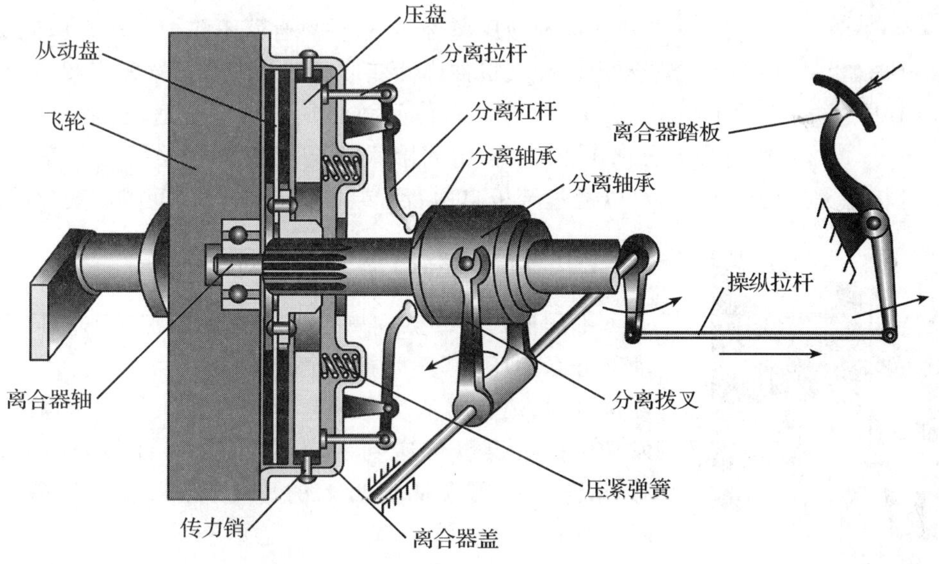

图 1-4　摩擦式离合器的基本组成和结构

1. 主动部分

主动部分是动力输入部件，由飞轮、离合器盖和压盘等组成。离合器盖固定在飞轮后端面上，同曲轴一起旋转。压盘外缘的轴向槽与固定在离合器盖上的传动销相连接，使压盘既能随曲轴一起转动，又可以在操纵机构或加压弹簧作用下做轴向移动。

2. 从动部分

从动部分是动力输出部件，由两边铆有或粘接摩擦衬片的从动盘和离合器轴（变速器输入轴）组成。从动盘处在飞轮与压盘之间，并套在离合器轴的花键上，它既能带动离合器轴旋转，又可沿轴做轴向移动。

3. 压紧机构

压紧机构是使主、从动两部分接触表面间压紧而产生摩擦作用的部件，由装在压盘与离合器盖间圆周均布的数个离合器弹簧（螺旋弹簧式）或 1 个膜片弹簧等组成。压紧弹簧的伸张力将压盘、从动盘和飞轮的接触面相互压紧。

4. 分离操纵机构

分离操纵机构是使离合器分离的装置，由分离杠杆、分离轴承、分离轴承座、分离拨叉、传动杆件（机械操纵式）或液压、气压传动部件（液压操纵式、气动操纵式）和离合器踏板等组成。

5. 压盘的传动、导向和定心方式

离合器压盘在工作中既要接受离合器盖传来的动力，还要在离合器分离和接合过程中轴向移动。为了将离合器盖的动力顺利传给压盘，并使压盘在移动时只做轴线方向的平动而不发生歪斜，压盘应采用合适的传动、导向和定心方式。目前，根据不同车型，压盘的传动、导向和定心方式有传动片式、凸台窗口式、传动销式和传动块式。

6. 离合器自由间隙与踏板自由行程

微课：离合器自由行程

离合器处于正常接合状态时，在分离杠杆内端与分离轴承之间所预留的间隙称为离合器自由间隙（图 1-5）。离合器自由间隙的作用是防止从动盘摩擦片磨损变薄后，压盘不能前移而造成离合器打滑。在有些拖拉机上使用自调节离合器或液压离合器，这种离合器不需要留出自由间隙。为了消除离合器自由间隙及机件弹性变形所需的离合器踏板行程，称为离合器踏板的自由行程。离合器自由间隙必须调整至合适，自由间隙太大会导致离合器分离不彻底；自由间隙太小会导致离合器接合不完全（打滑）。在机车技术状态完好的情况下，可以通过踏板自由行程判断离合器自由间隙的变化状况。

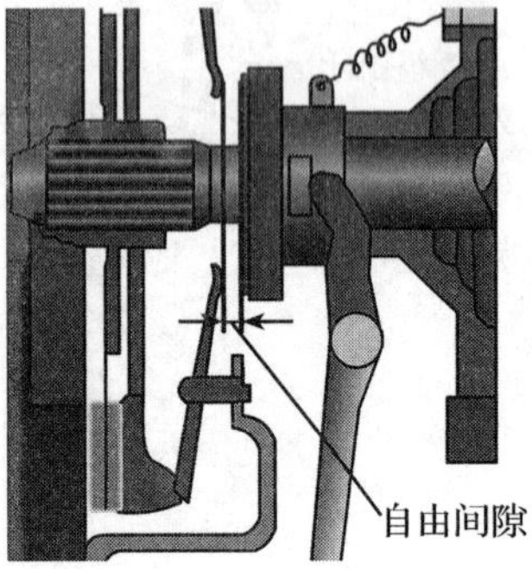

图 1-5　离合器的自由间隙

四、摩擦式离合器的工作原理

不同形式的摩擦式离合器其作用原理基本相同，即主、从动部分互相压紧，靠摩擦表面的摩擦力来传递扭矩。当离合器接合时，离合器从动盘被紧紧地夹在飞轮和压盘之间，使得发动机扭矩得以传递到变速器上；当离合器分离时，压盘后移，解除了作用在从动盘上的压力，经离合器传递的动力中断，如图 1-6 所示。

1. 接合状态

离合器踏板未踏下时，离合器处于接合状态，此时压紧弹簧使压盘、飞轮及从动盘互相压紧。发动机工作时，飞轮带动离合器主动部分旋转。由于从动盘接合面与飞轮、压盘都产生摩擦力矩，从动盘带动离合器轴（变速器输入轴）一起旋转。这样，发动机的动力便传给了变速器。

2. 分离过程

踏下离合器踏板时，通过拉杆、分离拨叉等使分离轴承前移，并通过分离杠杆拉动分离拉杆使压盘克服压紧弹簧预紧力而后移，此时从动盘与飞轮及压盘间的接触面相互分离，摩擦力消失，动力被切断，离合器处于分离状态。

3. 接合过程

若要从分离状态重新恢复到接合状态，驾驶员应松开离合器踏板，控制操纵机械使分离拨叉带动分离轴承向后移动，压盘弹簧的张力迫使压盘和从动盘压向飞轮。发动机扭矩再次通过摩擦力作用在离合器从动盘上，从而驱动离合器轴（变速器输入轴）将动力传给变速器。

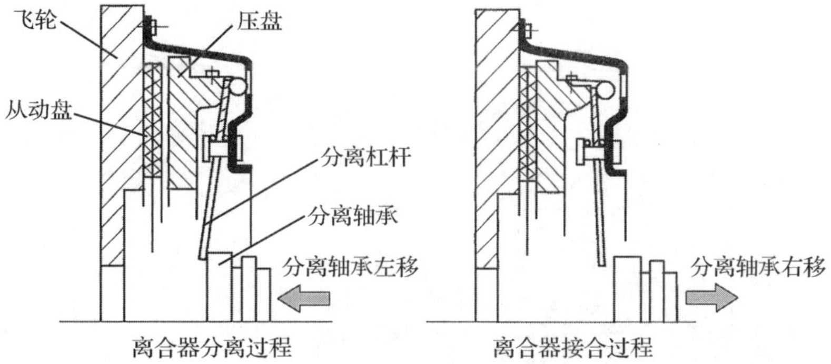

图 1-6 离合器的分离与接合过程

知识链接

此公式用于计算离合器扭矩传递能力：

$$T = n \times f \times F \times r$$

式中，T——扭矩，N·m；

n——摩擦表面数量(每个从动盘为 2)；

f——摩擦片的摩擦系数(平均为 0.25)；

F——总有效压力，N；

r——平均有效摩擦衬片半径[(内半径＋外半径)/2]，m。

由上式可知，扭矩会随摩擦表面数量(通常使用 2 或 3 个从动盘离合器)、摩擦系数、总有效压力及平均有效摩擦衬片半径的增加而增大。

五、典型离合器的构造与工作

(一)东方红-802 型拖拉机离合器

如图 1-7 所示，东方红-802 型拖拉机离合器是干式、单片、周布弹簧式离合器，并配有内置的盘式小制动器。离合器从动盘位于压盘与飞轮之间，通过花键与离合器轴(变速器第一轴)连接。离合器压盘是用方头传力销传递动力的，方头传力销的长度尺寸大于压盘切槽底面厚度尺寸，在离合器分离或接合过程中，压盘外缘切槽表面磨损后不出台肩，保证离合器分离彻底。分离杠杆与杠杆螺栓孔加工有倒角，让出足够的空间，避免在离合器分离或接合过程中，发生分离杠杆与杠杆螺栓相碰，产生运动干涉使杠杆螺栓弯曲折断等。离合器操纵形式为机械杠杆式。

未踏下离合器操纵踏板时，离合器从动盘在压紧弹簧力的作用下被压紧在压盘与飞轮之间，离合器处于接合状态，发动机的动力通过离合器从动盘传递到离合器轴；当踏下离合器操纵踏板时，操纵分离轴承左移，压下分离杠杆。分离杠杆拉动压盘向右移动，进一步压缩压紧弹簧，使从动盘在压盘与飞轮之间出现间隙，离合器分离。在离合器分离的同时，离合器操纵机构同时操纵内置在离合器中的盘式小制动器，使离合器轴被制动，以防止变速器换挡打齿。

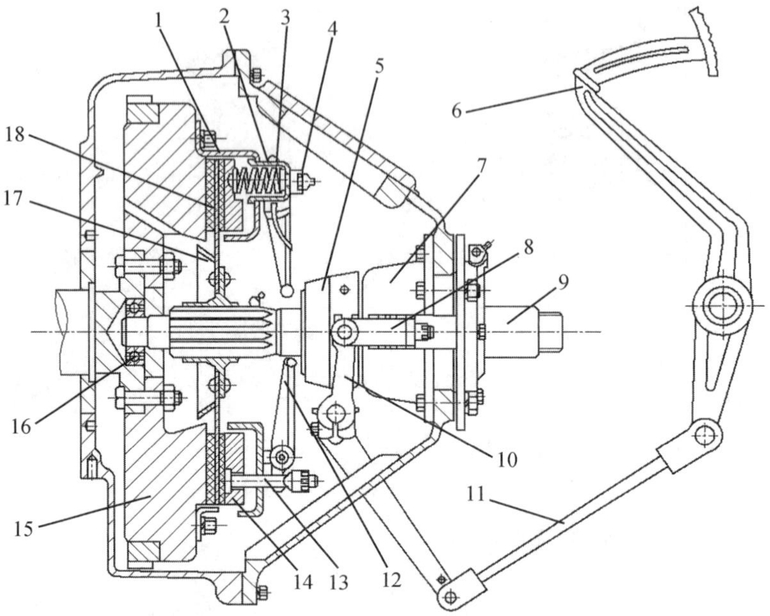

1. 离合器盖　2. 弹簧座　3. 压紧弹簧　4. 调整螺母　5. 分离轴承　6. 离合器踏板
7. 小制动器　8. 耳环　9. 离合器轴　10. 分离拨叉　11. 操纵拉杆　12. 分离杠杆
13. 分离拉杆　14. 压盘　15. 飞轮　16. 前轴承　17. 甩油盘　18. 从动盘

图 1-7　东方红-802 型拖拉机离合器的构造

(二)FIAT 系列拖拉机离合器

东方红-X700/X750/X800/X850/X900/1004/1204 系列拖拉机和上海纽荷兰 SNH 系列拖拉机均采用该形式离合器。如图 1-8 所示为 SNH800 型拖拉机离合器的构造。

该离合器为干式、单片、双作用独立操纵、膜片弹簧离合器。主、副两个离合器安装在离合器壳体内,主离合器用于控制变速器,副离合器用于控制动力输出轴,并由两套分离机构分别进行操纵。1 个膜片弹簧(2)位于前后压盘之间,由 6 块月牙形压板将膜片弹簧固定在后压盘左侧端面上。副离合器(即动力输出轴离合器)从动盘(13)位于前压盘与飞轮之间,通过花键与动力输出轴连接。3 个副离合器分离调整拉杆(1)与 3 个副离合器分离杠杆(4)分别铰接。动力输出轴操纵手柄处于分离位置时,副离合器从动盘在前压盘与飞轮之间留有间隙(此间隙由离合器装配时的调整尺寸予以保证),因此副离合器处于分离状态。当动力输出轴操纵手柄处于接合位置时,操纵副离合器分离轴承向左推动分离杠杆,分离杠杆压下分离调整拉杆(1),并通过螺旋弹簧推动前压盘向左移动,将副离合器从动盘(13)压紧在前压盘和飞轮之间,使副离合器结合,动力便通过副离合器从动盘传递给动力输出轴。带扭转减振器的主离合器从动盘(9)位于后压盘与离合器壳体内端面之间,通过花键与离合器轴(即变速器输入轴)连接。离合器轴为一空心轴,动力输出轴从中穿过,两轴为间隙配合。未踏下主离合器操纵踏板时,在膜片弹簧的作用下主离合器从动盘压紧在后压盘与离合器壳体内端面之间,主离合器处于接合状态。后压盘的 3 个径向凸缘通过螺纹连接了 3 个接合调整压杆,并与主离合器分离杠杆伸出的推杆球面连接,当踏下主离合器操纵踏板时,操纵主离合器分离轴承向左推动分离杠杆,主离合器分离杠杆通过推杆推动接合调整压杆带动后压盘向左移动,压缩膜片弹簧,使后

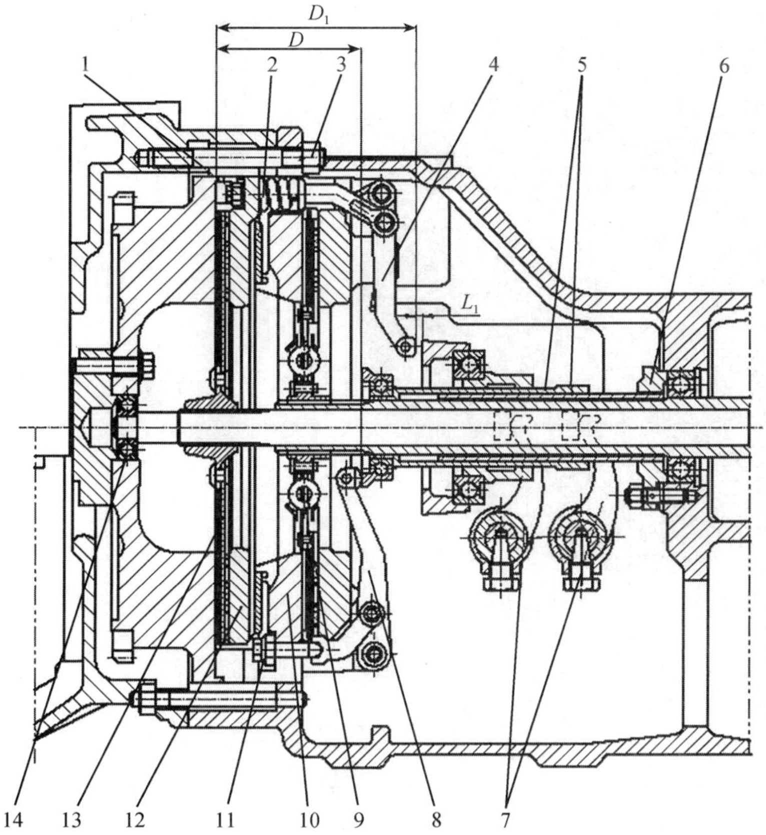

1. 副离合器分离调整拉杆、调整螺母
2. 膜片弹簧
3. 离合壳体与发动机连接螺柱
4. 副离合器分离杠杆
5. 分离轴套
6. 分离轴套座
7. 分离轴承拨叉
8. 主离合器分离杠杆
9. 主离合器从动盘
10. 后压盘
11. 主离合器分离调整拉杆、调整螺钉及锁紧螺母
12. 前压盘
13. 副离合器从动盘
14. 飞轮轴承

D. 主离合器分离杠杆与飞轮表面间的公称距离，$D = 103$ mm
D_1. 副离合器分离杠杆与飞轮表面间的公称距离，$D_1 = 145$ mm
L_1. 副离合器自由间隙

图 1-8　SNH800 型拖拉机离合器的构造

压盘、主离合器从动盘和离合器壳体内端面之间出现间隙，主离合器分离。该离合器压盘是通过压盘径向 3 个凸缘与离合器壳体径向切槽配合来传递动力的。该离合器的操纵机构采用机械拉索式，主离合器采用踏板操纵，副离合器采用手柄操纵。

六、摩擦式离合器的主要部件

1. 离合器从动盘

图 1-9 为离合器从动盘的基本结构，它主要由摩擦片、从动盘钢片、从动盘毂和扭转减振器等部件组成。

离合器摩擦片一般为编织或模压而成，常优先采用模压衬面，因为它可以承受很高的压盘压紧力而不会损坏。当要求离合器接合过程特别柔顺时，常采用编织衬面。摩擦衬片的表面刻有沟槽，可使离合器接合平稳，提高散热性能，并在离合器从动盘发生磨损时存放表面磨屑。石棉材料是制造制动器和离合器摩擦片的理想材料，因为它具有适合的摩擦系数、优良的热性能和较低的成本。然而，吸入石棉纤维会危害健康，目前替代石棉的新型摩擦片材料正逐渐推广使用，最常用的为纸基和陶瓷材料，加入棉花和黄铜粒及金属丝进行加强，从而提高摩擦片的抗扭强度，延长离合器从动盘的寿命。

从动盘钢片通常是用薄钢板制成的，并与从动盘毂铆接在一起。衬片与从动盘钢片一

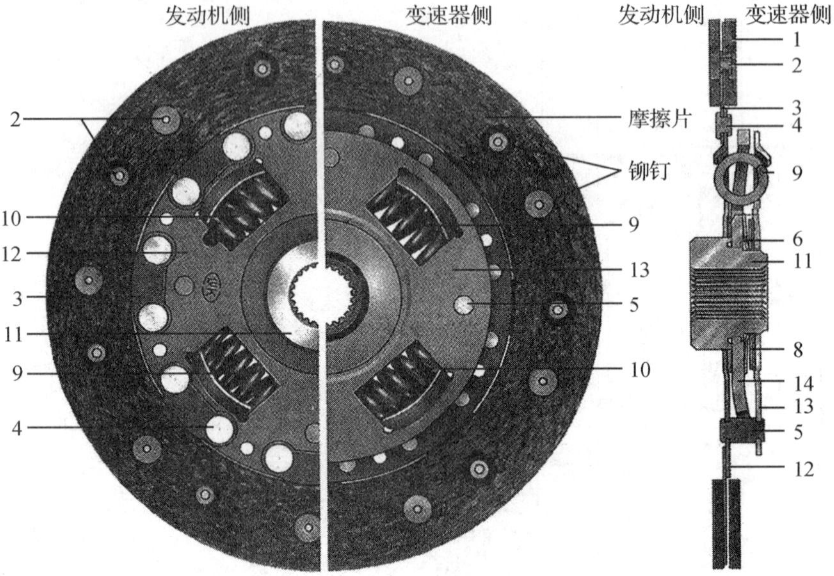

1. 离合器摩擦片 2. 摩擦片铆钉 3. 从动盘钢片 4. 从动盘钢片铆钉 5. 支撑销 6. 弹簧及弹簧垫圈 7. 摩擦片垫圈 8. 支撑垫圈 9、10. 扭转减振器弹簧 11. 从动盘毂 12. 从动盘钢片支撑圆盘 13. 减振器盘 14. 从动盘毂连接盘

图 1-9 离合器从动盘结构

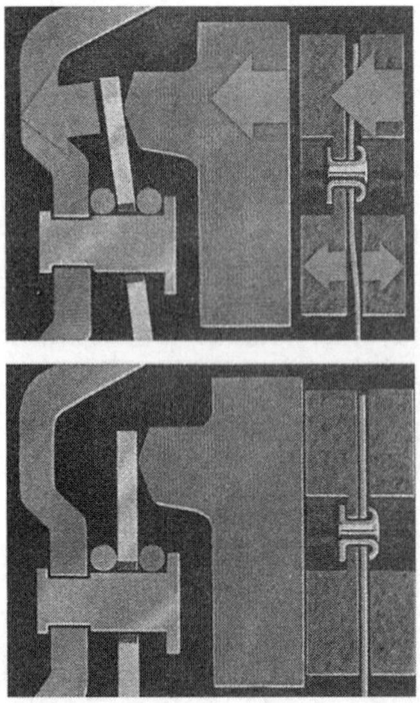

图 1-10 在离合器接合时，波形弹簧片被压缩，使得接合有一些延迟，以改善接合过程

般用铜铆钉铆合，每边单独与波形钢片铆接，其中一边损毁时另一边不会马上掉落。此外，可用树脂将摩擦片粘接在从动盘钢片上。为了使离合器接合柔和、起步平稳，从动盘应具有轴向弹性。而轴向弹性主要靠铆接在从动盘钢片周边的波形弹簧片来实现。波形弹簧片位于前后两块摩擦片之间，铆接时留有一定的压缩余量，当离合器接合时，波形弹簧片被压缩，这会引起微小的接合时间滞后，使离合器工作更平顺(图 1-10)。

离合器从动盘有两种类型：柔性从动盘(带扭转减振器)、刚性从动盘(不带扭转减振器)，见图 1-11。刚性从动盘为整体圆形盘，直接固定于花键毂上。柔性从动盘，在盘片和花键毂之间安装有扭转减振器(图 1-12)，其从动盘本体与从动盘毂之间是通过扭转减振器来传递扭矩的。

在这种结构中，从动盘本体、从动盘毂和减振盘都开有相对应的几个矩形窗孔，在每个窗孔中装有一个减振器弹簧，借以实现从动盘本体与从动盘毂之间的圆周方向上的弹性连接。减振盘与从动盘本体用铆钉铆成一个整体，并将从动盘毂及其两侧的阻尼片夹在中间，从动盘本体及减振器盘上的窗孔有翻边，使 6 个弹簧不致脱出。在从动盘毂上开有与铆钉隔套相对的缺口，在缺口与隔套之间留有间隙，允许从动盘本体与从动盘毂之间相对转动一定角度。

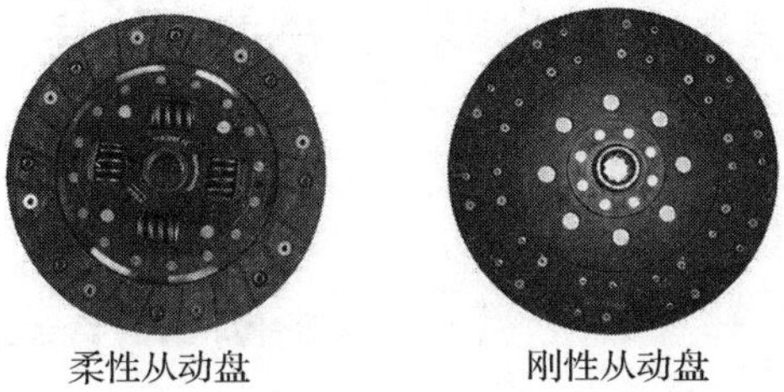

图 1-11 柔性从动盘与刚性从动盘

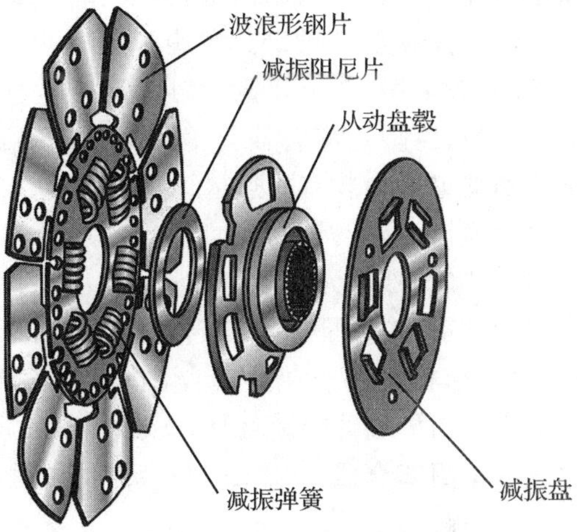

图 1-12 扭转减振器

扭转减振器具有吸振特性，其主要作用是吸收来自发动机的扭转振动，防止这些振动直接传至变速器的齿轮上，避免传动系零部件因周期性冲击载荷而疲劳损坏，影响使用寿命。从动盘不工作时，处于如图 1-13(a)所示的状态。当离合器接合时，两侧摩擦片所受摩擦力矩首先传到从动盘本体和减振盘上，再经 6 个弹簧传给从动盘毂。这时弹簧被压缩，借此吸收传动系所受的冲击，从动盘处于如图 1-13(b)所示的状态。

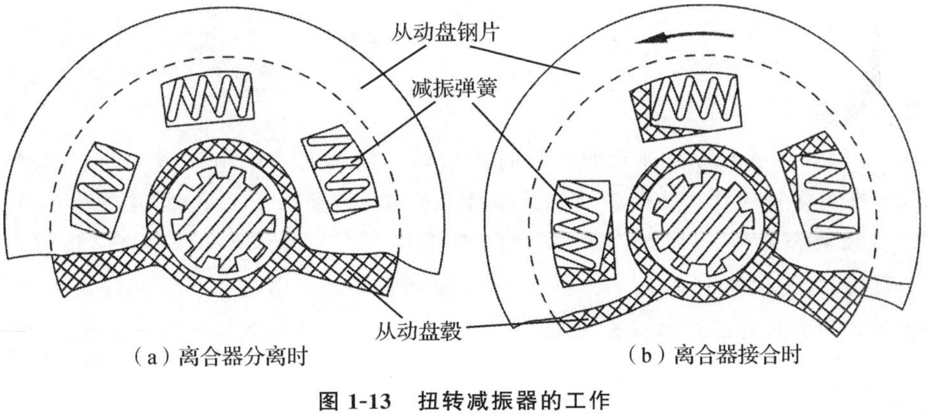

图 1-13 扭转减振器的工作

2. 压盘

压盘是个平直、大质量的金属环，一般由铸铁或铸钢制造。大质量有利于散热，同时要有足够的热容以防止热变形。另外，压盘要有足够的强度，这样弹簧的弹力将均匀分布到离合器从动盘上。

扭矩可通过传力销、传动片或凸台从离合器盖传递给压盘，分离杠杆则从离合器盖孔内延伸到凸台上。压盘上的扭矩通过压盘与从动盘摩擦片的摩擦接触而传递到从动盘上。压盘直径是在压盘环外缘处测量得到的，通常等于或稍大于离合器从动盘的尺寸。

3. 压紧弹簧

膜片弹簧或一组螺旋弹簧产生压紧力，使得离合器能传递扭矩。螺旋弹簧采用具有优质耐高温特性的弹簧钢绕制而成，弹簧强度或等级由簧丝直径、弹簧直径、总长度、弹簧数量决定。螺旋弹簧的尺寸和数量必须满足压紧力的需求，一般采用 12 个弹簧均匀布置的形式，而且必须确保弹力在轴向分布均匀，以防止离合器打滑。为了防止弹簧高温失效，通常在螺旋弹簧的支撑端加装有隔热垫。

微课:膜片弹簧离合器

膜片弹簧由弹簧钢制成，形状为碟形，其上开有若干径向切槽，切槽的内端开通，外端为圆边孔(防止应力集中而产生裂纹)。有两种类型的膜片弹簧:一种是由切槽之间的钢板充当分离杠杆，如图 1-14(a)所示，这种结构多用于单片离合器，其特点是结构简单、空间紧凑;另一种是仍采用传统的分离杠杆，如图 1-14(b)所示，这种结构主要用于多片或双作用离合器，如 FIAT90 系列拖拉机的离合器。

微课:周布弹簧离合器

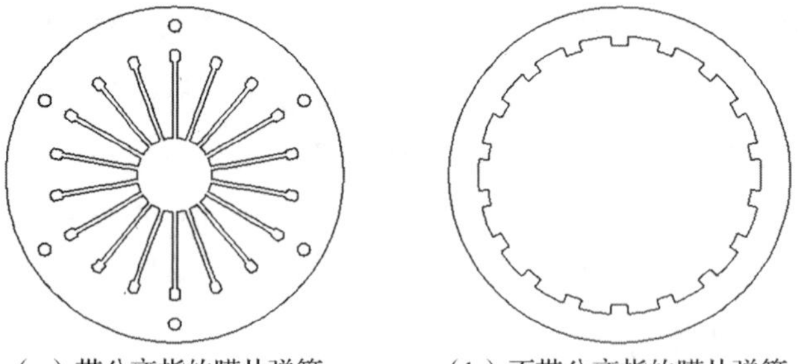

(a) 带分离指的膜片弹簧　　(b) 不带分离指的膜片弹簧

图 1-14　两种膜片弹簧

知识链接

图 1-15 为膜片弹簧和螺旋弹簧的弹性特性曲线。横轴表示压缩变形量(λ)，纵轴表示弹簧作用力(F)。螺旋弹簧的作用力与其压缩变形量成正比，如直线 2 所示;膜片弹簧的弹性特性如曲线 1 所示。设离合器新装好时，两种弹簧的压缩量都是 λ_A，两种离合器接合的压紧力都是 F_A。在分离离合器时，弹簧被进一步压缩变形，若最大变形量为 λ_C，则螺旋弹簧的作用力将达到 F_{C_2}，而膜片弹簧的作用力只有 F_{C_1} 这么大，这说明膜片弹簧离合器比螺旋弹簧离合器操纵起来更轻便。

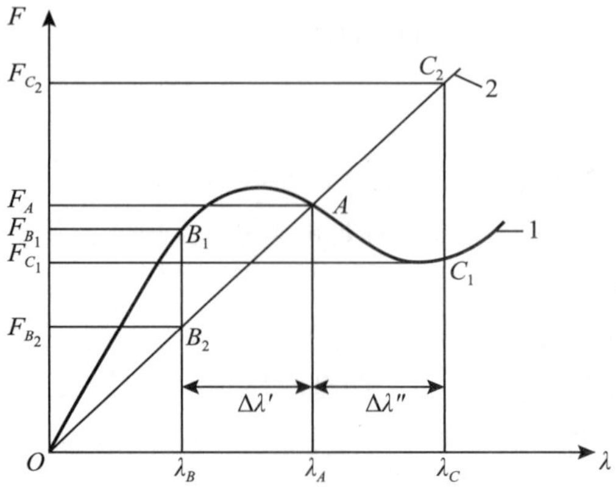

图 1-15　膜片弹簧和螺旋弹簧的弹性特性曲线

当摩擦衬片磨损至极限时，弹簧的压缩量减小到 λ_B，则螺旋弹簧的作用力将减小到 F_{B_2}，而膜片弹簧的作用力还有 F_{B_1} 这么大，与工作压紧力 F_A 相差很小。这说明在摩擦衬片磨损后，膜片弹簧离合器比螺旋弹簧离合器能更可靠地传递扭矩。

1-2　扩展学习　纽荷兰M系列拖拉机换挡离合器

课程导入

1. 纽荷兰M系列拖拉机换挡离合器属于哪种类型的离合器？有哪些特点？
2. 说明换挡离合器的结构与工作过程。
3. 查阅有关资料，确定纽荷兰M175和M190型拖拉机离合器的技术参数。

纽荷兰M175和M190的传动系统中没有传统拖拉机的主离合器，在发动机与变速器的结合部位通过飞轮与变速器之间的缓冲器(类似于传统离合器的从动盘)将发动机曲轴的转速和扭矩传递给变速器的输入轴。其离合传动机构是位于变速器内的用于实现全动力换挡的9个液压压紧式多片湿式离合器。其中变速器内的每个离合器都通过一个位于液压机构顶盖内的(脉冲)电磁阀控制。

一、离合器的结构

离合器A的结构如图1-16所示，由主动部分，包括离合器壳体(7)、钢制驱动圆盘(13)；从动部分：摩擦盘(14)、从动盘毂(21)；压紧机构，包括活塞(8)、碟形垫圈(10)，以及一些附属机构组成。该离合器属于非常压式，即只有在离合器结合时，才有相应的电磁阀控制压力油驱动活塞使离合器的主、从动部分压紧在一起。当离合器分离时，活塞在碟形弹簧的作用下，离开离合器的主、从动片，此时夹装在每两个主动盘和从动盘之间的摩擦盘分离弹簧(15)将主、从动盘分开，使离合器彻底分离。

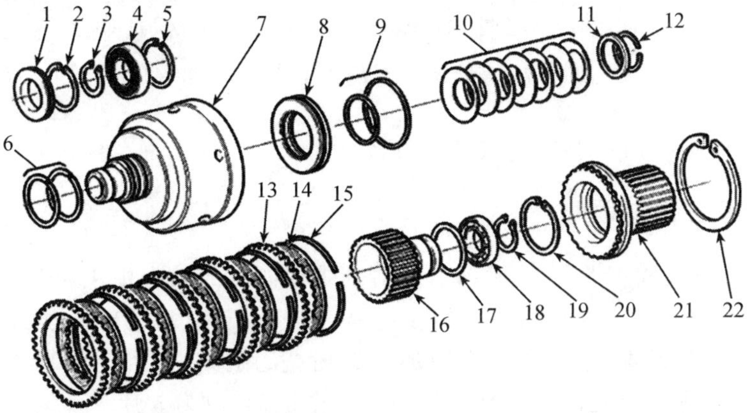

1. 密封　2. 轴承外侧弹性挡圈　3. 壳体轴用弹性挡圈　4. 轴承　5. 轴承孔用弹性挡圈　6. 密封环
7. 离合器壳体　8. 活塞　9. 活塞内外侧密封　10. 碟形垫圈　11. 弹性挡圈涨圈　12. 弹性挡圈
13. 钢制驱动圆盘　14. 摩擦盘　15. 摩擦盘分离弹簧　16. 毂　17. 垫片　18. 轴承
19、20、22. 弹性挡圈　21. 从动盘毂

图1-16　离合器A总成

离合器B的结构与A相似(图1-17),其主动部分由离合器A的壳体驱动的离合器B驱动毂(7)、主动摩擦盘组成;从动部分由从动盘、变速器的齿轮;压紧机构也是由活塞和碟形垫圈组成的。

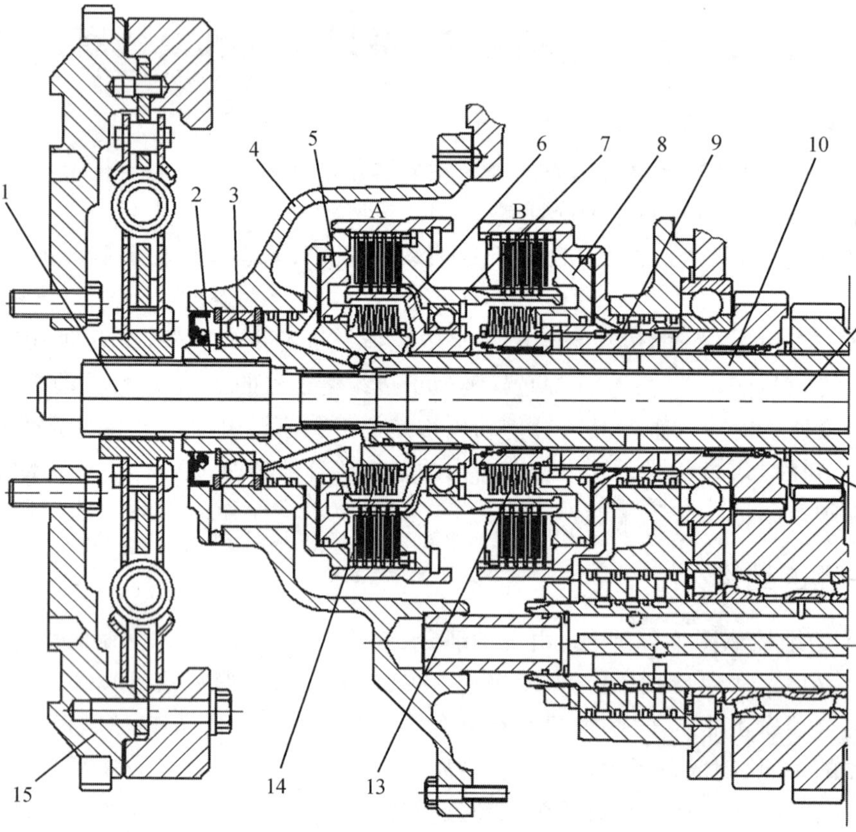

1. 轴　2. 离合器A壳体　3. 轴承　4. 外壳　5. 离合器A活塞　6. 离合器A从动盘毂　7. 离合器B驱动毂　8. 离合器B活塞　9. 离合器B从动部分　10. 空心轴　11. PTO输入轴　12. 齿轮　13. 离合器B碟形垫圈　14. 离合器A碟形垫圈　15. 发动机飞轮

图1-17　离合器A、B的结构及工作过程

离合器C、F_3的结构如图1-18和图1-19所示。

二、离合器的工作过程

离合器A的工作过程如图1-17所示。发动机曲轴输出的动力由飞轮与变速器之间的缓冲器传给轴(1),轴(1)通过外花键将动力传递给离合器A壳体(2)。离合器A壳体(2)的左侧带有内花键,离合器A壳体(2)的右侧内腔加工有齿槽,用来安装带有外齿的离合器驱动圆盘,共为5片,每两片驱动圆盘之间夹装一片从动的摩擦盘,也为5片。从动摩擦片带有内齿,套装在离合器A从动盘毂(6)的外齿槽上。主、从动盘之间还安装有摩擦盘分离弹簧,其作用是保证离合器处在分离状态时,主、从动盘互相分开,使离合器分离彻底。离合器B驱动毂(7)左侧通过外齿和离合器A壳体的内齿连接,并由弹性挡圈定位,7个碟形垫圈(14)用来保证活塞(5)在离合器分离状态时不压紧主、从动盘,从而切断离合器的动力传递。

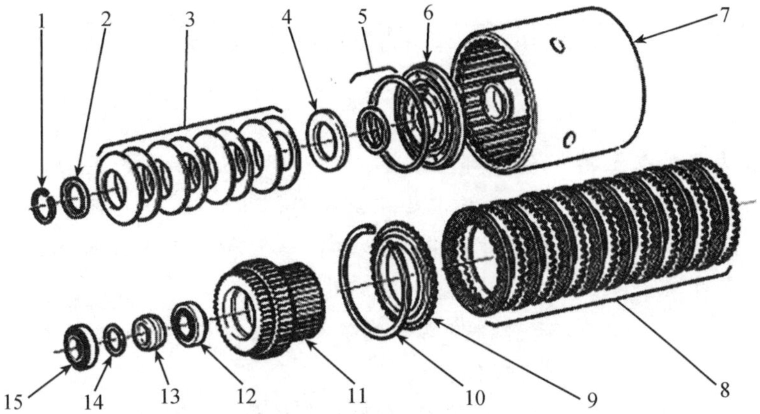

1、10. 弹性挡圈　2. 涨圈　3. 碟形垫圈　4. 平垫圈　5. 密封圈　6. 活塞
7. 壳体　8. 离合器片　9. 端板　11. 毂　12. 轴承　13. 隔套
14. 轴承预载垫片　15. 轴承

图 1-18　离合器 C 总成

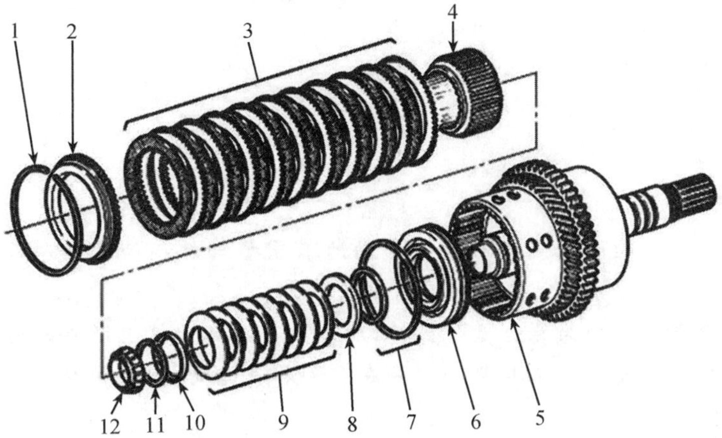

1、11. 弹性挡圈　2. 端板　3. 离合器片　4. 毂　5. 壳体　6. 活塞
7. 活塞内外侧密封　8. 平垫圈　9.8 个分离碟形垫圈
10. 弹性挡圈涨圈　12. 轴承

图 1-19　高挡(F_3)离合器总成

当离合器 A 结合时，液压油驱动活塞(5)从左向右移动，使离合器 A 的主、从动盘紧紧地压在一起，离合器 A 结合，发动机的动力由离合器 A 传递至空心轴(10)，在空心轴(10)上固定有三个齿轮，这三个齿轮分别和 C、D、E 离合器所控制的齿轮相啮合从而得到三种传动比。离合器接合通过来自各种传感器和开关的输入控制。

其他离合器的工作原理与离合器 A 相似，不再赘述。

1-3 实操训练 离合器的拆装与调整

课程导入

1. 将离合器总成从车上拆下要做哪些准备工作？拆下过程中要注意哪些问题？

2. 将SNH800型拖拉机离合器分解需要用到哪些工具？如果没有专用工具该如何解决？

3. 离合器装配时，都需要调整哪些项目？如何在车上和车下对离合器进行调整？

4. 离合器总成在车上安装时需要注意哪些问题？

5. 离合器安装到车上以后，如何调整离合器踏板的自由行程(或踏板高度)？

6. 如何鉴定和修复离合器损伤部件？

7. 查阅有关资料，确定SNH800型拖拉机离合器的调整部位和数据，确定各连接部位的扭紧力矩。

8. 实训前需准备以下材料用具：

(1)待修拖拉机(本书中以SNH800型拖拉机为例)；

(2)常用拆装工具；

(3)离合器专用拆装工具(按厂家维修手册要求制作或购买)；

(4)吊装设备及吊索；

(5)专用支撑台架；

(6)零件摆放台和盛油盆；

(7)厂家维修手册和零件图册。

安全提示

1. 采用合适起重量的吊装设备吊装和移动所有重型部件。吊装和移动时应确保装置或零件有合适的吊索或挂钩支撑。确保起吊的重物下无人。

2. 许多车辆曾用石棉作为离合器摩擦片，所以要小心不要把石棉粉粒吸入肺中。

3. 在安装离合器时要注意不要将手指放在零件和壳体间，以免被夹伤。

技术提示

1. 不同车型离合器有不同的拆装程序，拆装和维修时应参照相应的维修手册进行。

2. 在拆卸时，为了确保装配时不会出现错装、漏装、装配不当等问题，标记方向记号、按顺序摆放、成组件原位套挂、紧固件原位拧回等是很好的拆卸习惯。

3. 在拆卸时，对关键部位进行拍照将会非常有助于装配。因为一个人很难准确记住每一个零件的安装位置，包括支架、导线和管路。借助照片可以帮助你把车辆恢复到原车的安装状态。

一、从车上拆下离合器总成

有些离合器故障可以通过调整操纵机构予以排除，而不必拆卸离合器。如果离合器操纵机构已经正确调整，但离合器仍然存在故障，则必须拆下离合器进行维修，必要时更换新件。

下面以SNH800型拖拉机为例介绍拆卸和安装离合器及相关零件的关键步骤和程序。必须将带前桥的发动机与变速器分开，这样才可拆下离合器。关键步骤如下：

(1)拆开蓄电池负极电缆(图1-20)。

(2)拧下手制动器上的放油堵塞，放出变速器—后桥壳体内的油(图1-21)。

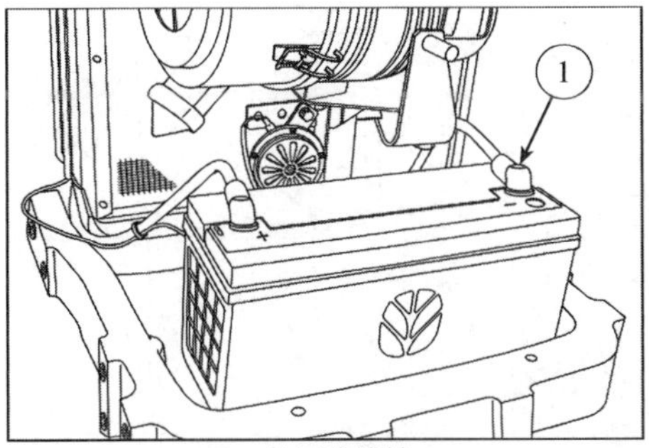

1. 负极连接桩

图 1-20　拆下蓄电池负极电缆

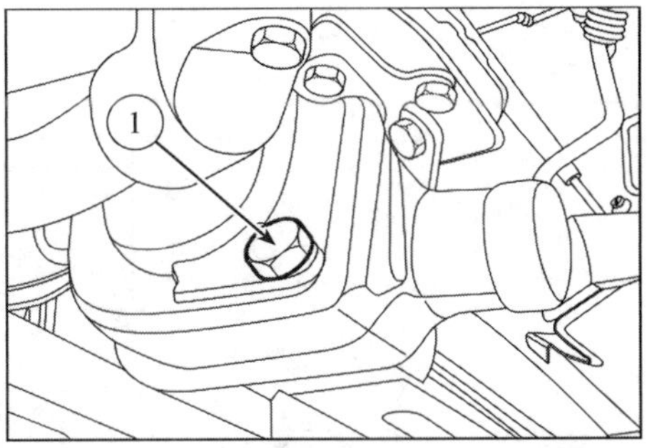

1.放油堵塞

图 1-21　放出变速器—后桥壳体内的油

(3)拧开放水阀门，排净发动机冷却系统中的冷却液(图 1-22)。

(4)拧下固定前配重的螺母和螺栓，用吊装工具取下前配重(图 1-23)。

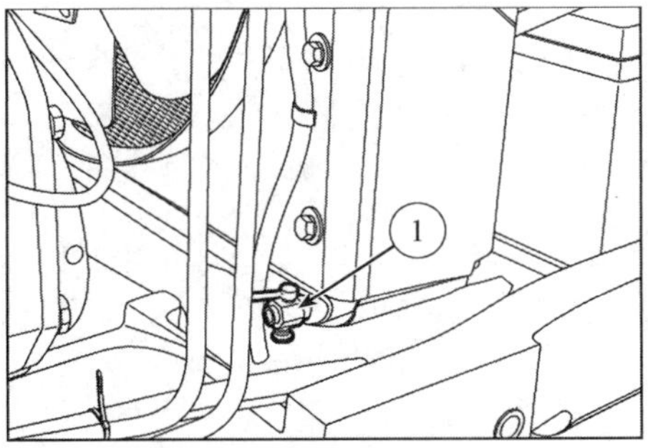

1.放水阀门

图 1-22　排净发动机冷却液

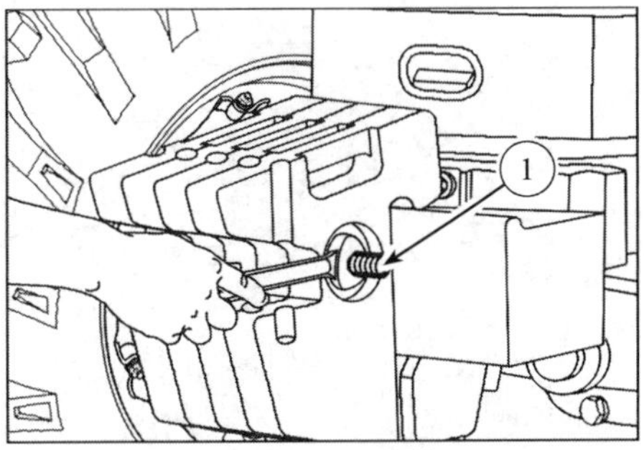

1.固定螺母和螺栓

图 1-23　拆下前配重

(5)抬起发动机罩，拆开前大灯的连接线束(图 1-24)。

(6)从发动机罩上拆下螺母和气压弹簧(图 1-25)。

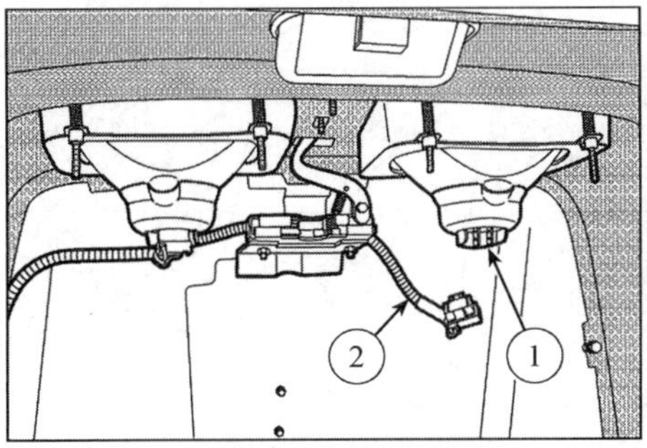

1. 前大灯　2. 连接线束

图 1-24　拆下前大灯接线

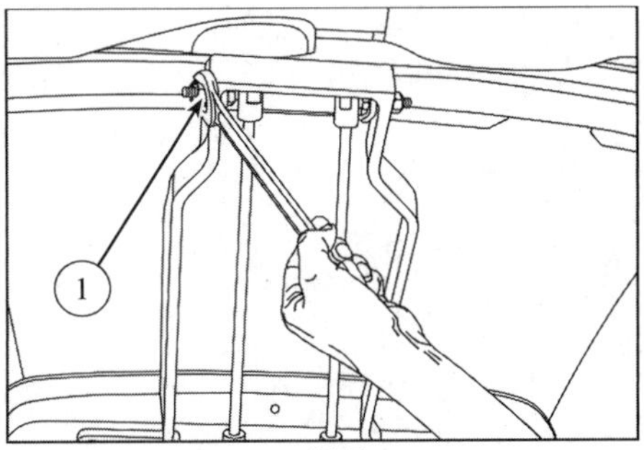

1. 螺母

图 1-25　拆下支承发动机罩的气压弹簧

(7)拆下制动油罐上的金属夹子(图 1-26)。

(8)拧松 4 条枢轴螺栓，拆下发动机罩(图 1-27)。

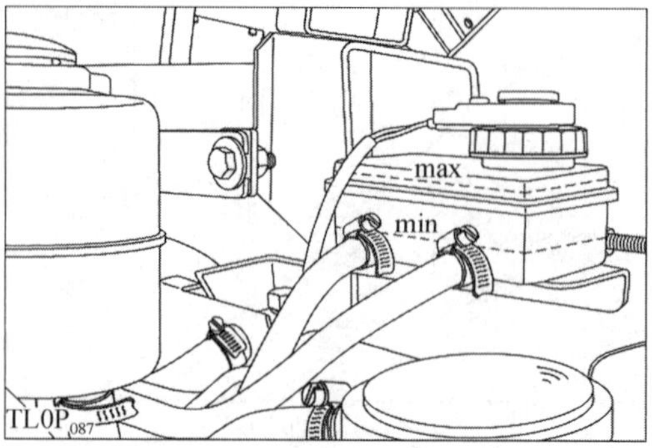

图 1-26　拆下制动油罐连接

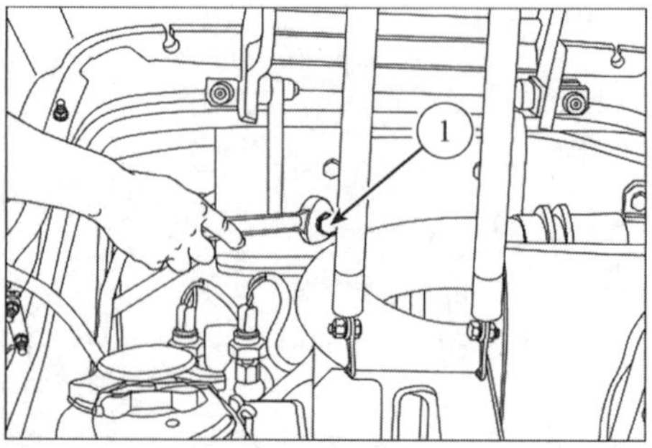

1. 枢轴螺栓

图 1-27　拆下发动机罩

(9)拆下转向油输送管路(图 1-28)。

(10)拧松金属夹子,抽出液压泵上的进油管(图 1-29)。

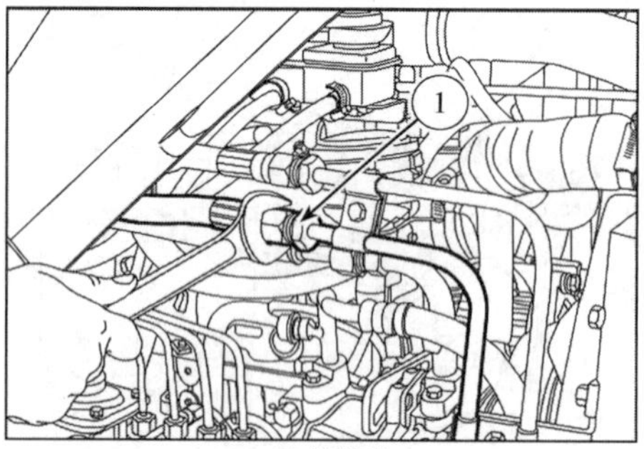

1. 油管接头

图 1-28　拆下转向液压油输送管路

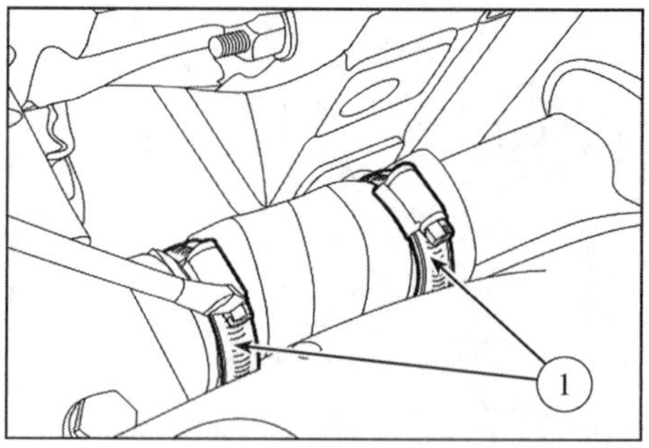

1. 金属夹子

图 1-29　拆下液压泵进油管

(11)拆下固定转向油罐的金属夹子(图 1-30)。

(12 拆下转向泵输油管路,松开暖气进水软管和回水软管上的金属夹子(图 1-31)。

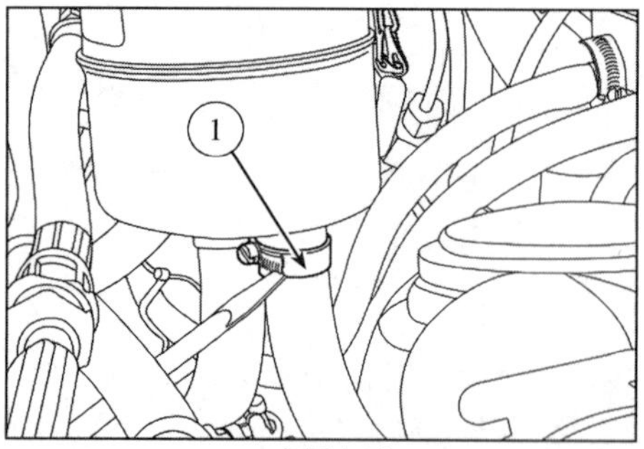

1.金属夹子

图 1-30　拆下转向油罐

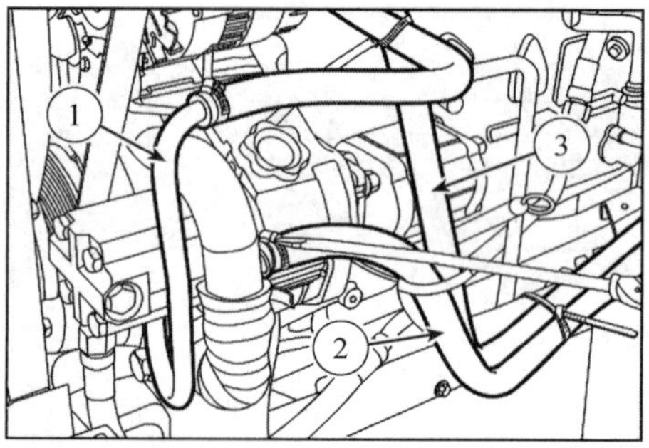

1. 转向油泵输油管　2. 进水软管　3. 回水软管

图 1-31　拆下转向油泵输油管及暖气进/回水软管

(13)拆下燃油输送管路和电热塞(图 1-32)。

(14)拆下液压管路(图 1-33)。

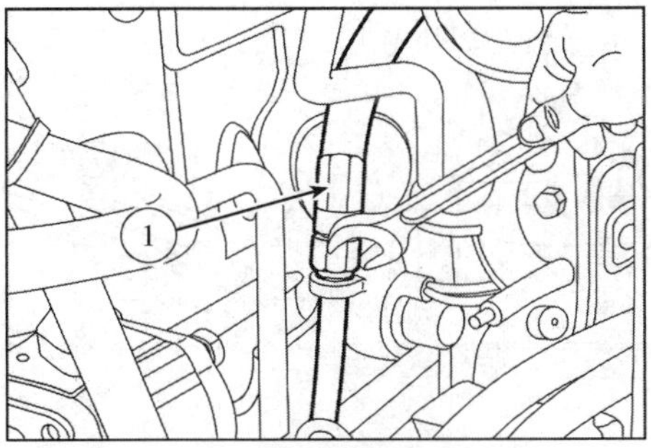

1. 输油管接头

图 1-32　拆下燃油输送管路和电热塞

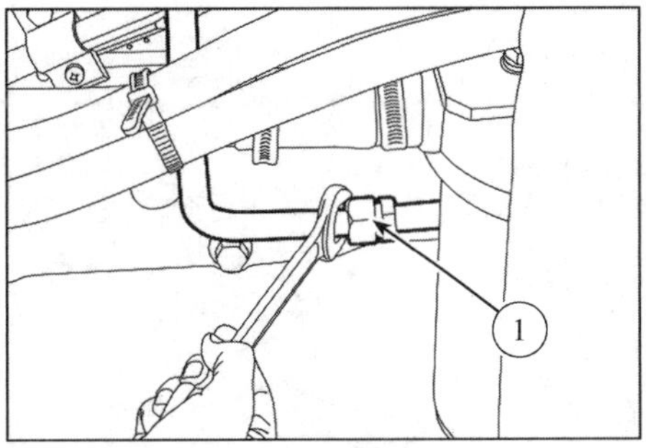

1. 液压油管接头

图 1-33　拆下液压管路

(15)拆下喷油器燃油回油管路(图 1-34)。

(16)拆下制动泵压力传感器(用于控制制动信号灯)接线(图 1-35)。

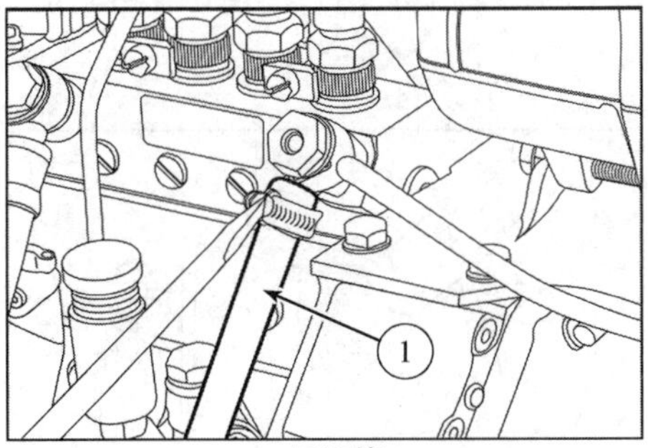

1. 回油管

图 1-34　拆下喷油器燃油回油管路

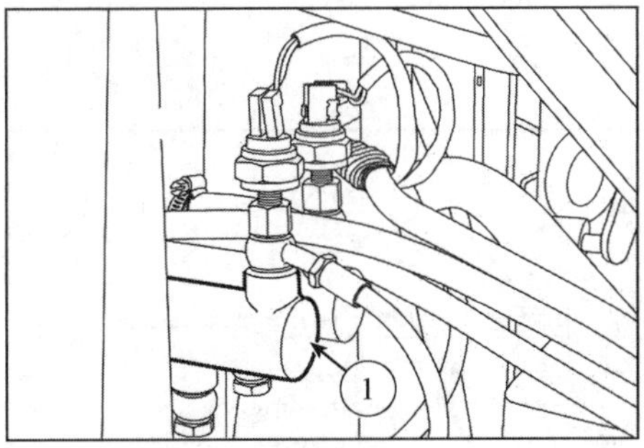

1. 制动泵

图 1-35　拆下制动泵压力传感器接线

(17)拆开电气连接。发动机左右两侧及驾驶室和发动机端子之间的所有电气连接,例如,冷却液传感器、喇叭接插件和转速传感器端子等,见图 1-36。

(18)拆开两根液压转向油缸进/出油软管(图 1-37)。

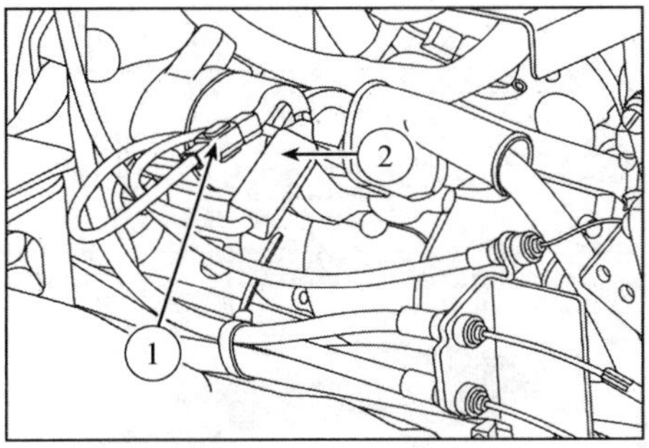

1. 线束接头　2. 连接端子

图 1-36　拆开电气连接

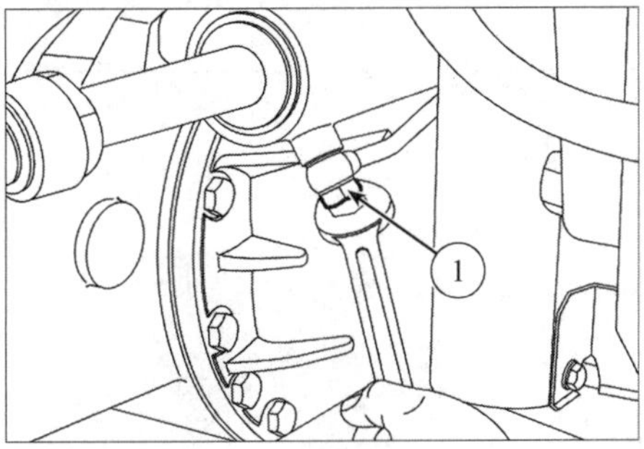

1. 油管接头

图 1-37　拆开液压转向油缸进/出油软管

(19)拆下驾驶室暖气管和支承托架(图 1-38)。

(20)拧下前传动轴护罩前后的固定螺栓,然后拆下护罩(适用于四轮驱动),见图 1-39。

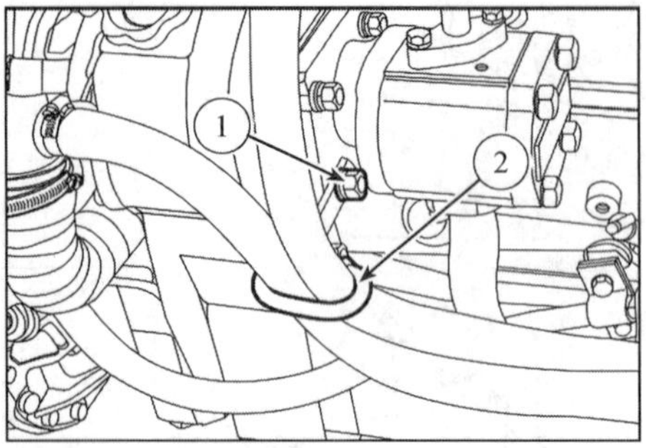

1. 支承托架固定螺栓　2. 暖气管及托架

图 1-38　拆下驾驶室暖气管及支承托架

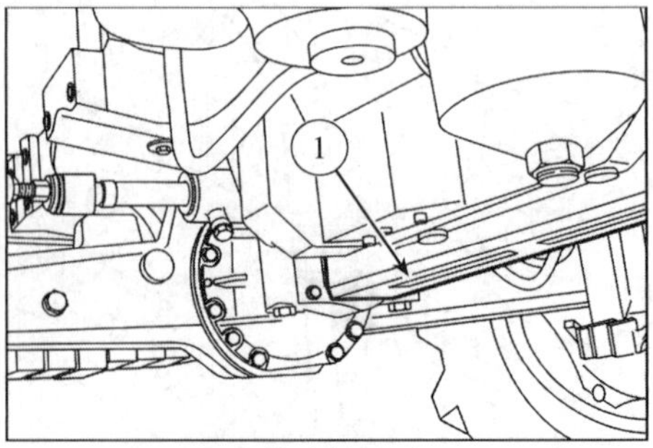

1. 传动轴护罩

图 1-39　拆下前传动轴护罩

(21)拆下卡环,沿箭头方向移动连接套筒直至其从分动器上的凹槽中脱出(适用于四轮驱动),见图 1-40。

(22)拆下卡环,向后移动连接套筒直至其从前桥支座的凹槽中脱出(适用于四轮驱动),见图 1-41。

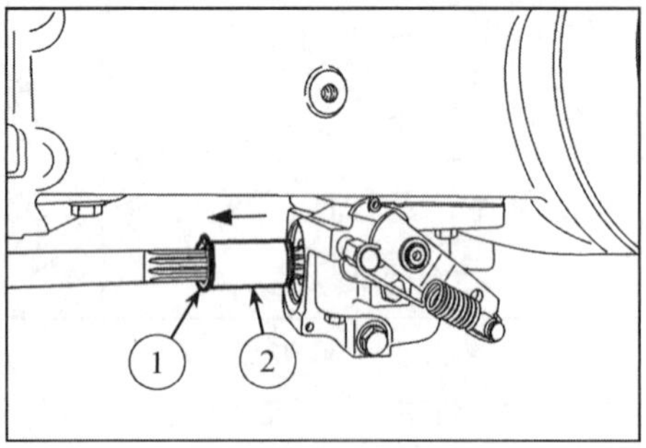

1.卡环　2.连接套筒

图 1-40　拆卸传动轴/分动器连接

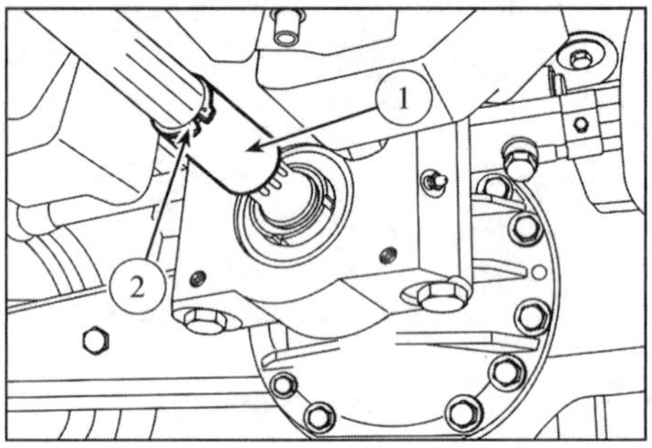

1.连接套筒　2.卡环

图 1-41　拆卸传动轴/前驱动桥连接

(23)拆下传动轴中心架固定螺栓,将轴和中心架一起抽出(适用于四轮驱动),见图 1-42。

(24)拆下 4 个捏手,拆下两块仪表板面板(图 1-43)。

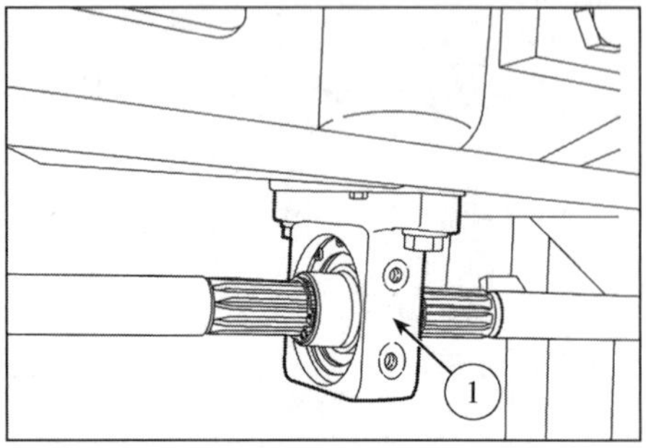

1.传动轴中心架

图 1-42　拆下传动轴中心架及传动轴

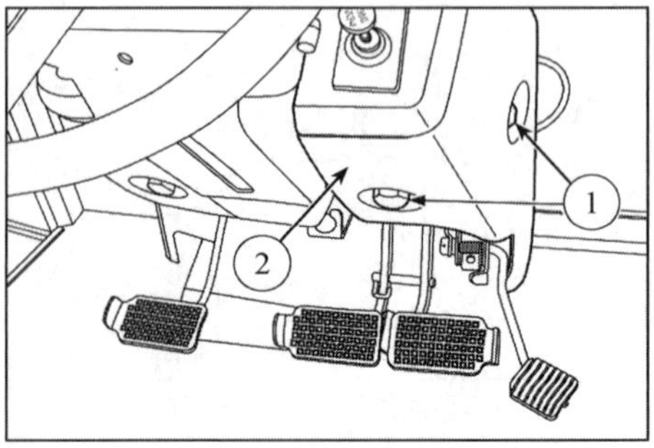

1. 捏手　2. 仪表板面板

图 1-43　拆下两块仪表板面板

(25)抽出差速锁踏板锁止销,拆下踏板并抽出驾驶平台地板(图 1-44)。

(26)拆下盖子以靠近发动机上部的固定螺栓(图 1-45)。

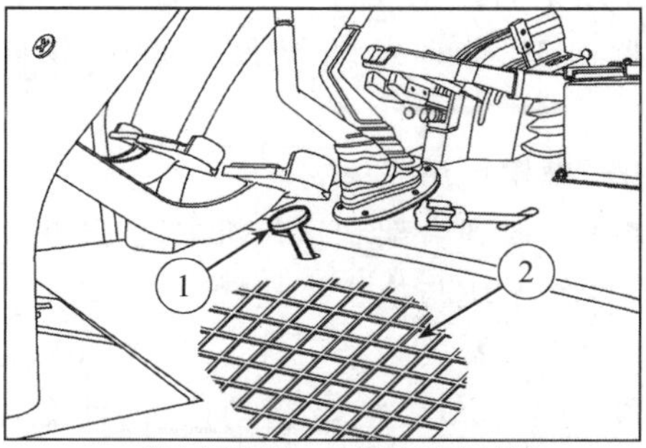

1. 差速锁踏板　2. 驾驶平台地板

图 1-44　拆下差速锁踏板和驾驶平台地板

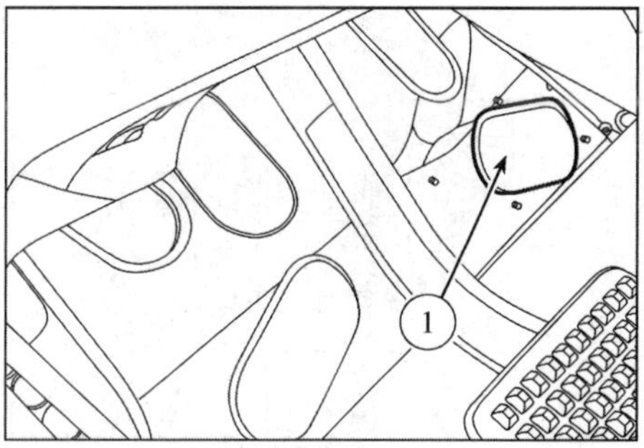

1. 盖子

图 1-45　拆下盖子以靠近发动机上部固定螺栓

(27)从油门踏板上拆下油门拉线(图 1-46)。

(28)拆下驾驶室前面两个固定螺母(一边一个),见图 1-47。

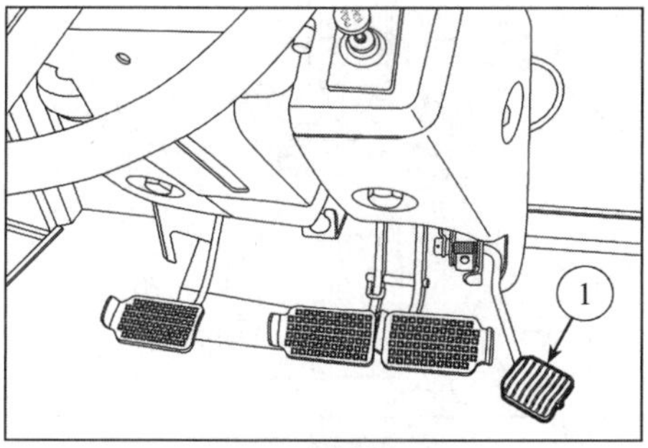

1. 油门踏板

图 1-46　拆下油门拉线

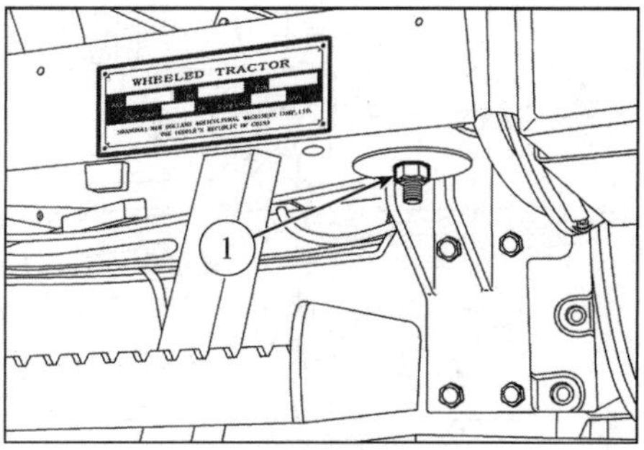

1. 驾驶室固定螺母

图 1-47　拆下驾驶室的连接

(29)将驾驶室固定在吊装架或吊带上,从前部将驾驶室抬起约 6 cm(图 1-48)。

(30)穿过拆掉的盖子(图 1-45)后露出的狭槽,拧松两个发动机与变速器固定螺母。

(31)拧松 4 个靠下的发动机与变速器固定螺栓(图 1-49)。

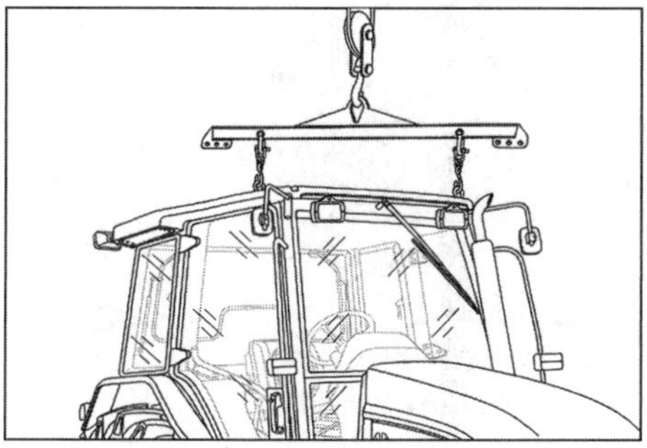

图 1-48　吊起驾驶室

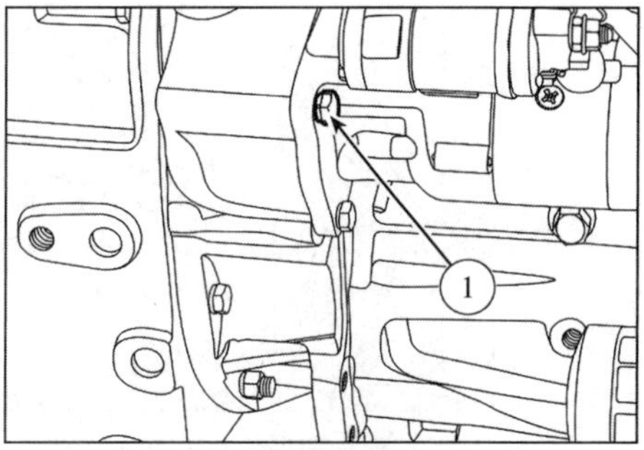

1. 固定螺栓

图 1-49　拆卸发动机与变速器的连接

(32)将两个楔块放在前桥上以防止发动机在车轴枢轴上摆动,放好拖拉机拆装台架,将固定支座装到后变速器下靠近发动机法兰的地方,并将移动支座装到发动机下靠近变速器法兰的地方。

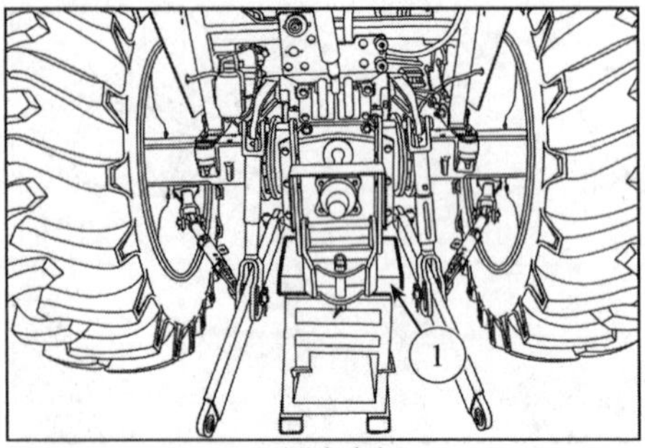

1. 固定台架

图 1-50　在牵引杆下安放固定台架

(33)将另一个移动支座放到前配重支架下，以防止拆除变速器时发动机发生旋转或向前倾覆。

(34)用木楔楔住后轮。

(35)将木块放到台架和拖拉机之间，用螺钉调整台架的高度使木块与拖拉机接触。

(36)将固定台架放到牵引杆下(图 1-50)，拉起驻车制动器(手制动)手柄至制动位置，使车可靠制动。

(37)拆下剩下的 4 个发动机/变速器固定螺栓，将发动机和变速器分开(图 1-51)。

(38)将一个固定台架放在配重支架下，用木楔楔住前轮(图 1-52)。

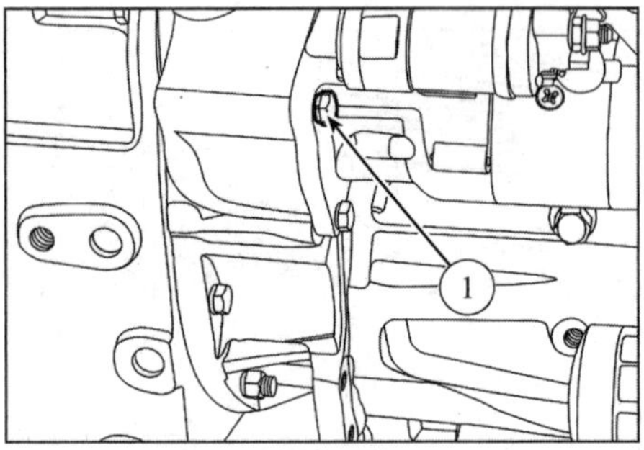

1. 固定螺栓

图 1-51　拆除剩余的发动机/变速器固定螺栓

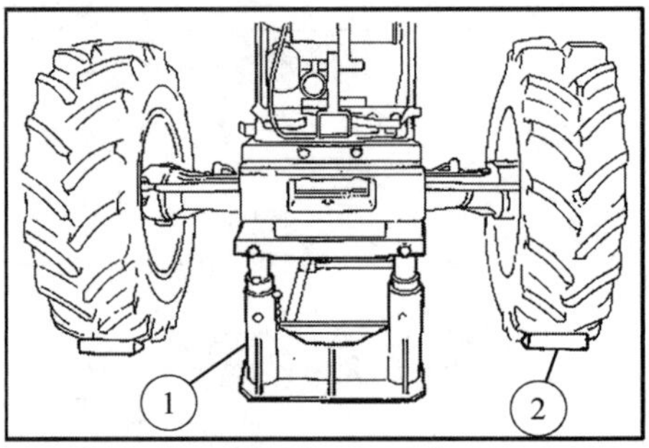

1. 固定台架　2. 木楔

图 1-52　在配重支架下安放固定台架

(39)松开离合器与发动机飞轮之间的紧固螺栓，并用离合器从动盘定位工具将从动盘定位，避免离合器拆下后从动盘滑脱(图 1-53)。

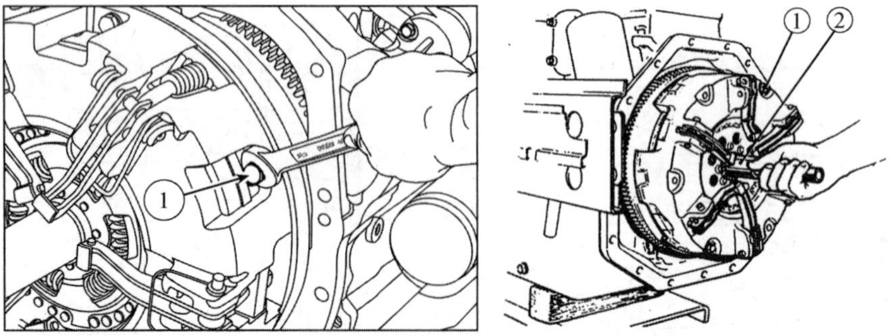

1. 离合器壳体与飞轮连接螺钉　2. 从动盘定位工具（厂家工具号 380000292）

图 1-53　离合器的拆卸

二、离合器总成的拆装

维修提示

拿起新离合器从动盘时从外缘或中心孔处着手，不要触摸摩擦片，以免污染摩擦片。如图 1-54 所示。

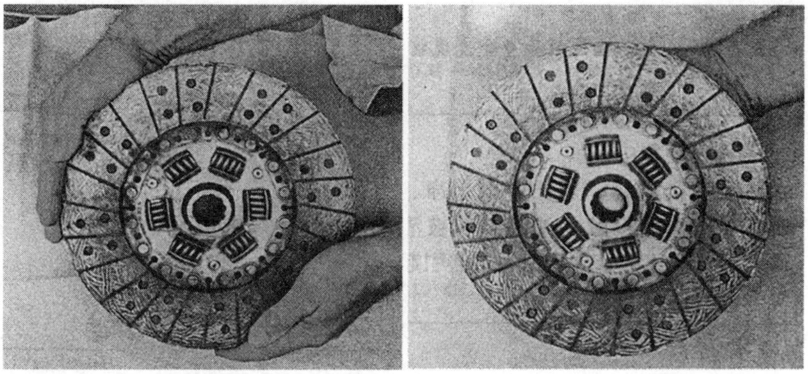

图 1-54　拿起新离合器从动盘的方法

SNH800 型拖拉机离合器的拆装，其要点是离合器膜片弹簧的拆装，以及主离合器从动盘的中心花键孔定位。建议使用厂家提供的万用成套工具进行拆装，该工具集拆装、调整功能于一体，而且能确保从动盘中心花键孔准确定位。如果没有厂家提供的万用成套工具，可以自制一个定中心工具，使用适当的拉拔工具也可以完成离合器总成的拆装。

微课：离合器总成的解体与装配

1. 离合器总成的拆卸

离合器总成的拆卸步骤如下：

(1)拧下 3 个副离合器(动力输出轴离合器)分离杠杆调整螺母(图 1-55)。

(2)从带螺旋弹簧的分离杠杆上取下前压盘(副离合器压盘)。

(3)将 3 个夹具间隔 120°安放到离合器壳体上，并且逐步小心地挤压膜片弹簧片(图 1-56)。将 6 片月牙形弹簧止动片从其底座上抽出。

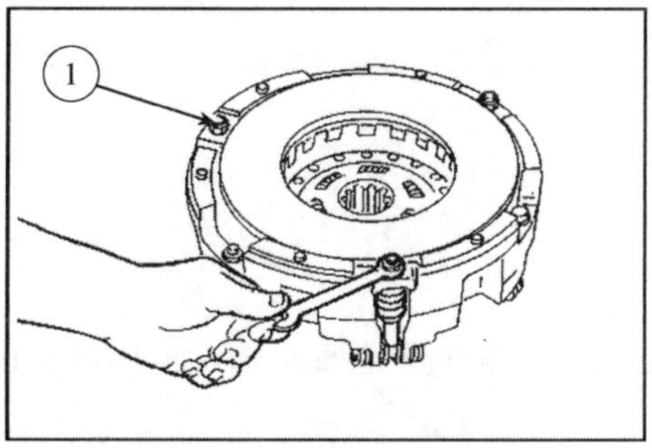

1. 调整螺母

图 1-55　拧下 3 个副离合器分离杠杆调整螺母

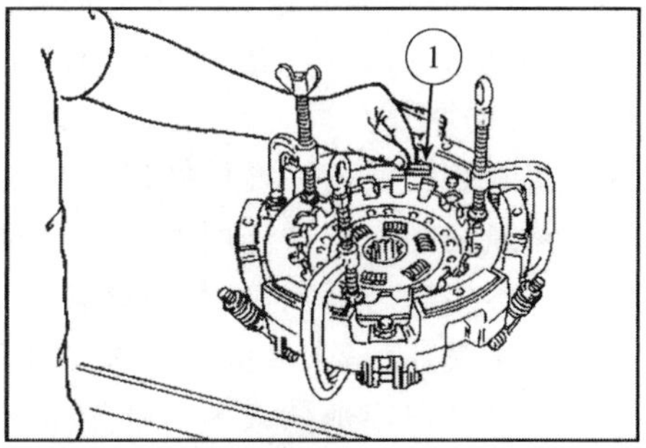

1. 月牙形弹簧止动片

图 1-56　取出弹簧止动片

(4)拆下 3 个夹具,取出膜片弹簧压圈和膜片弹簧。

(5)松开主离合器分离杠杆调整螺钉上的 3 个锁紧螺母(图 1-57)。

(6)拆下 3 个主离合器分离杠杆调整螺钉(图 1-58),抽出后压盘(主离合器压盘)。

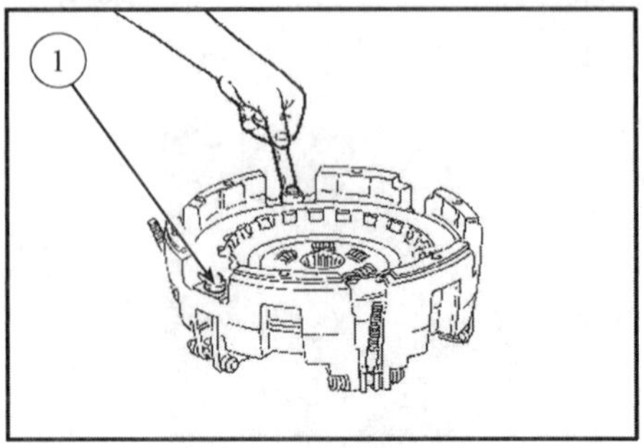

1. 锁紧螺母

图 1-57　拧松主离合器分离杠杆调整螺钉的锁紧螺母

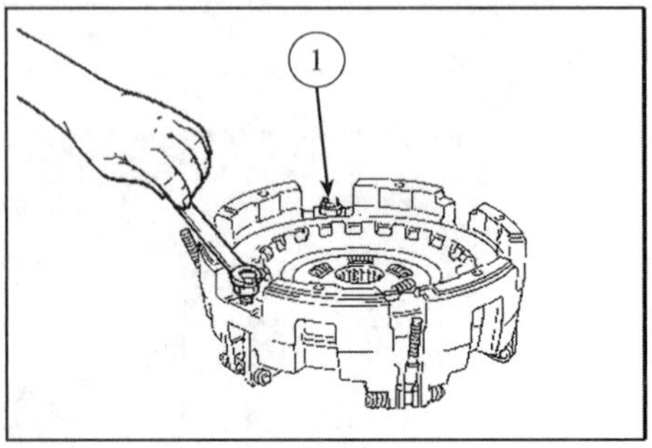

1. 调整螺钉

图 1-58　拆下主离合器分离杠杆调整螺钉

(7)抽出主离合器从动盘。

(8)拆下副离合器分离杠杆上的弹簧(图 1-59)。

(9)抽出副离合器分离杠杆上的枢销(图 1-60)。

(10)同样的方法,拆下主离合器杠杆上的弹簧,抽出主离合器分离杠杆上的枢销。

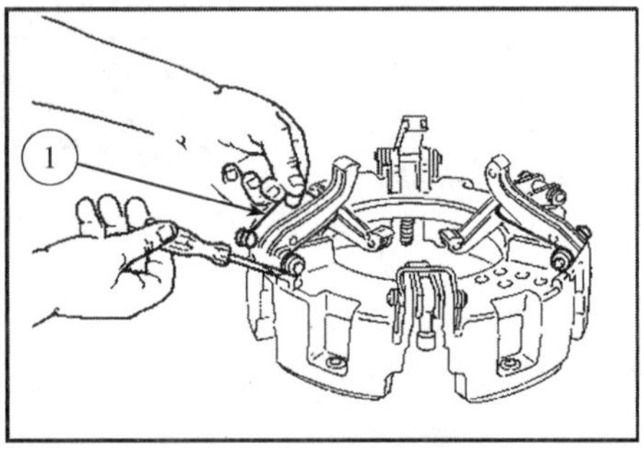

1. 扭力弹簧

图 1-59　拆下副离合器分离杠杆上的弹簧

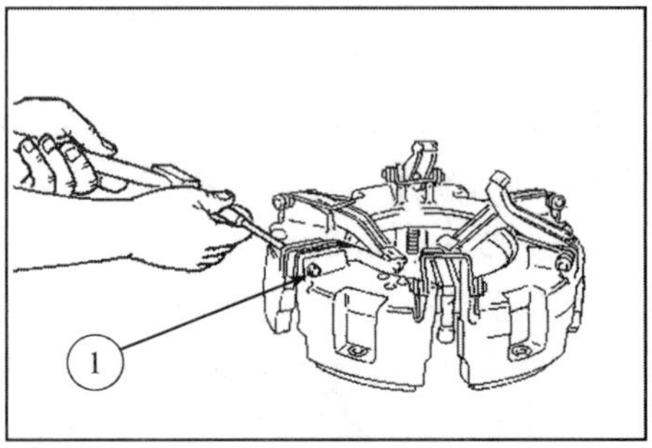

1. 枢销

图 1-60　抽出副离合器分离杠杆的枢销

2. 离合器总成的装配

离合器总成的装配步骤与拆卸时相反,装配时应使用定中心工具确保从动盘中心准确定位。对准固定孔时,应始终使用适当的工具,决不能用手指或手。装配完成后应进行离合器分离杠杆高度的调整。离合器总成的装配步骤如下:

(1)重新装配分离杠杆枢销以及相关弹簧。

(2)重新装配离合器壳内的主离合器从动盘。

(3)安装主离合器压盘,并用螺栓将其固定到销子上。

(4)安装膜片弹簧,仔细定位 3 个夹子并均匀而渐进地压缩弹簧。插入 3 片膜片弹簧止动片,确保它们被牢固地插入各自的销座,然后拆下夹子。

(5)安装副离合器压盘,将 3 个垫圈和螺旋弹簧装到销子上并用 3 个螺母固定。

三、离合器零件的检查与修复

故障离合器在分解总成后要检查每个零件,以确定零件是否已经失效。这样做是为了确定在重装离合器前哪些零件需要进行修复或更换。下面介绍离合器维修过程中的常规检查。

1. 飞轮和压盘

(1)外观检查　如果飞轮和压盘摩擦表面有凹槽、刻痕和热裂纹等现象,就需要对其进行重新修整或更换(图 1-61)。比较严重的刻痕需要在研磨机上进行修复。如果未被严重刮伤,也可以使用打磨盘来打磨(图 1-62)。

图 1-61　新飞轮(左)和典型磨损飞轮(右)

图 1-62　使用打磨盘打磨飞轮表面

(2)飞轮和压盘翘曲检查　飞轮和压盘表面径向跳动对于保持平稳或振动有很大影响。径向跳动为 0.1 mm 时会引起抖振。如图 1-63 所示,用百分表检查飞轮的表面径向跳动。如图 1-64 所示,用直尺和塞尺检查压盘的翘曲。

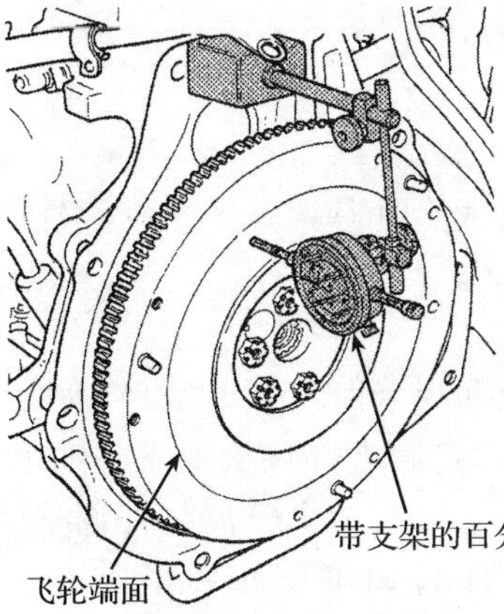

图 1-63　用百分表检查飞轮表面径向跳动

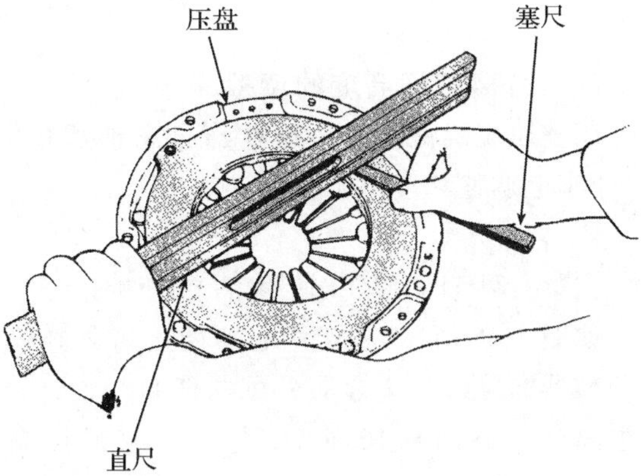

图 1-64　用直尺检查压盘翘曲

2. 从动盘

(1)从动盘磨损检查　用游标卡尺检查从动盘厚度或用深度尺测量两侧铆钉深度,如图 1-65 所示。如果厚度小于极限值,应更换从动盘。

(2)从动盘翘曲检查　将从动盘安装在专用支架上，转动离合器从动盘，观察摩擦片表面的径向跳动，超过 0.5 mm 即为过度，应更换离合器从动盘。

3. 分离杠杆和分离轴承

观察分离杠杆和分离轴承接触端面是否存在明显磨损。分离杠杆与分离轴承的磨损是分离轴承润滑不良或高温烧蚀而无法灵活转动引起的，磨损严重时应同时更换。

四、离合器的调整

离合器安装到车上后，在离合器处于接合状态下应按厂家维修手册的规定将两个尺寸调整合适，一个是分离杠杆端部至飞轮端面的距离，即分离杠杆高度；另一个是分离杠杆端部至分离轴承端面之间的距离，即离合器自由间隙。以 SNH800 拖拉机离合器的调整为例(图 1-8)。由于该离合器为双作用离合器，有两个分离杠杆至飞轮端面的调整尺寸，即 D 为主离合器调整尺寸，D_1 为副离合器调整尺寸，L_1 为副离合器自由间隙。

注意：一般以膜片弹簧爪末端为分离杠杆的离合器无须调整分离杠杆高度。

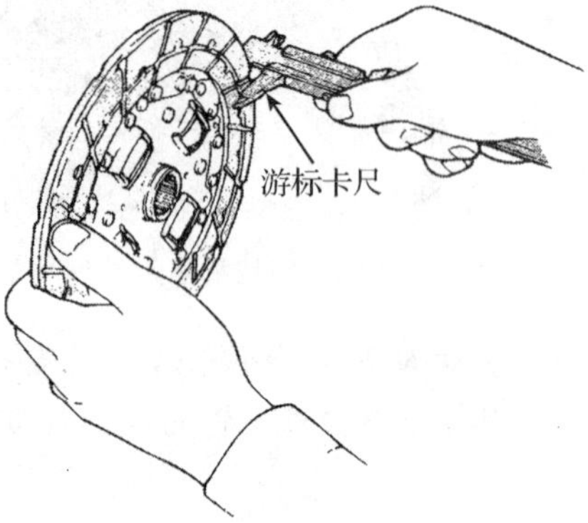

用游标卡尺检查离合器从动盘厚度

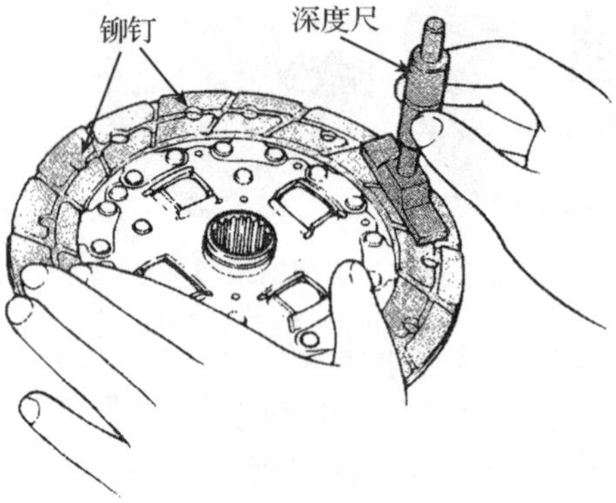

用深度尺检查铆钉深度来确定从动盘厚度

图 1-65　离合器从动盘的检查

(一)分离杠杆高度的调整

调整时应确保各分离杠杆与分离轴承接触端面位于同一平面上。该尺寸有两种调整方法，即车上调整和车下调整。

1. 车上调整

在车上调整时，应使用厂家的专用调整工具 (图 1-66)，这样可以确保 3 个分离杠杆高度一致。

如图 1-67 所示，将定中心器插入离合器从动盘轴座中，确定其端部接触到飞轮轴承后，压下调准器。旋松主离合器分离杠杆调整螺钉的锁定螺母，顺序旋动 3 个分离杠杆调整螺钉改变主离合器分离杠杆高度，直至用塞尺测量分离杠杆端部与调准器定位之间的间隙为 0.1 mm。副离合器分离杠杆高度也照此方法调整即可。

2. 车下调整

在车下调整时，必须使用厂家的万用成套工具(参见厂家维修手册)。

首先将中心隔套安装到基板上，使调准器接触表面离基板表面的高度为 137.5 mm，并用锁定螺母固定。将离合器安装在万用成套工具的基板上，用 3 个带导轴套的紧固器固定。用

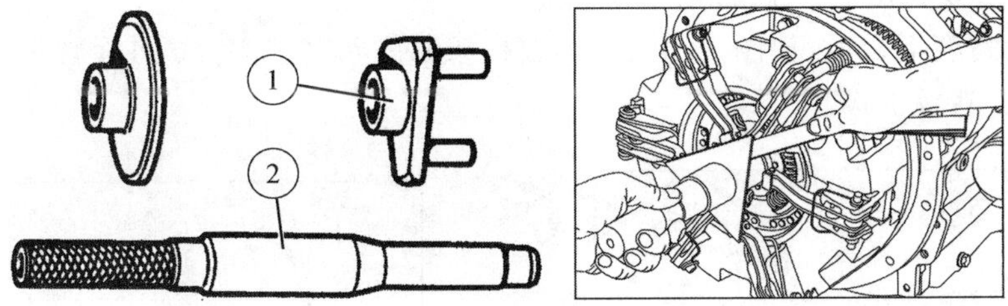

1. 调准器　2. 定中心器

图 1-66　离合器车上调整专用工具

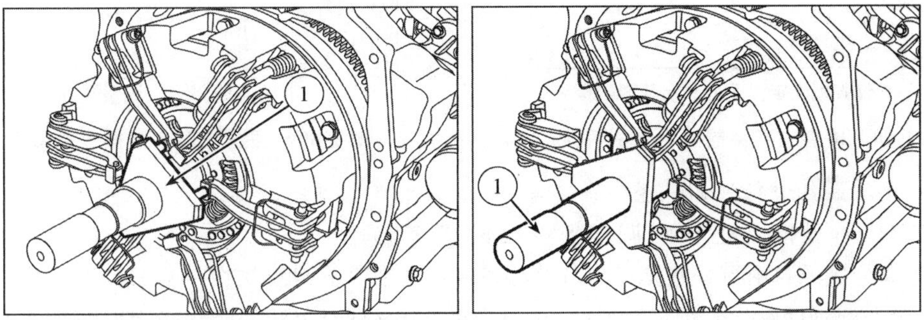

（a）主离合器分离杠杆高度的调整　（b）副离合器分离杠杆高度的调整

1. 离合器车上调整专用工具

图 1-67　离合器的车上检查与调整

扳手旋动主离合器和副离合器分离杠杆调整螺钉，使各个分离杠杆的端部和调准器之间的间隙为 0.1 mm，随后，用锁紧螺母将调整螺钉定位。

(二)离合器操纵杆系和自由行程的调整

机械操纵式离合器踏板自由行程的调整，一般是通过分离叉拉杆调整螺母调整拉杆或钢索长度，使离合器踏板自由行程符合规定。液压操纵式离合器踏板自由行程一般是主缸活塞与其推杆之间和分离杠杆内端与分离轴承之间两部分间隙之和在踏板上的反映。因此，踏板自由行程的调整实际上就是这两处间隙的调整。

微课：离合器踏板自由行程的检查与调整

1. 离合器自由行程的检查

当踏板移动时，首先会感到回位弹簧的阻力较小。经过小段行程后，阻力会明显增大，此时分离轴承刚好接触到了分离杠杆。用直尺或带尺测量踏板的位移，将测量结果与厂家规定的标准值比较。如果自由行程偏离标准值较大说明需要调整。一般离合器自由行程的经验调整值为 15～30 mm。

注意：有些机型拖拉机技术手册以规定离合器自由间隙大小（参见图 1-8，尺寸 L_1）来代替离合器自由行程。

2. 主离合器操纵杆系的调整

以 SNH800 型拖拉机为例，调整步骤如下：

(1)拧下仪表板上的捏手，拆下两块侧面板。测量主离合器踏板至地板间的距离，带驾驶室为 185 mm，不带驾驶室为 162 mm，如图 1-68 所示。

（2）如检查高度不合适，如图 1-69 所示，拧松锁紧螺母，逆时针方向旋转调整螺母，螺母每旋转一圈相当于踏板位移 9 mm。

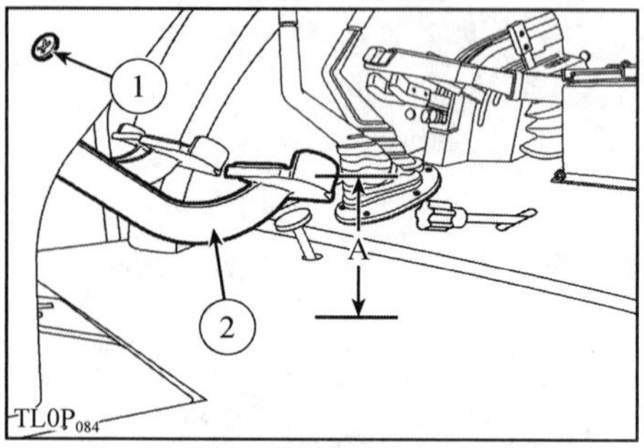

1. 仪表板固定捏手　2. 离合器踏板

图 1-68　检查主离合器操纵踏板高度

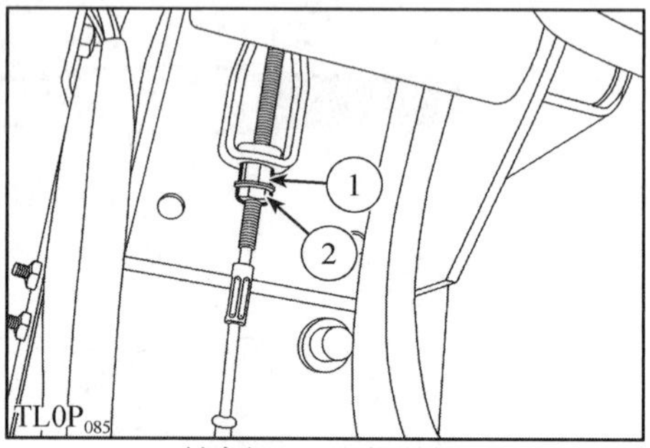

1. 锁定螺母　2. 调整螺母

图 1-69　调整主离合器操纵踏板高度

3. 副离合器自由行程的调整

以 SNH800 型拖拉机为例，调整步骤如下（图 1-70）：

（1）该离合器的自由行程在操纵拉杆处测量时应为 3.5 mm（反映在手柄握持处，测量时为 55～60 mm）。调整时逆时针松开锁定螺母(3)和调整螺母(2)（螺母每转一圈相当于手柄移动 1 mm）。

（2）拧紧锁定螺母。调整之后，检查回位弹簧的长度，其值约为 140 mm。可改变弹簧安装孔的位置调整弹簧长度。

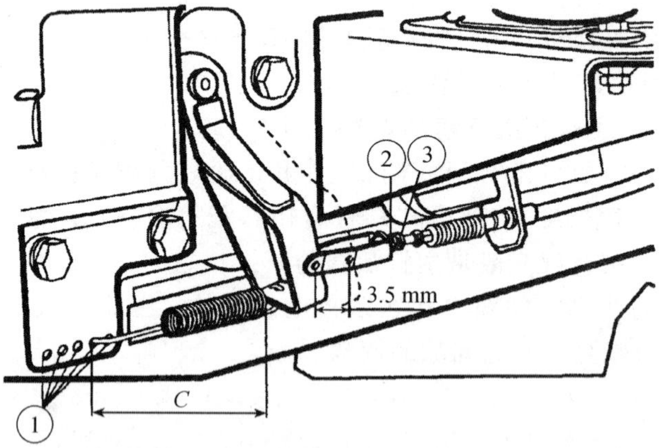

1. 弹簧安装孔　2. 调整螺母　3. 锁定螺母　*C*. 弹簧长度

图 1-70　副离合器自由行程的调整

4. 液压操纵式离合器踏板自由行程的调整

以纽荷兰 M 系列拖拉机离合器为例，调整步骤如下：

（1）装配主泵前，调整主泵推杆连接叉的位置，即尺寸 *D*（图 1-71）。

（2）将离合器踏板与连接叉连接后，检查踏板中央至地板顶面的距离 *H*（图 1-72），该距离约为 190 mm。若有必要进行调整，松开锁紧螺母，拆卸销，向内或向外拧动连接叉，使距离 *H* 合适，然后再检查踏板行程是否为 170 mm。

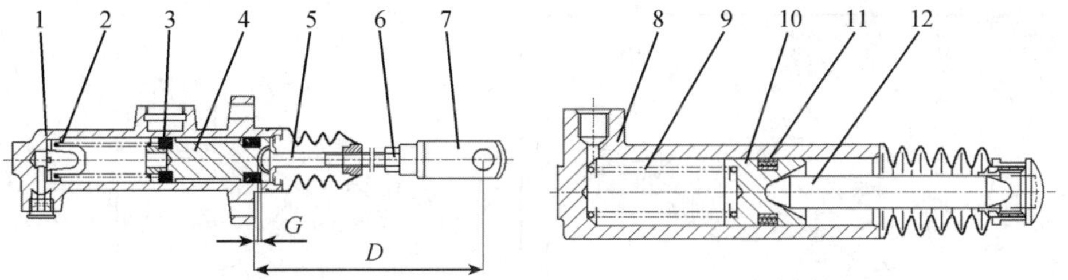

（a）主泵　　（b）分泵

1.主泵壳体　2.弹簧　3.密封圈　4.主泵活塞　5.主泵推杆　6.锁定螺母　7.连接叉
8.分泵壳体　9.弹簧　10.分泵活塞　11.密封圈　12.分泵推杆
D.连接叉中心至泵壳体安装板距离，137.5 ~ 138 mm；
G.离合器踏板松开时的推杆间隙，0.1 ~ 1.4 mm

图 1-71　离合器操纵主泵与分泵结构与调整尺寸

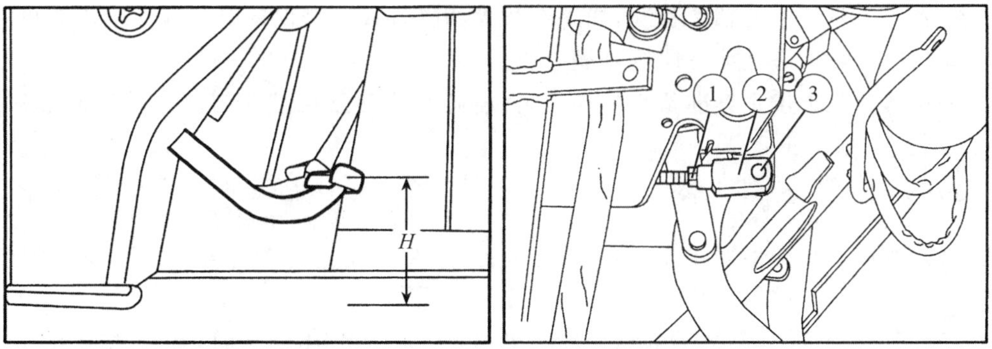

1. 调整螺母　2. 连接叉　3. 连接销　*H*. 离合器踏板中央至地板顶面的距离

图 1-72　液压操纵离合器踏板自由行程的调整

(三)液压操纵式离合器液压油路中空气的排放

对液压操纵式离合器的液压控制油路，每次保养和维修后，都必须排放其中的空气。以纽荷兰 M 系列拖拉机为例(图 1-73)，操作步骤如下：

(1)清理总成外部放气螺塞和液压油箱盖周围。

(2)放气前，确保油箱装满液压油。

(3)全程缓慢踩离合器踏板使油压升上来。

(4)踩住离合器踏板并松开放气螺塞半圈，使油随气泡排出。

(5)紧固螺塞，抬起离合器踏板，并重复上述步骤，直至排出的油液中没有气泡为止。

(6)放气后添加离合器液压油至规定高度。

(7)液压分泵的排气过程与此相同。

注意：应将排放出的液压油进行可靠收集，不要滴落地面，以防维修人员不小心踩踏而滑倒。

五、将离合器总成重新安装到车上

离合器重新向车上安装之前，应确保已经按厂家维修手册的规定要求调整至合适。按与车上拆下离合器相反的步骤重新安装离合器，但必须牢记下列几点：

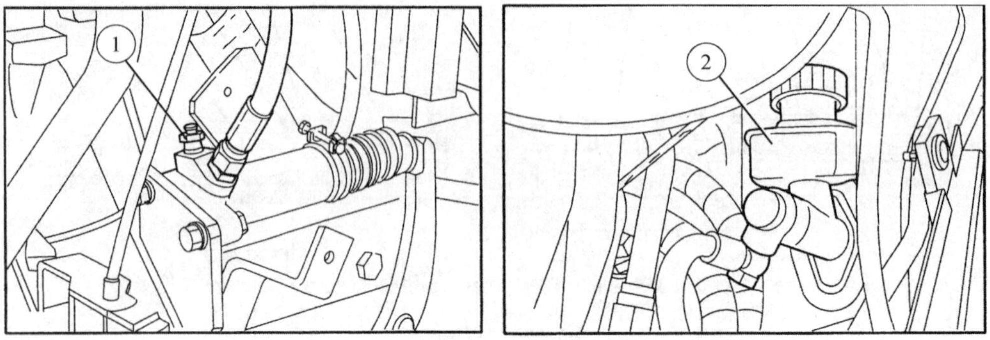

1. 放气螺塞　2. 液压油箱

图 1-73　排放液压操纵离合器液压油中的空气

(1)检查压入飞轮中的轴承状况，如果有过大的噪音或卡滞现象应废弃该轴承并更换。安装新轴承时，应在轴承座上涂一层钙基润滑脂。

(2)使用从动盘定位工具准备将从动盘定位，确保从动盘花键孔与离合器轴同心(参见图 1-66)。

注意：不得用手或手指进行对中。

(3)必须按厂家维修手册规定的扭矩以交叉、分次方式上紧离合器与发动机之间的连接螺栓。

(4)安装分离轴承、分离拨叉等离合器操纵机构。安装分离轴承时，在分离轴承内孔的槽上注入润滑脂，在分离拨叉接触区内涂上一薄层润滑脂，然后将分离轴承滑到变速器分离套筒上，确保轴承座能平滑移动。

(5)彻底清洗和清除配合面上的润滑脂，重新装配壳体、支架和罩盖前在配合面涂上密封剂(乐泰密封胶)。

维修提示

1. 将离合器从动盘安装在离合器轴上时，应确保从动盘能沿花键轴自由移动。同时应注意从动盘的安装方向，通常其上标有"飞轮侧"，应将此面朝向飞轮。如果没有标识，将从动盘毂较长一侧朝向飞轮，参见图 1-9。最好拆卸时标好记号。

2. 如果有同车型的废旧离合器轴，可以用来代替从动盘定位工具。

1-4　实操训练　离合器的故障诊断与排除

课程导入

1. 离合器的常见故障有哪些？有哪些故障现象？如何进行排除？

2. 为了减少离合器的故障，离合器在使用中应注意哪些问题？

3. 查阅有关资料或上网搜索一些离合器故障案例与大家分享。

离合器在使用过程中经常出现的故障有离合器打滑、离合器分离不彻底、离合器抖动、离合器不正常响声等。其故障诊断及排除方法见表 1-1。

表 1-1　离合器故障诊断表

故障	故障现象	可能的原因	排除方法
离合器打滑	拖拉机机起步时，离合器踏板完全放松后，发动机的动力不能全部输出，造成起步困难。有时由于摩擦片长期打滑而产生高温烧损，可嗅到焦臭味	1. 离合器自由行程（或自由间隙）过小	检查调整离合器自由行程
		2. 压紧弹簧因高温退火、疲劳、折断等原因使弹力减弱，致使压盘上的压力降低	更换离合器压紧弹簧或更换离合器总成
		3. 离合器从动盘、压盘或飞轮磨损翘曲	校正从动盘，磨修压盘和飞轮表面，必要时更换离合器总成
		4. 摩擦片上沾有机油或黄油	修复离合器壳体漏油处，彻底清洗摩擦片表面
离合器分离不彻底	发动机在怠速运转时，离合器踏板完全踏到底，挂挡困难，并有变速器齿轮撞击声。若勉强挂上挡后，不等抬起离合器踏板，拖拉机有前冲起步或立即熄火现象	1. 离合器自由行程过大	检查调整离合器自由行程
		2. 液压系统中有空气或油量不足，油液泄漏	排出液压系统中的空气，在必要时更换主泵或分泵
		3. 分离杠杆高度不一致或内端面磨损严重	调整分离杠杆高度，必要时更换分离杠杆或膜片弹簧
		4. 离合器从动盘在离合器轴上滑动阻力过大	重新装配或更换从动盘
离合器发抖（接合不平顺）	拖拉机起步时，离合器接合不平稳产生抖振，严重时会使整个车身发生抖振现象	1. 分离杠杆高度不一致	调整分离杠杆高度
		2. 压紧弹簧弹力不均、衰损、破裂或折断、扭转减振器弹簧弹力衰减或折断	更换压紧弹簧或离合器从动盘
		3. 离合器从动盘摩擦表面不平、硬化或沾有胶状物，铆钉松动、露头或折断	修整离合器从动盘，必要时更换离合器从动盘
		4. 飞轮、压盘或从动盘钢片翘曲变形	磨修飞轮、压盘，校正离合器从动盘，必要时更换离合器从动盘
		5. 摩擦片上沾有油污	彻底清洗摩擦片表面
离合器异响	离合器在接合或分离时，出现不正常的响声	1. 离合器从动盘翘曲	校正离合器从动盘或更换
		2. 离合器减振弹簧折断	更换部件
		3. 离合器从动盘与轮毂啮合花键之间的背隙过大	必要时更换离合器从动盘或离合器轴
		4. 离合器踏板回位弹簧过软、折断或脱落	更换回位弹簧
		5. 分离轴承或导向轴承润滑不良、磨损松旷或烧毁卡滞	更换分离轴承和分离轴承座

维修案例

故障一：一台纽荷兰M系列拖拉机，其离合器为液压操纵，在急速踏下离合器踏板时，离合器可以分离，但踩住离合器踏板一段时间后或慢慢踏下离合器踏板时，离合器无法分离。

诊断与排除：造成此故障的原因是液压主缸皮碗老化、磨损，并有纵向沟槽，主缸筒内壁磨损严重，致使液压油从主缸皮碗口及沟槽部位泄漏。进行换件修复后，可故障排除。

故障二：一台旧拖拉机，驾驶员说当松开离合器踏板时会听到一种金属刮擦声。

诊断与排除：此故障为离合器从动盘摩擦片过度磨损后，固定摩擦片的铆钉外露刮擦到飞轮或压盘的表面并磨损表面。这时应拆解离合器，视飞轮或压盘磨损程度磨修其表面或更换新件，同时更换离合器从动盘。

故障三：一台SNH系列拖拉机，刚换过离合器，使用一段时间后出现离合器不能分离的故障。更换压盘和离合器从动盘后，离合器可以分离，但有抖振故障，踏板感觉不良。

诊断与排除：仔细检查发现与分离轴承相连的回位弹簧连接不正常。将分离轴承工作区域的损坏部分磨光，更换分离轴承和回位弹簧，可使问题得到解决。

维修提示

判断离合器异响故障的方法如下：

1. 可以观察在踩下离合器踏板时异响发生改变的现象，并结合响声的不同来查明故障产生的原因。在检查时，发动机应以怠速运转，并且离合器操纵机构必须被调整到正确的自由行程。

2. 踩下离合器踏板少许，使分离轴承刚与分离杠杆接触，若听到沙沙的响声，则可能是分离轴承缺油或损坏。

3. 改变发动机转速，并反复踩动离合器踏板，若发出“吭”或“咔”的响声，则故障可能是减振弹簧疲劳或断裂、从动盘与花键套铆接松动或是从动盘花键孔与轴配合松旷所致。

4. 将离合器踏板踩到底，发出连续的“呵啦、呵啦”声，分离不彻底时尤为严重，放松踏板后响声消失。

判断离合器是否存在打滑故障的方法如下：

1. 在维修车间里判断。挂上最高挡，让离合器踏板以平滑、正常方式接合。如果发动机立即熄火，说明离合器不打滑。如果不能马上熄火则说明离合器接合缓慢，存在打滑现象。

2. 通过道路试验可以检查得更彻底。在一段较大坡路上，让拖拉机以低速挡行驶，当加速时发动机转速迅速升高，但车速却无明显增加，甚至停车，而且发动机也无冒黑烟的现象，在排除发动机本身故障的情况下，则可断定为离合器打滑。

学习情境2　变速器的拆装与维护

学习目标

- 能描述变速器的用途；
- 能描述变速器的工作原理；
- 能描述同步器的用途和工作原理；
- 能认知变速器的组成部件，并说出它们之间的装配关系；
- 能描述变速器不同挡位的动力传递路线；
- 能选择适当的工具拆卸和装配变速器；
- 能调整变速传动装置轴类零件的间隙；
- 会诊断和排除变速器的故障。

2-1　必备知识　变速器的认知

课程导入

1. 拖拉机变速器的功用是什么？有哪些类型？
2. 查阅有关资料，探究为什么拖拉机要安装变速器？
3. 结合机械原理的相关知识，解释一下机械式变速器的工作原理，如何计算变速器的传动比？
4. 变速器的挡位是如何实现的？倒挡是如何实现的？
5. 查阅有关资料，说明 SNH800 型拖拉机变速器是什么类型的，并指出各挡的传动路线。
6. 变速器的换挡操纵机构中的锁定机构、互锁机构和联锁机构起什么作用？是如何工作的？
7. 同步器换挡有哪些优点？指出其构造和工作原理。
8. 正确解释齿轮传动、花键轴、花键毂、接合套、同步器、换挡拨叉、拨叉轴、常啮合、传动比、PTO、卡环（弹性挡圈）等名词术语的含义。
9. 查阅有关资料，确定 SNH800 型拖拉机变速器的技术数据。

一、变速器的功用

由于拖拉机所使用的动力装置是活塞式发动机，其扭矩和转速变化范围较小，而拖拉机在行驶和作业时需要较大范围的行驶速度和扭矩输出的变化，活塞式发动机的特性不能适应这一要求。为此，必须在拖拉机的传动系统中装变速器。其功用总结如下：

(1)实现变速变矩。变速器通过改变传动比，扩大驱动轮扭矩和转速的变化范围，以适应拖拉机经常变化的工况需要，同时使发动机在最佳工况下工作（动力性和经济性）。

(2)实现拖拉机倒驶。由于发动机无法实现反向旋转，必须利用变速器齿轮传动的特性，通过变速器的倒挡来实现拖拉机反向行驶。

(3)必要时中断动力传输。利用变速器的空挡中断动力传递,实现在发动机不熄火的状态下拖拉机停驶和中断动力输出。

(4)实现动力输出,驱动农具和其他机构。通过与变速器连接的动力输出轴为农具或液压系统等提供动力。

二、拖拉机变速器的类型

拖拉机多采用有级式齿轮变速器,按操纵控制类型分为:机械换挡式(又称人力换挡式)变速器、半动力换挡式变速器和动力换挡式变速器三大类,本书以介绍机械换挡式变速器为主。按变速器的结构和传动特点分为二轴式、三轴式和组成式三种。二轴式和三轴式变速器统称为简单式变速器,两个简单式变速器串连在一起构成组成式变速器。

二轴式变速器如图 2-1(a)所示,其前进挡由输入轴(也称为变速器一轴或离合器轴)和输出轴(也称为变速器二轴)及其齿轮组成。前进挡由输入轴齿轮与输出轴齿轮形成的单级齿轮传动来完成。这种变速器传动齿轮对数少,效率高,但传动比不宜太大。

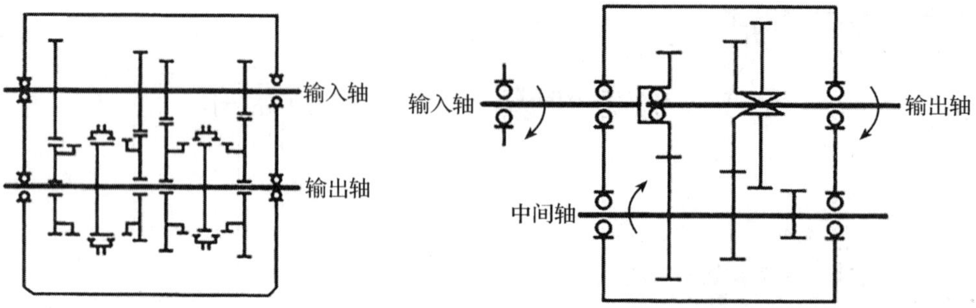

(a) 二轴式变速器　　(b) 三轴式变速器

图 2-1　简单式变速器

三轴式变速器由输入轴、输出轴和中间轴及其齿轮组成,输入轴与输出轴在同一条轴线上,见图 2-1(b)。前进挡由输入轴齿轮与中间轴齿轮、中间轴齿轮与输出轴齿轮两级齿轮传动来完成。将输入轴与输出轴直接连接可以实现直接挡(即传动比为 1∶1)。这种变速器传动齿轮对数多(除直接挡外),可以实现较大的传动比,但效率低。

一个简单式变速器挡位设置过多会使变速器的结构过于复杂。拖拉机为满足农艺要求,扩大使用范围,需要较多排挡,简单式变速器很难满足要求。因此,农用拖拉机大多采用组成式变速器,即采用主、副两个变速器串连的方式,分别用两套换挡装置。例如,主变速器有 4 个挡位,副变速器有 4 个挡位,这样就可以实现 16(4×4)个挡位。

三、机械式变速器的工作原理

微课:机械式变速器结构观察

1. 变速变矩原理

由机械原理可知,一对齿数不同的齿轮啮合传动可以变速变矩,两个齿轮的转速与其齿数成反比,在不考虑摩擦阻力的情况下,两齿轮的扭矩与其齿数成正比。

如图 2-2 所示,设主动齿轮转速为 n_1,齿数为 z_1,扭矩为 M_1;从动齿轮转

速为 n_2，齿数为 z_2，扭矩为 M_2，则两齿轮的传动比（主动齿轮转速与从动齿轮转速之比）i_{12} 为：

$$i_{12}=\frac{n_1}{n_2}=\frac{z_2}{z_1}=\frac{M_2}{M_1}$$

$$n_2=\frac{n_1}{i_{12}},M_2=M_1 i_{12}$$

由上式可总结如下：

$$\begin{cases}\text{当 } z_1<z_2 \text{ 时，即 } i_{12}>1\text{，则有 } n_2<n_1,M_2>M_1\text{，这种传动称为降速增矩传动}\\ \text{当 } z_1>z_2 \text{ 时，即 } i_{12}<1\text{，则有 } n_2>n_1,M_2<M_1\text{，这种传动称为增速降矩传动}\\ \text{当 } z_1=z_2 \text{ 时，即 } i_{12}=1\text{，则有 } n_2=n_1,M_2=M_1\text{，这种传动称为等速等矩传动}\end{cases}$$

由此可知，当传动比不等于 1 时，即可实现变速和变矩。

一对齿轮传动有一个固定的传动比，变速器往往需要由多对齿轮构成多级齿轮传动。由齿轮传动的原理可知，这样的多级齿轮传动的传动比按下式计算：

$$i=\text{各级齿轮传动比的连乘积}=(-1)^m\frac{\text{所有各级从动齿轮齿数的连乘积}}{\text{所有各级主动齿轮齿数的连乘积}}$$

式中：m 为外啮合齿轮对数，传动比为正数表示输入与输出同向，为负数表示输入与输出反向。

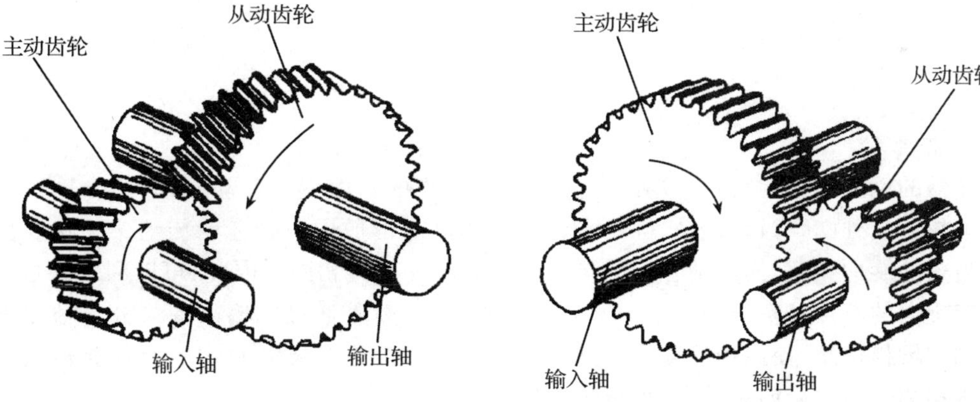

（a）降速增矩传动　　（b）增速降矩传动

图 2-2　齿轮传动的基本原理

2. 换挡原理

微课：三轴式变速器动力传递路线

通过选择变速器齿轮传动的不同传递路线，获得不同的传动比来得到不同的挡位。把传动比较大的称为低速挡，传动比较小的称为高速挡。

变速器的换挡，通常采用滑动齿轮、接合套或同步器等装置使齿轮或齿圈啮合或脱开来实现。如图 2-3 所示，通过滑动齿轮改变挡位，当将 1 挡齿轮向左滑动与 1 挡中间齿轮啮合，动力传递路线为：输入轴→常啮合齿轮→1 挡传动齿轮→输出轴，实现 1 挡；当将 2 挡和 3 挡齿轮向右滑动与2挡中间齿轮啮合，动力传递路线为：输入轴→常啮合齿轮→2挡传动齿轮→输出轴，实现2挡；当将2挡和3挡齿轮（左端为花键轴）向左滑动，使其左端花键轴与输入轴齿轮的内花键接合，动力直接从输入轴传递到输出轴，实现3挡（直接挡）。

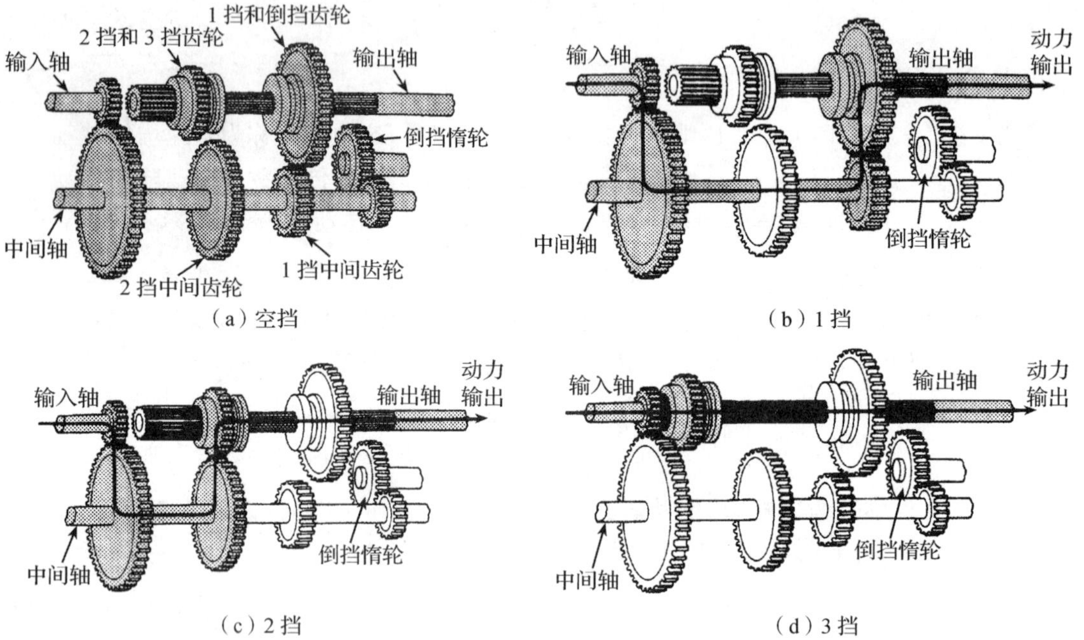

图 2-3　变速器挡位的选择

3. 倒挡原理

变速器的倒挡是根据齿轮传动的方向特性来实现的。由齿轮传动原理可知，一对相啮合的圆柱齿轮形成外啮合齿轮传动，圆柱齿轮与齿圈啮合形成内啮合齿轮传动。外啮合齿轮传动两个齿轮的旋向相反，而内啮合齿轮传动两个齿轮的旋向相同。因此，可以利用外啮合齿轮传动改变旋向的特点来实现倒挡。在实际变速器中，一般是通过在输入轴与输出轴之间加装一倒挡轴和倒挡惰轮，使倒挡比前进挡多一对（或少一对）外啮合齿轮，从而使倒挡的输出轴旋向与前进挡的输出轴旋向相反，实现拖拉机倒驶（图2-4）。

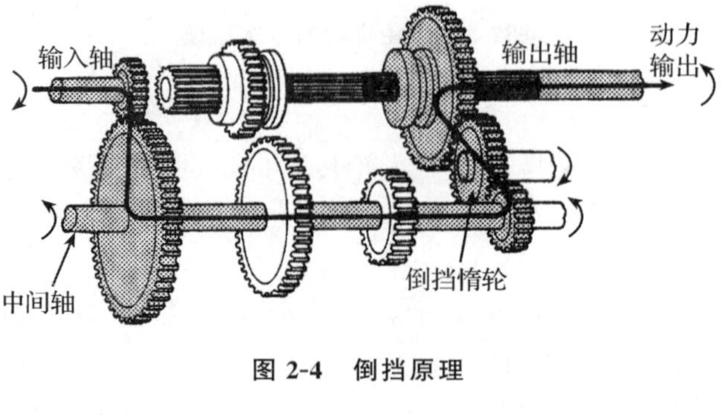

图 2-4　倒挡原理

四、典型变速器的结构与工作原理

(一)东方红-802 型履带式拖拉机变速器

1. 变速器的结构

该变速器如图 2-5 所示,属于二轴式、滑动齿轮换挡变速器,有 6(5 个前进挡,1 个倒挡)个排挡,由传动部分和操纵机构组成。

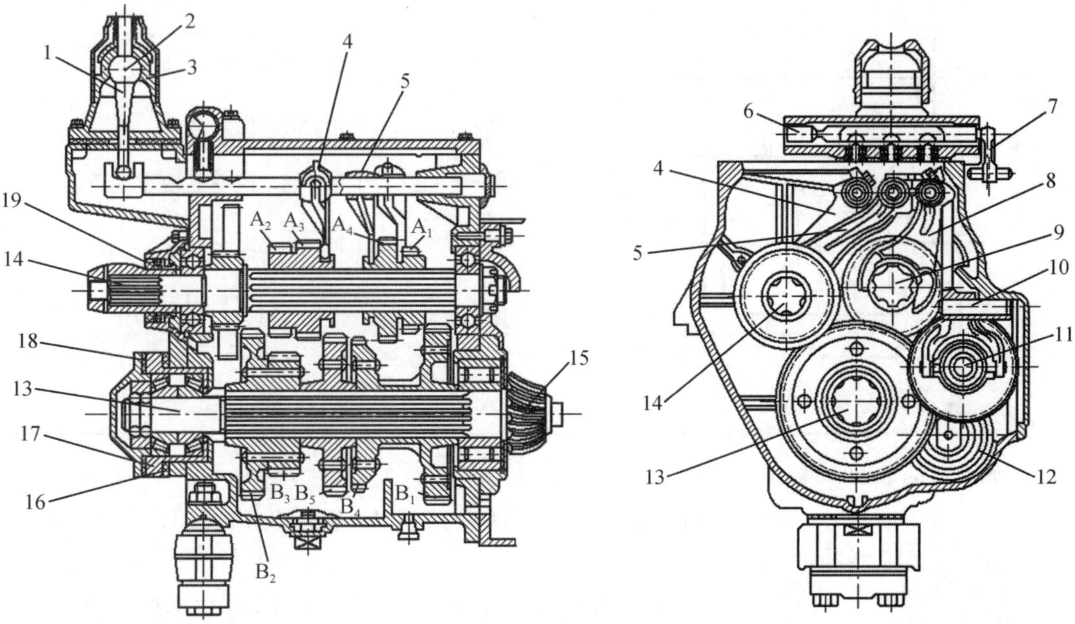

1. 变速杆 2. 球头 3. 变速杆座 4. 2、3 挡拨叉 5. 1、4 挡拨叉 6. 联锁轴 7. 联锁轴臂 8. 倒挡拨叉 9. 倒挡轴 10. 5 挡拨叉销 11. 5 挡中间轴 12. 溅油齿轮 13. Ⅱ轴 14. Ⅰ轴 15. 小锥齿轮 16. 调整垫片 17. 轴承座 18. 调整垫片 19. 油封

图 2-5 东方红-802 型拖拉机变速器

变速器有Ⅰ轴(输入轴)、Ⅱ轴(输出轴)、5 挡中间轴和倒挡轴共 4 根轴。Ⅰ轴前端伸出箱体,通过联轴节传动轴与离合器轴相连。轴上装有固定的常啮合齿轮和 1、4 挡及 2、3 挡双联滑动齿轮。轴的两端用向心球轴承支承在壳体上。为防止漏油,前轴承盖中装有甩油盘和油封。

Ⅱ轴为输出轴,它与中央传动小锥齿轮制成一体。轴上固装 1~5 挡从动齿轮,从动齿轮采用铆接结构。Ⅱ轴由前端装在轴承杯中的两口锥轴承,后端由滚柱轴承支承在变速器壳体座孔中。轴承杯与前盖间装有一组调整垫片,用于调整轴承间隙。轴承杯与壳体之间装有一组开口调整垫片,用调整Ⅱ轴轴向位置的。为防止从垫片开口处渗油,轴承杯与变速器座孔配合处装有“O”形密封圈。

倒挡轴上装有固定齿轮,它与Ⅰ轴常啮合齿轮常啮合。轴上还装有倒挡滑动齿轮,它与Ⅱ轴 4 挡齿轮啮合时,实现倒挡。轴的后端伸出箱体外,通过牙嵌离合器与动力输出轴相连接。该轴通过两个向心球轴承安装在箱体座孔中。

5 挡中间轴前端制有常啮合齿轮,它与倒挡轴固定齿轮和溅油齿轮常啮合。轴上套装 5 挡齿轮,它具有内、外齿,与Ⅱ轴 5 挡齿轮常啮合。当齿轮前移与 5 挡中间轴上的小齿轮相啮合时,便获得5挡。为了润滑5挡中间轴与衬套,轴的后端钻有轴向孔和径向孔,轴向孔中装有引油管并插入箱壁铸的集油槽中。5挡中间轴用两口向心球轴承支承在箱体前壁和后隔壁的座孔中。

2. 各挡传递路线

该变速各挡传递路线如表2-1及图2-6所示。

表2-1 东方红-802型拖拉机变速器各挡传递路线

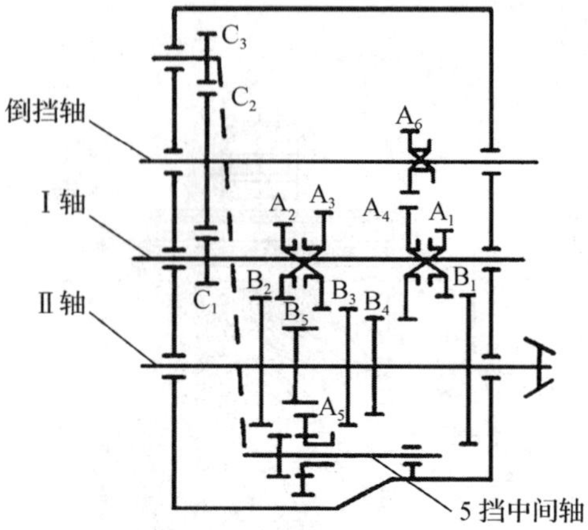

图2-6 结构示意图

挡位	滑动方向	传动路线	传动比
1挡	A_1→	Ⅰ轴→A_1/B_1→Ⅱ轴	2.647
2挡	←A_2	Ⅰ轴→A_2/B_2→Ⅱ轴	2.263
3挡	A_3→	Ⅰ轴→A_3/B_3→Ⅱ轴	1.82
4挡	←A_4	Ⅰ轴→A_4/B_4→Ⅱ轴	1.52
5挡	←A_5	Ⅰ轴→C_1/C_2→C_2/C_3→A_5/B_5→Ⅱ轴	1.154
倒挡	←A_6	Ⅰ轴→C_1/C_2→A_6/B_4→Ⅱ轴	4.295

3. 变速器的操纵机构

该变速器的操纵机构包括换挡机构、锁定机构、互锁机构和联锁机构,如图2-7所示。

微课:机械式换挡机构组成

微课:变速器自锁原理

(1)换挡机构　用以拨动滑动齿轮,使其进入啮合或脱开啮合,获得所需要排挡和实现空挡。它由变速杆、滑杆和拨叉组成。变速杆用球头支承在变速杆座上,可以前、后和左、右摆动。弹簧使变速杆球头紧压在球座表面上,球座上置可以减少磨损。为防止变速杆绕自身轴线旋转,球头开有纵向切槽,止转销插入槽中。变速杆下端伸入滑杆拨头的凹槽中。当操纵变速杆前、后运动时,便拨动滑杆和固定在滑杆上的拨叉,使滑动齿轮挂上或脱开相应挡位。

(2)锁定机构　用以保证全齿长啮合、不自动挂挡和脱挡,使驾驶员具有明显的挂挡手感。该变速器采用锁销式锁定机构。由锁销、弹簧和滑杆上的3个"V"形槽组成。锁销和弹簧装在箱体前壁孔中,并由上盖封闭。拨动滑杆,当"V"形槽与锁销相对时,锁销在弹簧力作用下嵌入槽中,使滑杆定位可防止自动挂挡和脱挡。拨叉安装位置与3个"V"形槽的距离是经过计算确定的,完全可以保证全齿啮合。

(3)互锁机构　该变速器的互锁机构是互锁板式的。它是一块固定在变速杆下方带"王"字导槽的板,用以限制变速杆下端的运动。因此,可以防止同时挂两个挡。

(4)联锁机构　切有长槽的联锁轴装在变速器盖水平孔中,置于三个滑杆锁销的一端,联锁轴端装有转臂,并通过推杆与离合器踏板相连。当离合器踏板放松时,推杆拉动转臂,使联锁轴圆柱面压住锁销上端而无法抬起,使锁定更加可靠。当彻底踩下离合器踏板时,推杆向后推转臂使联锁轴上的切槽对准锁销上端。此时，锁销才能被抬起进行摘挡和换挡。因此，装有联锁机构的变速器只有将离合器踏板踩到底，即离合器彻底分离时才能摘挡和换挡。

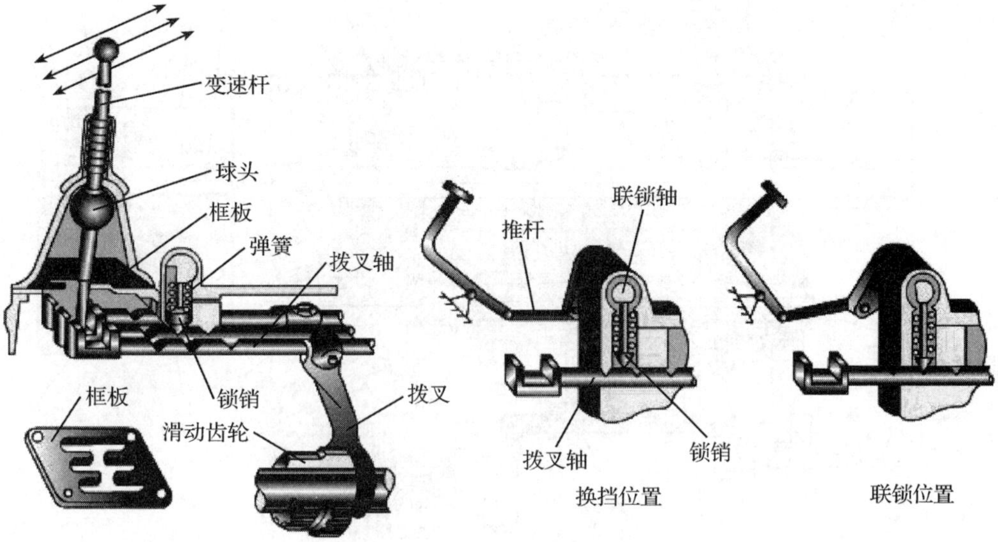

图 2-7 东方红-802 拖拉机变速器的操纵机构

(二)FIAT90 系列拖拉机变速器

1. 变速器的结构

国产东方红-X/1004/1204 系列拖拉机和上海纽荷兰 SNH 系列拖拉机均采用 FIAT90 系列拖拉机变速器，其结构如图 2-8 所示。

该变速器是由主、副两个变速机构安装在一个箱体内的组成式变速器，主变速器为斜齿轮传动，副变速器为直齿轮传动。主变速主动轴(1，变速器输入轴)为空心轴，动力输出轴(28)从中间穿过，并与离合器轴通过花键套连接，其上通过花键连接 4 个主动齿轮。主变速从动轴(26)为一齿轮轴，上面加工有一直齿轮，并空套 4 个从动齿轮。4 个主动齿轮与 4 个从动齿轮两两常啮合。主变速输出轴还通过花键连接两个换挡同步器(22、24)。当同步器与输出轴上的齿轮接合时动力便可以通过这对常啮合齿轮从主变速主动轴传递到主变速从动轴，两个同步器左右接合可形成 4 个挡位。

副变速主动轴(4)是一个空心齿轮轴，上面加工有一大两小 3 个直齿轮，动力输出轴从中间穿过。其上空套着中速挡主动齿轮(7)，并通过花键连接倒挡和中速挡接合套(5)。副变速主动轴(4)的大齿轮与主变速从动轴 26 齿轮常啮合。副变速从动轴(14)是整个变速器的输出轴，同时是驱动桥中央传动的小锥齿轮轴，其上通过花键连接低速挡从动齿轮(19)和倒挡从动齿轮(18)，低速挡从动齿轮(19)与副变速主动轴上一个小齿轮常啮合，中速挡主动齿轮(7)与中速挡从动齿轮常啮合。当倒挡和中速挡接合套(5)向右移动与中速挡主动齿轮(7)接合时，即可实现中速挡(即副变速前进 2 挡)；向左移动与倒挡中间齿轮(12)，与倒挡从动齿轮(18)常啮合时，即可实现倒挡(比前进挡多一级齿轮传动)。当高速挡和低速挡接合套向右移动与低速挡从动齿轮(19)接合时，即可实现低速挡(即副变速前进 1 挡)；向左移动与主变速从动轴(26)齿轮接合时，即可实现高速挡(即副变速前进 3 挡，相当于副变速直接挡，比其

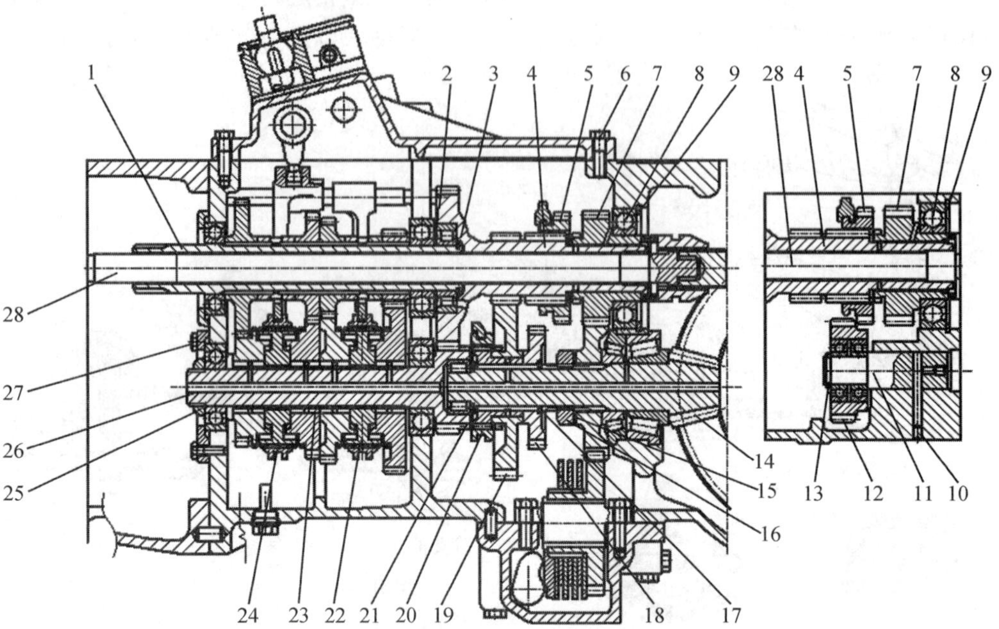

1. 主变速主动轴 2. 主动轴轴承垫 3. 卡环 4. 副变速主动轴 5. 倒挡和中速挡接合套 6. 顶盖固定螺钉 7. 中速挡主动齿轮 8. 轴承 9. 卡环 10. 倒挡轴定位螺钉 11. 倒挡轴 12. 倒挡中间齿轮 13. 卡环 14. 副变速从动轴（小锥齿轮轴） 15. 锁止垫圈 16. 小锥齿轮轴固定螺母 17. 止推环 18. 倒挡从动齿轮 19. 低速挡从动齿轮 20. 高速挡和低速挡接合套 21. 卡环 22. 1、2 挡同步器 23. 主变速从动齿轮支架轴套 24. 3、4 挡同步器 25. 主变速从动轴螺母 26. 主变速从动轴 27. 轴承盖固定螺钉 28. 动力输出轴

图 2-8 SNH800 型拖拉机变速器结构

他前进挡少两级齿轮传动）。副变速从动轴（小锥齿轮轴）上的中速挡从动齿轮还与驻车制动器的从动齿轮常啮合，当制动器从动齿轮被制动时，即可将小锥齿轮及后桥传动系统制动（参见“学习情境 4”）。

2. 同步器

微课：同步器

该变速器的主变速机构采用同步器换挡方式。同步器换挡的基本原理是，当主从动齿轮相互接近时，在摩擦力作用下，使两个齿轮迅速达到同步状态，平稳进入啮合。同步器换挡的优点是可以简化驾驶员换挡操作过程，同时可以防止因齿轮撞击磨损而降低使用寿命。

该变速器采用的同步器是惯性锁环式同步器，也是目前汽车和拖拉机广泛采用的一种同步器，如图 2-9 所示，它主要由齿毂、同步环、接合套、滑块（滑动片）等组成。

其中，齿毂以内花键与变速器轴连接。接合套套合于齿毂的外花键上，挂挡时可沿花键轴移动。三个滑块位齿毂上相应的三条槽内。同步环（又称锁环）位于齿毂与变速齿轮之间，用软金属材料制成，通常是黄铜、铜或粉末冶金材料，其内锥面上螺纹槽用于破坏锥面上油膜，提高同步摩擦效果。滑块两端位于前后同步环的缺口内，只有滑块端头位于锁环缺口的中央时，接合套才能与同步环上锁止齿啮合，继续移动，挂上新挡位。

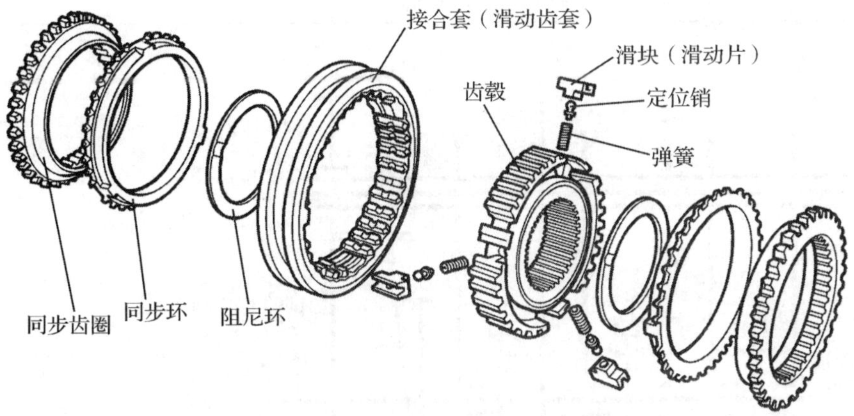

图 2-9　惯性锁环式同步器

微课：惯性锁环式同步器

其工作原理如下：

(1)同步开始　当换挡拨叉开始移动时，如图 2-10(a)所示。拨叉推动接合套、滑块、同步环移动，变速齿轮带动同步环相对于接合套转过一个角度，使滑块端头位于锁环缺口一侧，同步环阻止接合套继续移动。

(2)同步过程　在换挡拨叉推动力作用下，同步环与齿轮锥面压紧，两者发生强有力的摩擦作用，迅速达到同步。同步前，在惯性力作用下，同步环与接合套齿始终抵触，有效防止同步前强行啮合，如图 2-10(b)所示。

微课：同步器的工作原理

(3)同步啮合　同步后，惯性力消失，同步环退转一个角度，使滑块端头位于同步环缺口中央，接合套先与同步环齿啮合，然后再与变速齿轮啮合，顺利挂上新挡位，如图 2-10(c)所示。

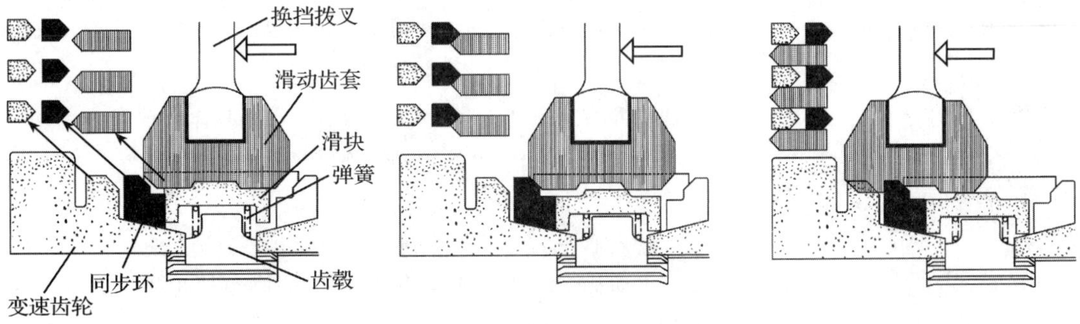

(a) 同步开始　(b) 同步过程　(c) 同步啮合

图 2-10　惯性锁环式同步器工作原理

3. 各挡传递路线

该变速器各挡的传递路线如表 2-2 所示。

4. 变速器的操纵机构

该变速器的操纵机构包括换挡机构、锁定机构(自锁机构)、互锁机构。如图 2-11 所示。

表 2-2 SNH800 型拖拉机变速器各挡传递路线

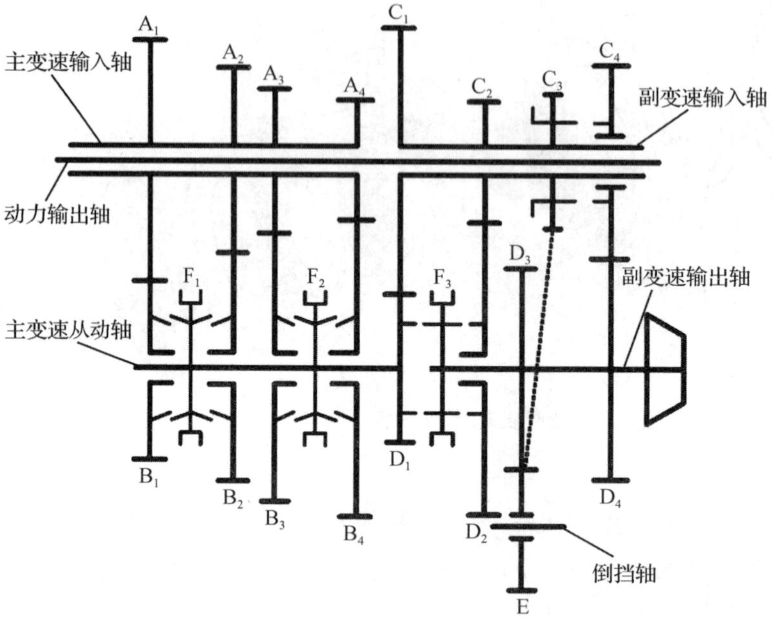

结构示意图(空挡状态)

挡位	滑动方向		传动路线	传动比
	主变速	副变速		
低 1 挡	F_2→	F_3→	主变速输入轴→A_4/B_4→F_2→主变速从动轴→D_1/C_1→副变速主动轴→C_2/D_2→F_3→副变速输出轴(经过 3 对齿轮传动)	13.618
低 2 挡	←F_2	F_3→	主变速输入轴→A_3/B_3→F_2→主变速从动轴→D_1/C_1→副变速主动轴→C_2/D_2→F_3→副变速输出轴(经过 3 对齿轮传动)	9.372
低 3 挡	F_1→	F_3→	主变速输入轴→A_2/B_2→F_1→主变速从动轴→D_1/C_1→副变速主动轴→C_2/D_2→F_3→副变速输出轴(经过 3 对齿轮传动)	6.501
低 4 挡	←F_1	F_3→	主变速输入轴→A_1/B_1→F_1→主变速从动轴→D_1/C_1→副变速主动轴→C_2/D_2→F_3→副变速输出轴(经过 3 对齿轮传动)	4.538
中 1 挡	F_2→	C_3→	主变速输入轴→A_4/B_4→F_2→主变速从动轴→D_1/C_1→副变速主动轴→C_3→C_4/D_4→副变速输出轴(经过 3 对齿轮传动)	5.831
中 2 挡	←F_2	C_3→	主变速输入轴→A_3/B_3→F_2→主变速从动轴→D_1/C_1→副变速主动轴→C_3→C_4/D_4→副变速输出轴(经过 3 对齿轮传动)	4.013

续表 2-2

挡位	滑动方向		传动路线	传动比
	主变速	副变速		
中 3 挡	F_1→	C_3→	主变速输入轴→A_2/B_2→F_1→主变速从动轴→D_1/C_1→副变速主动轴→C_3→C_4/D_4→副变速输出轴（经过 3 对齿轮传动）	2.784
中 4 挡	←F_1	C_3→	主变速输入轴→A_1/B_1→F_1→主变速从动轴→D_1/C_1→副变速主动轴→C_3→C_4/D_4→副变速输出轴（经过 3 对齿轮传动）	1.943
高 1 挡	F_2→	←F_3	主变速输入轴→A_4/B_4→F_2→主变速从动轴→D_1→F_3→副变速输出轴（经过 1 对齿轮传动）	2.476
高 2 挡	←F_2	←F_3	主变速输入轴→A_3/B_3→F_2→主变速从动轴→D_1→F_3→副变速输出轴（经过 1 对齿轮传动）	1.704
高 3 挡	F_1→	←F_3	主变速输入轴→A_2/B_2→F_1→主变速从动轴→D_1→F_3→副变速输出轴（经过 1 对齿轮传动）	1.182
高 4 挡	←F_1	←F_3	主变速输入轴→A_1/B_1→F_1→主变速从动轴→D_1→F_3→副变速输出轴（经过 1 对齿轮传动）	0.825
倒 1 挡	F_2→	←C_3	主变速输入轴→A_4/B_4→F_2→主变速从动轴→D_1/C_1→副变速主动轴→C_3/E→E/D_3→副变速输出轴（经过 4 对齿轮传动）	5.234
倒 2 挡	←F_2	←C_3	主变速输入轴→A_3/B_3→F_2→主变速从动轴→D_1/C_1→副变速主动轴→C_3/E→E/D_3→副变速输出轴（经过 4 对齿轮传动）	3.602
倒 3 挡	F_1→	←C_3	主变速输入轴→A_2/B_2→F_1→主变速从动轴→D_1/C_1→副变速主动轴→C_3/E→E/D_3→副变速输出轴（经过 4 对齿轮传动）	2.499
倒 4 挡	←F_1	←C_3	主变速输入轴→A_1/B_1→F_1→主变速从动轴→D_1/C_1→副变速主动轴→C_3/E→E/D_3→副变速输出轴（经过 4 对齿轮传动）	1.744

(1)换挡机构　如图 2-12 所示，为 SNH800 型拖拉机的主变速换挡机构。其副变速换挡机构与此相同。换挡机构由换挡操纵杆、外传动拨头、传动杆、内传动拨头、换挡拨叉及拨叉轴（图 2-11）组成。两个手动换挡操纵杆分别安装在球头支座上，换挡操纵杆拨头与外传动拨头球头连接。当左右（从驾驶员的位置观察）移动换挡操纵杆时，通过外拨头可拉动传动杆，带动内传动拨头左右移动选择换挡拨叉；当前后移动换挡操纵杆时，带动外拨头、传动杆和内传动拨头前后摆动，内传动拨头推动换挡拨叉在拨叉轴上前后移动，带动相应的接合套或同步器挂上相应的挡位。

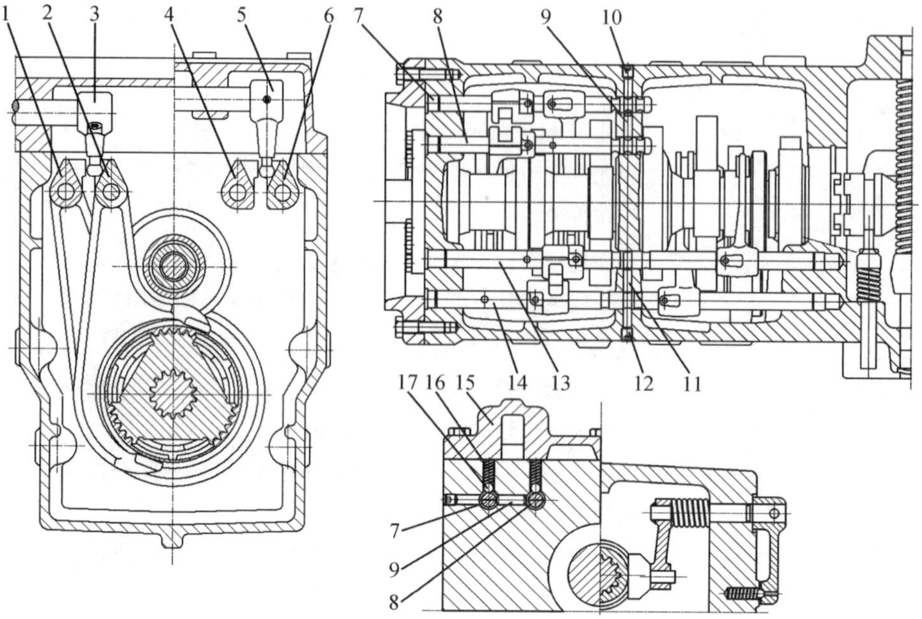

1. 1挡和2挡拨叉　2. 3挡和4挡拨叉　3. 主变速内传动拨头　4. 中速挡和倒挡拨叉　5. 副变速内传动拨头
6. 高速挡和低速挡拨叉　7. 1挡和2挡拨叉轴　8. 3挡和4挡拨叉轴　9、11. 互锁销　10、12. 螺塞
13. 中速挡和倒挡拨叉轴　14. 高速挡和低速挡拨叉轴　15. 变速器盖　16. 锁定弹簧　17. 锁定钢球

图 2-11　SNH800 型拖拉机变速器操纵机构

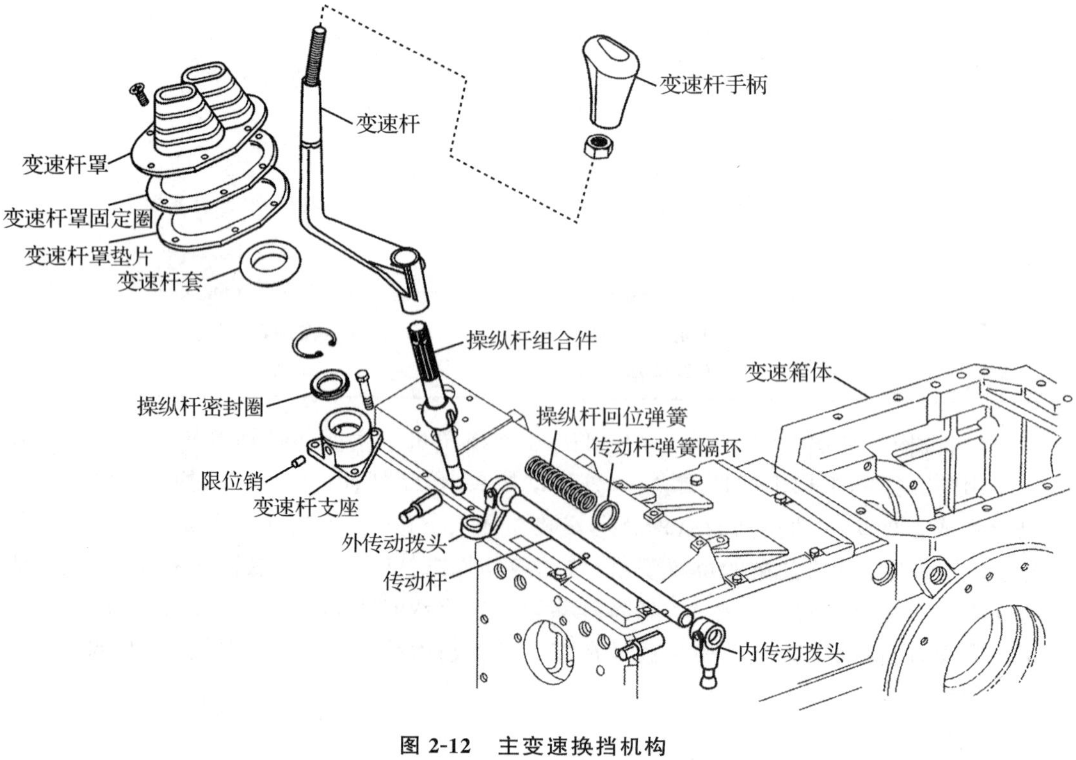

图 2-12　主变速换挡机构

(2)锁定机构　该变速器采用钢球式锁定机构。如图 2-11 所示，由锁定弹簧(16)、锁定钢球(17)和拨叉轴上的锁定凹槽组成。当任何一根拨叉轴向移动到空挡或某个挡位时，必有一个凹槽正好对准锁定钢球，钢球在锁定弹簧压力作用下嵌入凹槽内，以防止拨叉轴自行移动，起到定位的作用。

(3)互锁机构　该变速器采用互锁销式互锁机构。如图 2-11 所示，由互锁销(12、13)和拨叉轴上的互锁凹槽组成。互锁销安装于两拨叉轴之间的箱体壁内，其长度刚好等于相邻两根拨叉轴表面之间的距离加上一个凹槽的深度。在空挡位置时，两相邻拨叉轴上的互锁凹槽与互锁销处于同一直线上，互锁销在两个凹槽之间存有半个凹槽的空间，此时拨动任何一个拨叉轴时，互锁销一端将被挤进另一个拨叉轴的凹槽内，使这个拨叉轴不能移动而被锁定，防止同时拨动两根拨叉轴，即可防止同时挂入两个挡位。

2-2　扩展学习　纽荷兰 M 系列拖拉机动力换挡变速器

课程导入

1. 查阅有关资料，说明手动换挡变速器与动力换挡变速器有哪些差别？各有哪些特点？
2. 纽荷兰 M175 和 M190 型拖拉机上的动力换挡变速器共有多少个挡位？是如何实现的？
3. 说明该拖拉机选装的缓行器有何作用，其是如何工作的。
4. 说明该拖拉机的换挡机构是如何工作的。
5. 查阅有关资料，确定该拖拉机动力换挡变速器的技术数据。

安装在纽荷兰 M175 和 M190 机型上的全动力换挡变速器具有 40 km/h 和 50 km/h 两种不同的形式。40 km/h 变速器包含位于变速器箱体内的 9 个能提供 18 个前进挡和 6 个倒退挡的多盘离合器。50 km/h 变速器另外增加一个位于后桥中央壳体，用发动机飞轮直接通过 PTO 输入轴驱动的第 19 挡(50 km/h)离合器。如图 2-13 所示。40 km/h 和 50 km/h 两种机型，前 18 挡传动比的对应离合器内部结构是一样的。

一、换挡过程

微课：动力换挡变速器工作原理

变速器离合器能细分成如下几组(变速器内的各离合器位置如图 2-14 所示)：

A 和 B 离合器位于变速器前部，提供高传动比和低传动比输出。C、D 和 E 离合器位于变速器中心部分，各提供一个单一速度。A 或 B 离合器与 C、D 和 E 离合器中的任意一个一起使用可提供 6 个速度；F(高挡)、S(低挡)、M(中挡)和 R(倒退挡)离合器，位于变速器后部，再提供 3 个前进区域和 1 个倒退区域，使变速器能提供 18 个前进和 6 个倒退传动比。后桥箱内的备用 50 km/h 第 19 挡离合器仅仅用来提供第 19 挡传动比。选择第 19 挡时，没有别的离合器通电并且经 PTO 输入轴直接从发动机飞轮驱动。驾驶室内的离合器踏板控制的是区域离合器的电磁阀，从而使区域离合器结合或分离。

具体的挡位结合离合器的顺序为：当 A、C、S 结合得到 1 挡；B、C、S 结合得到 2 挡；A、D、S 结合得到 3 挡；B、D、S 结合得到 4 挡；A、E、S 结合得到 5 挡；B、E、S 结合得到 6 挡；A、C、M 结

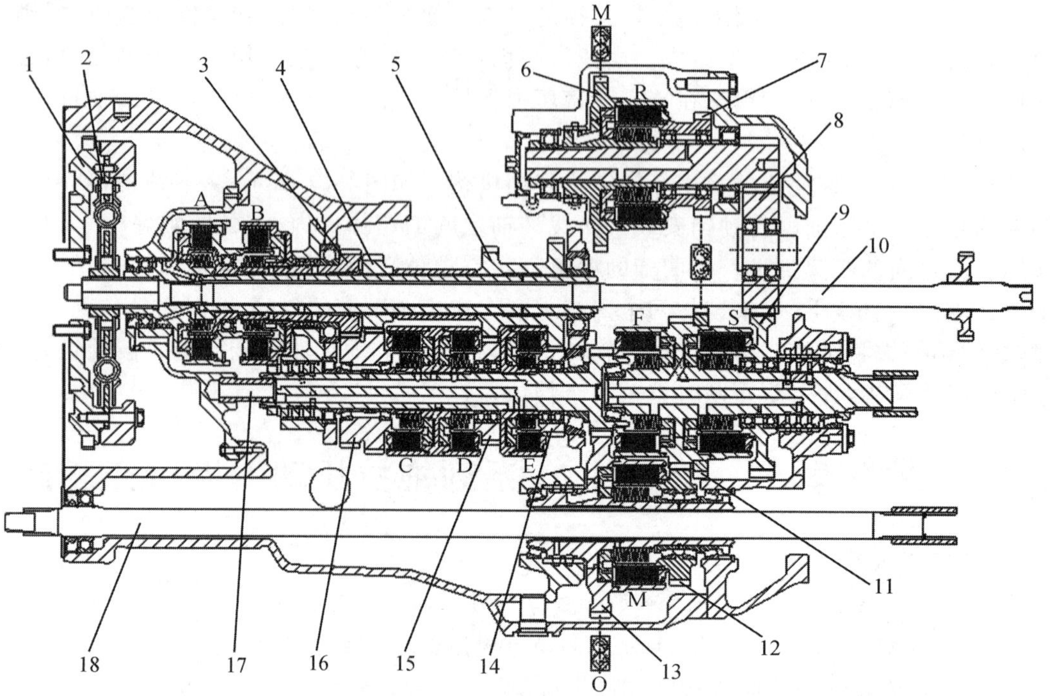

1. 飞轮　2. 飞轮与变速器之间的缓冲器　3. B 离合器外毂及输出齿轮（与 C 离合器内毂主动齿轮啮合）　4. A 离合器输出齿轮（与 C 离合器内毂主动齿轮啮合）　5. A 离合器输出双联齿轮（与 D、E 离合器内毂主动齿轮啮合）　6. 倒挡离合器从动齿轮（与中挡 M 离合器从动齿轮啮合）　7. 倒挡 R 离合器内毂及输出齿轮（与 F、S 离合器从动齿轮啮合）　8. 低速惰轮　9. S 离合器内毂及从动齿轮　10. 变速器 / PTO 输入轴　11. F、S 离合器外毂及从动齿轮　12. 中速挡 M 离合器内毂及从动齿轮　13. 中速挡 M 离合器外毂及主动齿轮　14. E 离合器内毂及主动齿轮　15. D 离合器内毂及主动齿轮　16. C 离合器内毂及主动齿轮　17. 润滑油传输管　18. 前轮驱动轴

图 2-13　纽荷兰 M 系列变速器结构

合得到 7 挡；B、C、M 结合得到 8 挡；A、D、M 结合得到 9 挡；B、D、M 结合得到 10 挡；A、E、M 结合得到 11 挡；B、E、M 结合得到 12 挡；A、C、F 结合得到 13 挡；B、C、F 结合得到 14 挡；A、D、F 结合得到 15 挡；B、D、F 结合得到 16 挡；A、E、F 结合得到 17 挡；B、E、F 结合得到 18 挡；A、C、R 结合得到 R1 挡（倒挡）；B、C、R 结合得到 R2 挡；A、D、R 结合得到 R3 挡；B、D、R 结合得到 R4 挡；A、E、R 结合得到 R5 挡；B、E、R 结合得到 R6 挡。表 2-3 确定了在 1～18 挡前进速度及 6 挡倒退速度内选择的每个挡位对应的通电离合器组。

表 2-3　变速器各挡位的离合器结合

速度	区域			
	S	M	F	R
AC	1	7	13	R1
BC	2	8	14	R2
AD	3	9	15	R3
BD	4	10	16	R4
AE	5	11	17	R5
BE	6	12	18	R6

位于变速器顶盖内的油冷却器旁通阀，确保冷起动或冷却器阻塞时引起的过高油压使油温升高，压力下降以前绕过冷却器。

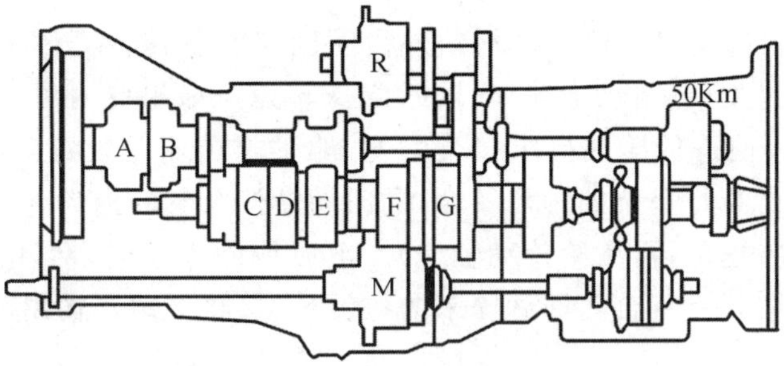

图 2-14　离合器位置示意图

变速器内的传动齿轮均采用螺旋齿，并且不同挡位的齿轮都为常啮合，这样的结构可以保证传递较大的扭矩，降低传动噪音。由于齿轮为常啮合，不会出现传统的变速器打齿的现象，延长了齿轮的使用寿命。

变速器润滑油来自转向优先阀馈给的润滑管路及转向马达回油侧和填充压力回路的辅助阀，靠润滑安全阀控制达到最高 7 bar(压力单位，1 bar＝100 kPa)的压力。

该变速器若选装缓行器传动装置(图 2-15)，还可得到 18 个前进和 6 个倒退传动比。

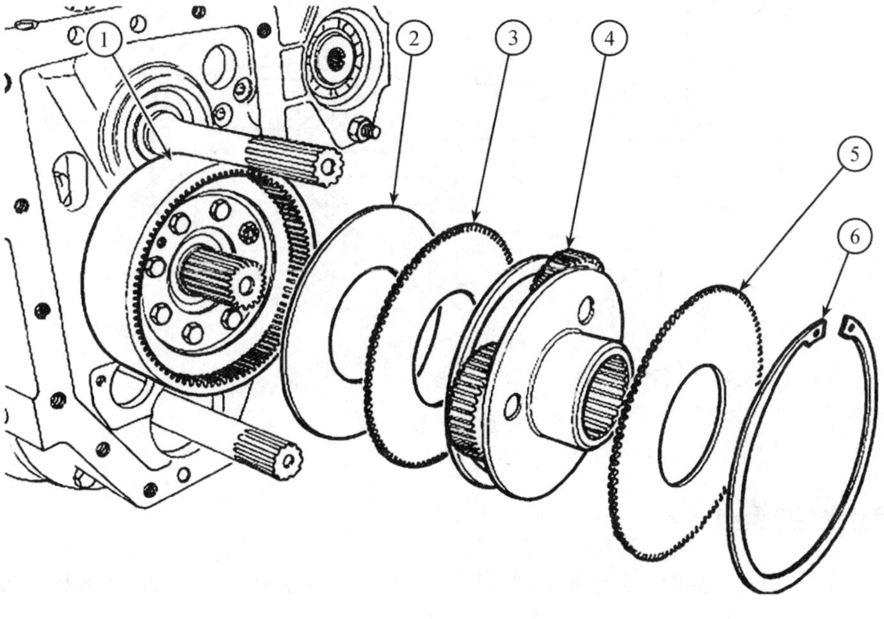

1. 齿圈　2. 盘　3. 花键圆盘　4. 行星齿轮　5. 花键圆盘　6. 弹性挡圈（卡环）

图 2-15　缓行器传动装置

缓行器选件经缓行器行星齿轮提供驱动，用于前进挡 1～18 及 6 个倒退挡的进一步减速。拖拉机安装有缓行器选件时，缓行器行星齿轮组件位于后壳上。发动机起动且变速杆处于中立位置，应用脚制动时，按下驾驶室内选择器开关下半部可接合缓行器。要使缓行器传动装置脱开，应重复上述程序并且再次按下选择器开关。

二、缓行器的工作过程

如图 2-16 所示，通过支架将行星机构的外齿圈固定在变速器壳体上，变速器的输出轴驱动行星轮(2)，通过行星架(3)将动力输出，同时降低转速。如果此时触发缓行器开关，拖拉机左侧的电磁线圈通电，使得低压油操纵接合活塞，驱动机械联动装置。联动装置驱动接合套(4)，使得接合套的外齿与行星架的内齿结合，同时切断接合套的内齿与变速器输出轴的连接，降低变速器输出轴的转速后，再传给传动轴(5)。电磁线圈失电时，活塞内的低压油通向油箱并使弹簧加载的连杆脱开。接合套回到原来的位置，直接将变速器输出轴同传动轴(5)连接在一起。

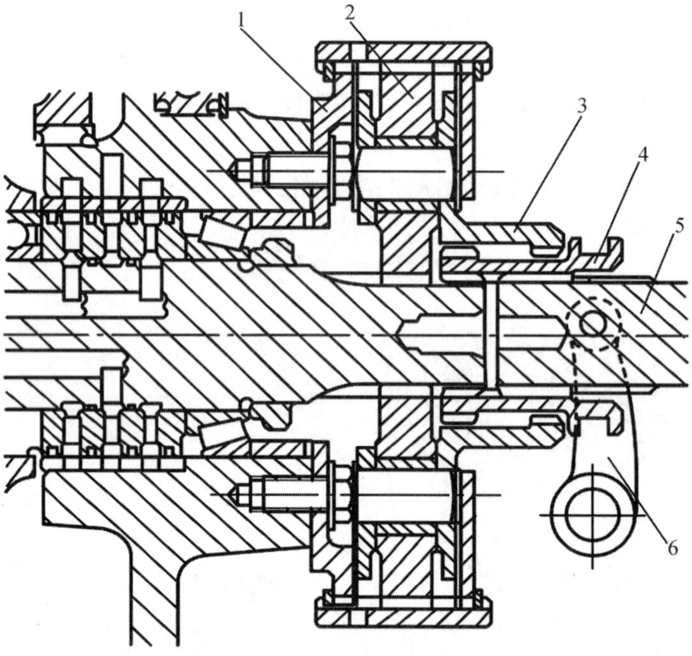

1. 支架　2. 行星轮　3. 行星架　4. 接合套　5. 传动轴　6. 机械控制装置

图 2-16　缓行器

三、变速器的操纵机构

通过位于控制杆上的两个按钮进行操纵和控制。离合器接合通过来自各种传感器和开关的输入来控制，主要控制部位有：

(1)发动机扭矩/RPM 传感器　测量发动机转速和扭矩。根据所传递不同扭矩，此传感器参与确定何时换挡。

(2)变速器输出轴转速和中间转速传感器　测量变速器输出轴转速和变速器到区域挡处的输入速度，通过比较这些速度来帮助确定离合器接合次数。

(3)变速器油温传感器　测量油温以对热/冷油工况提供补偿。

(4)脚油门组件电位计和空转速度开关 提交关于油门位置和故障代码的信息给发动机控制模块。

(5)离合器踏板切断开关 切断到区域离合器(高挡/低挡/中挡/倒挡和第 19 挡)PWM 阀的供电,从而切断驱动。

(6)离合器踏板电位计 提供区域离合器的驾驶员控制接合。

(7)换向操纵杆 通过开关为倒退和单流传输信息,以确定拖拉机处于前进、倒退或中立位。

(8)换挡开关 允许驾驶员利用弹簧定心摇臂开关发送信号给处理器以改变挡位。

(9)脚制动开关 在自动功能运行期间,通知处理器何时应用制动辅助调挡。

(10)手刹开关 在校准期间,必须接合手刹,否则会显示故障代码。在手刹接合时,拖拉机仍可开动,但会发出报警声。

(11)高挡/低挡/中挡/倒挡离合器压力开关 这些开关监测可能存在或发生的阀卡住的现象。如果压力下降显现在一个以上的油路内,则驱动会停止,并伴随显示故障代码。

(12)缓行器接合电位计 通知处理器缓行器已经接合的时间,防止选择某更高的传动比。

(13)交流发电机 给处理器提供参考发动机速度。仅当发动机扭矩/转速传感器不起作用时起作用。

(14)座位开关 即驾驶员就座,微处理器允许前进或倒挡传动接合之前必须开动座位开关(注意:离合器踏板能够超驰有问题的开关)。座位开关必须接合,即在微处理器发出前进或倒退接合信号前,驾驶员必须就位(注意:踩下离合器踏板可跳过此开关)。此外,如果开关不接合则禁止拖拉机起动和变速器校准。

(15)自动功能选择开关 发送信号给处理器选择自动换挡功能。

四、输出装置

(1)离合器 PWM 阀 A,B,C,D,E 和高挡/低挡/中挡/倒挡/第 19 挡,通过来自处理器的信号控制到离合器的油液以接合/分离离合器。

(2)第 19 挡离合器接通/断开倾卸电磁线圈 当第 19 挡 PWM 阀没有通电时,使第 19 挡离合器的油返回油箱,切断经过离合器的驱动。

(3)挡位显示装置 无论是否选择自动模式,提供驾驶员关于选择和预选传动比的信息及故障代码信息。

五、控制装置

变速器受位于右侧控制台前部的微处理器(处理机)控制。处理机有 36 路连接接头,除控制变速器之外还控制电子液压升降系统。处理机具有一个内装的诊断设备,它可以解释许多系统故障并在挡位显示装置上显示故障代码。关于错误代码完整的说明及对应的故障可以在该机的维修手册上找到。

六、全动力换挡变速器控制

电子控制的全动力换挡变速器是一个先进的变速器。如果必须拖曳拖拉机则应确保爬行挡(如果配备有的话)关闭。拖曳时尽可能以低怠速运行发动机,为变速器部件提供润滑。

配备全动力换挡变速器的拖拉机不能通过拖曳起动，禁止拖曳，除非从田地里移出或移到拖车或卡车上。拖曳拖拉机时，关闭发动机情况下速度不可超过 5 km/h(3.1 mph，mph 为速度单位，即英里每小时，俗称“迈”，1 mph≈1.61 km/h)，发动机运行情况下速度不可超过 10 km/h(6.2 mph)。

全动力换挡变速器通过位于手油门上的动力换挡控制器操纵。弹簧定中扳钮开关用来实现运动中调高速挡或调低速挡，甚至当进行诸如耕地等操作时，也可进行上述换挡。按下扳钮开关上半部可以连续选择每一更高挡传动比，按下开关下半部则调低速挡。紧挨着动力换挡控制器的数字式液晶显示器显示屏显示所选择的传动比。使用换挡控制器时不必踩下离合器踏板。

2-3 实操训练　变速器的拆装与调整

课程导入

除变速器操纵机构的一些故障可以通过打开变速器盖就车维修之外，一般因零部件磨损、损坏等原因需要进行调整或换件维修时，均需要将变速器从车上拆下进行解体维修。通过变速器的拆装使学生熟悉变速器的结构与工作原理，掌握轴类零件的拆装和调整方法。

1. 拆装 SNH800 型拖拉机变速器需要哪些专用工具？在没有专用工具的情况下如何进行拆装？

2. SNH800 型拖拉机变速器装配时有哪些调整部位？如何进行调整？

3. 查阅相关资料，确定 SNH800 型拖拉机变速器的调整数据和连接部位的扭紧力矩值。

4. 实训前需准备以下材料用具：

(1)待修拖拉机(本书以 SNH800 拖拉机为例)；

(2)常用拆装工具；

(3)变速器专用拆装工具(按厂家维修手册要求制作或购买)；

(4)变速器专用调整工具(按厂家维修手册要求制作或购买)；

(5)千分尺、百分表等测量工具；

(6)吊装设备及吊索；

(7)专用支撑台架；

(8)零件摆放台和盛油盆；

(9)厂家维修手册和零件图册。

安全提示

1. 采用合适起重量的吊装设备吊装和移动所有重型部件。吊装和移动时应确保装置或零件有合适的吊索或挂钩支撑。确保起吊的重物下无人。

2. 大多数变速器齿轮润滑油中含有硫元素，可能导致皮肤发炎，所以工作时应戴手套。万一手与齿轮润滑油接触，要用肥皂反复洗净。

3. 在安装齿轮、花键轴等带尖角的零部件时要注意不要被尖角划伤。

4. 不得使用汽油或其他易燃液体清洗零部件。

技术提示

变速器的拆装主要是轴、套、销类零件的拆装，这些零件之间有些是紧配合（过渡或过盈配合）的。拆装这些零件时不能生硬敲击，特别是轴承拆装，一般需要用专用工具。在拆装变速器时应注意的事项如下：

1. 在敲击钢制件或铝制件时，要用铜、橡胶或塑料锤子；

2. 许多部件两个方向都可以安装上去，但通常只有一个方向才是对的；

3. 如果用力过大，可能导致部件损坏；

4. 一个非常好的拆卸习惯是：将拆下的连接件（如螺栓、螺母、垫圈等），在不影响其他零件拆卸时按原位拧回；将相关连接部件按顺序摆放；有方位要求的先做好记号再拆卸；容易丢失的小部件集中保管。最好能将所有拆下的部件按厂家零件图册分类编号，这样做会对将来的重新装配带来极大的方便。

一、从车上拆下变速器总成

由于大多数轮式拖拉机的变速器与后驱动桥是连成一体的齿轮箱，变速器总成的车上拆卸实际上是变速器/后驱动桥的车上拆卸。为了从拖拉机上拆下变速器，应先按“学习情境 1”有关从车上拆卸离合器的描述拆下驾驶平台，然后将发动机与离合器壳体分离。随后进行下列操作：

(1)将支架放到离合器壳下，在它们中间插入一个木块。拆下后轮，如有必要，在最终传动下放两个固定台架。

(2)拆下传动箱（或驻车制动器）上的放油堵塞放掉变速器壳体中的油液（图 2-17）。

(3)拆下变速器盖（图 2-18）。

(4)拧下液压升降器固定螺栓，用吊钩拆下液压升降器（图 2-19）。

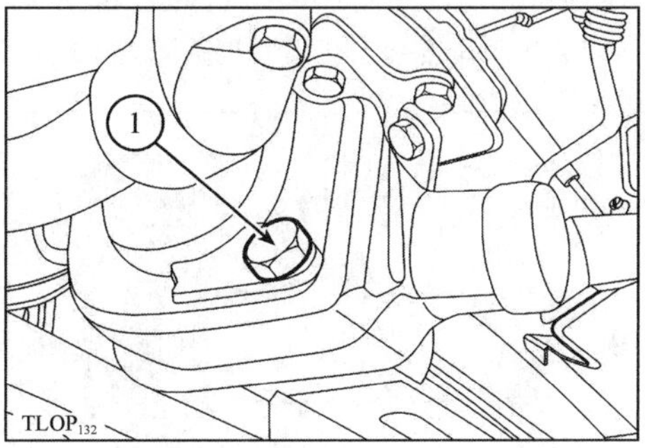

1. 放油堵塞

图 2-17　拆下传动箱上的放油堵塞

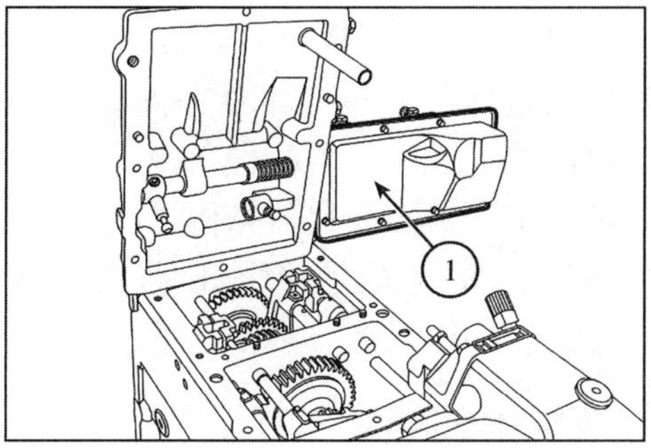

1. 变速器盖

图 2-18　拆下变速器盖

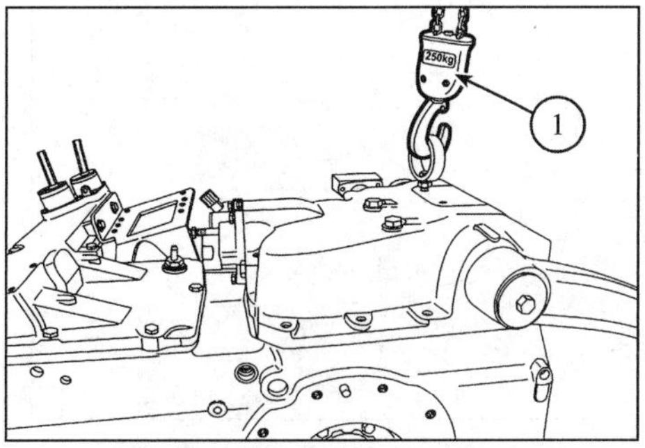

1. 吊钩

图 2-19　拆下液压升降器

(5)拧下底座固定螺栓，取出后桥箱底座(图 2-20)。

(6)用一根吊带或吊链将动力输出轴组件连到吊装设备上，拧松固定螺栓，从变速器上拆下组件(图 2-21)。

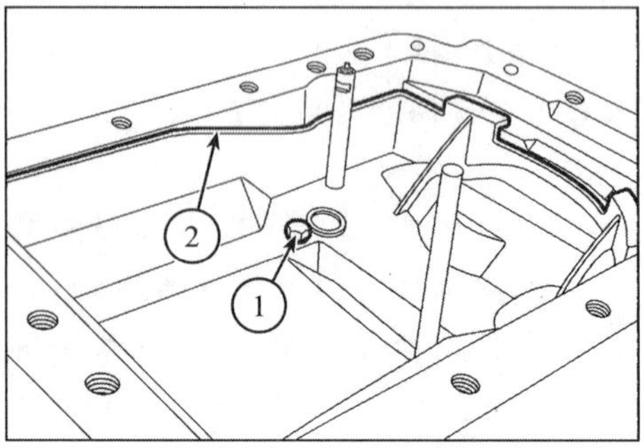

1. 固定螺栓 2. 后桥箱底座

图 2-20 取出后桥箱底座

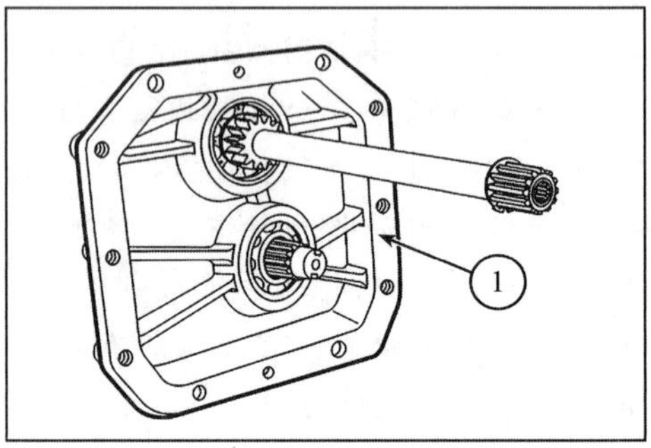

1. 动力输出轴组件

图 2-21 拆下动力输出轴组件

(7)用一根吊带连接右侧最终传动装置(1)，拧松螺母并用拉拔工具将该装置从变速器上拆下，拆下制动器壳体(3)和制动盘(4)。照此拆下左侧最终传动装置及制动器(图 2-22)。

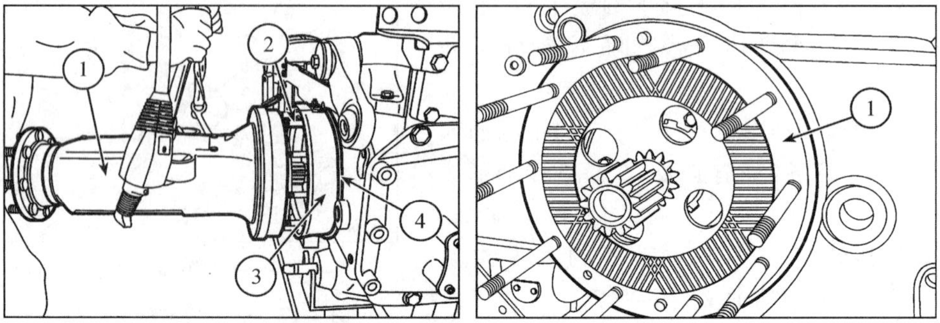

1. 最终传动装置 2. 双头螺柱 3. 制动器壳体 4. 制动盘

图 2-22 拆下最终传动装置和行车制动器

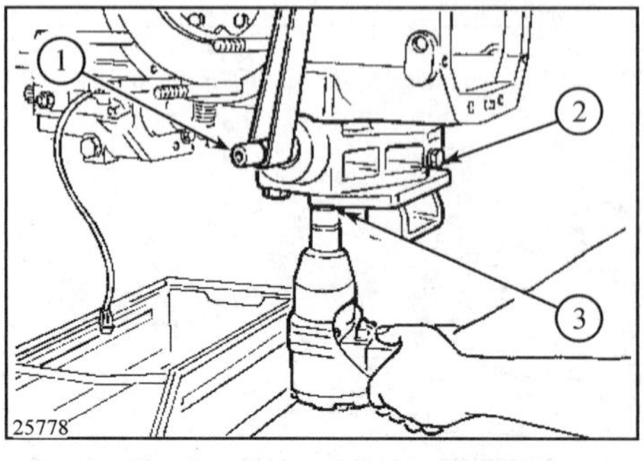

1. 挠性杆 2. 放油堵塞 3. 固定螺栓

图 2-23 拆下力位调节控制装置

(8)拆下放油堵塞(2)，从挠性杆支座将油放掉。用一根吊带将挠性杆(1)的末端连到吊装设备上，拧松固定螺栓并将此组件连同内部传动杆一起拆下(图 2-23)。

(9)吊起离合器与变速器壳体，拧下变速器壳体与离合器壳体之间的连接螺钉，将变速器壳体与离合器壳体分开。

二、变速器的解体与装配

(一)变速器的解体

(1)将变速器翻转 180°，拆下分动箱(四轮驱动为分动箱带驻车制动器，两轮驱动为驻车制动器)。

(2)将变速器翻转回来，用一个冲头冲出换挡拨叉固定销，拆下主、副变速杆拨叉轴，取出副变速倒挡和中速挡拨叉。用磁力棒取出锁定弹簧和锁定钢球。拧下变速器侧面的两个螺钉，取出两个变速杆拨叉轴互锁销(图 2-24)。

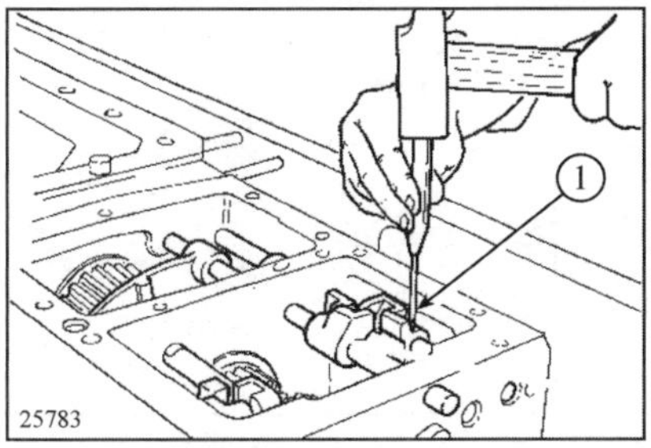

1. 换挡拨叉固定销

图 2-24　拆下换挡拨叉轴及锁定机构

微课：变速器拨叉轴的拆装

(3)拆下差速锁拨叉轴操纵臂、挡板及调整垫片(图 2-25)。

(4)用一个冲头冲下差速器锁接合拨叉的固定销，抽出拨叉轴(4)，拆下弹簧和接合拨叉(图 2-26)。

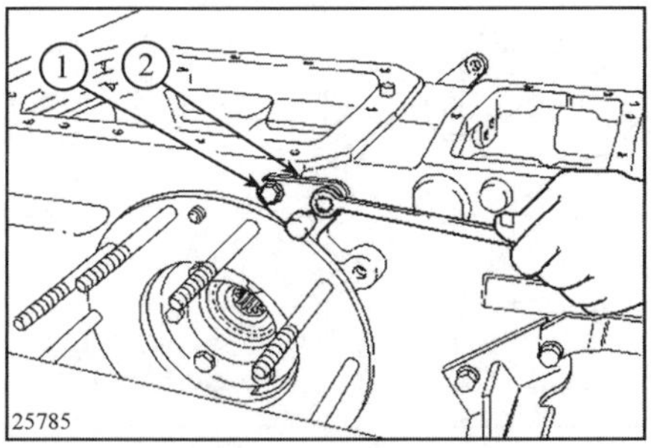

1. 固定螺栓　2. 挡板及调整垫片

图 2-25　拆下差速锁操纵臂、挡板及调整垫片

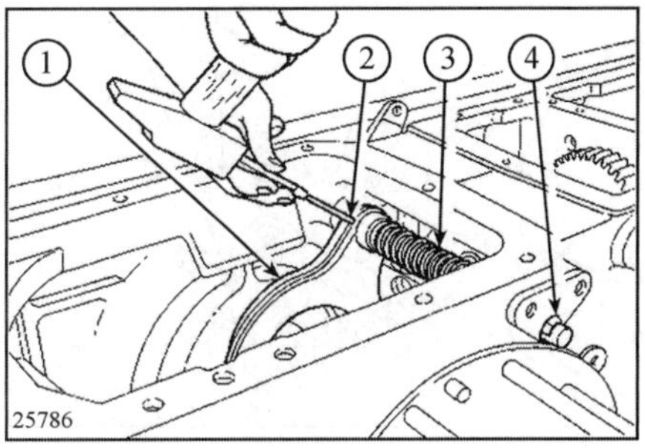

1. 接合拨叉　2. 固定销　3. 弹簧　4. 拨叉轴

图 2-26　拆下差速锁操纵装置

(5)拧下差速器轴承座(在两侧)固定螺栓。

(6)拆下差速器轴承座和调整垫片(在两侧)，然后从后桥箱内将大锥齿轮连同差速器总成一起取出(图 2-27)。

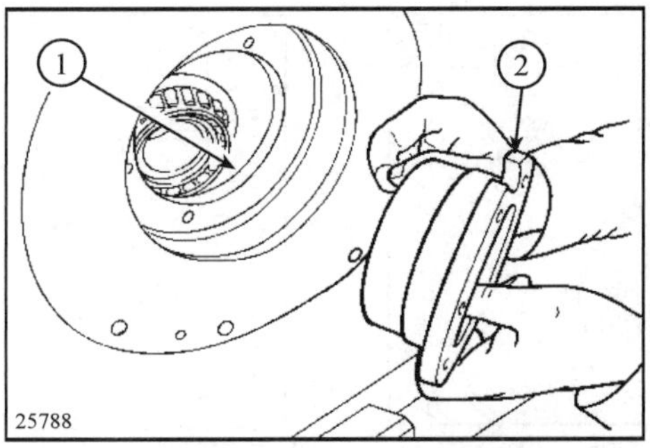

1. 调整垫片　2. 差速器轴承座

图 2-27　取出带大锥齿轮的差速器总成

(7)拧下主变速从动轴固定螺母(图 2-28)。

(8)拆下后部的副变速主动轴轴承固定卡环(图 2-29)。

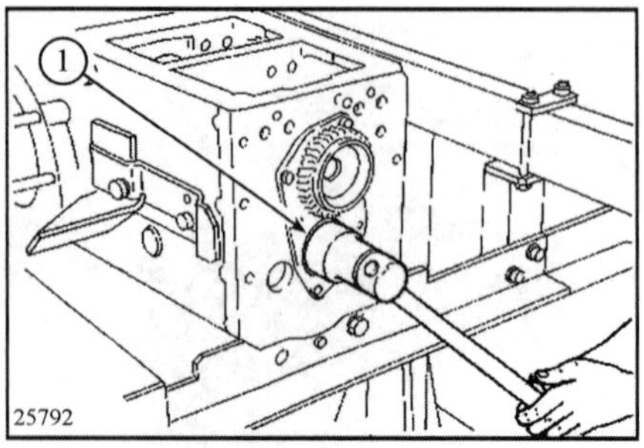

1. 固定螺母

图 2-28　拧松主变速从动轴固定螺母

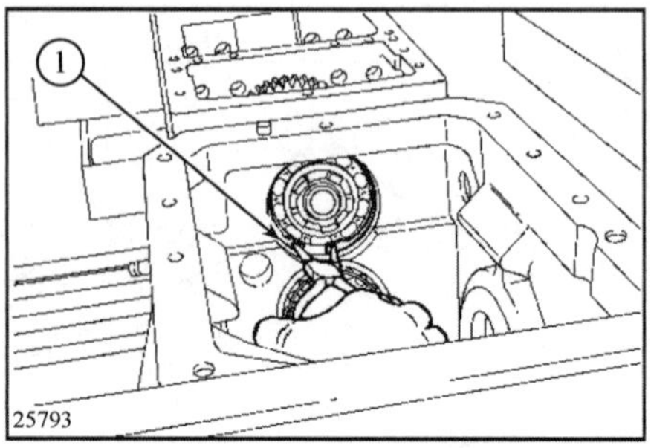

1. 卡环

图 2-29　拆下副变速主动轴轴承固定卡环

(9)用一把锤子和一个铜棒将带球轴承和滚针轴承的中速挡主动齿轮及带倒挡滑动齿轮的接合套一起抽出(图 2-30)。

(10)取出副变速主动齿轮轴和低/高速挡拨叉(图 2-31)。

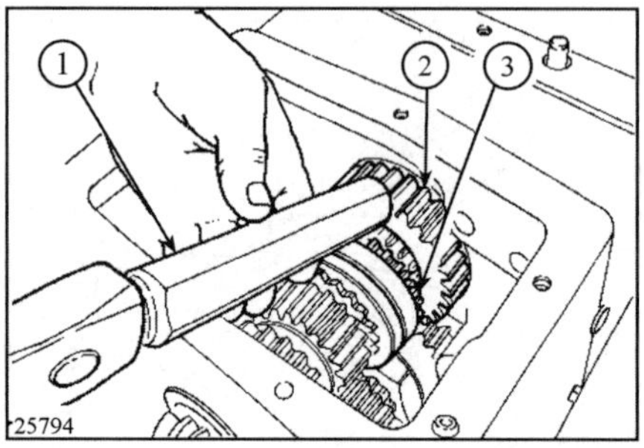

1. 铜棒　2. 中速挡主动齿轮　3. 倒挡滑动齿轮

图 2-30　拆下中速挡主动齿轮及倒挡滑动齿轮

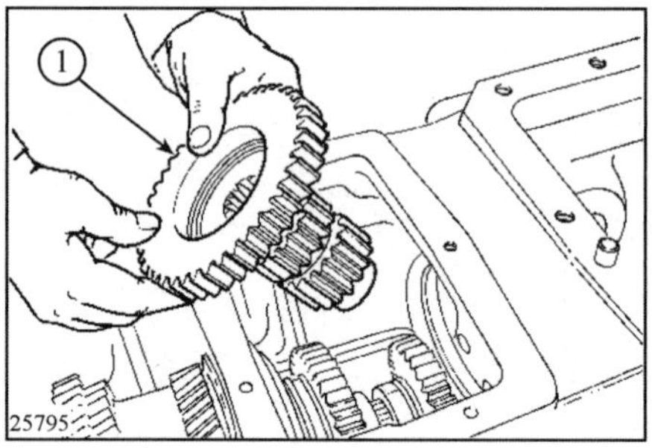

1. 副变速主动齿轮轴

图 2-31　取出副变速主动齿轮轴

(11)拆下主变速主动轴后轴承的卡环(图 2-32)。

(12)将专用工具安装到主动轴上,用拉拔工具顶出主动轴,取出轴承、齿轮及相关轴套(图 2-33)。

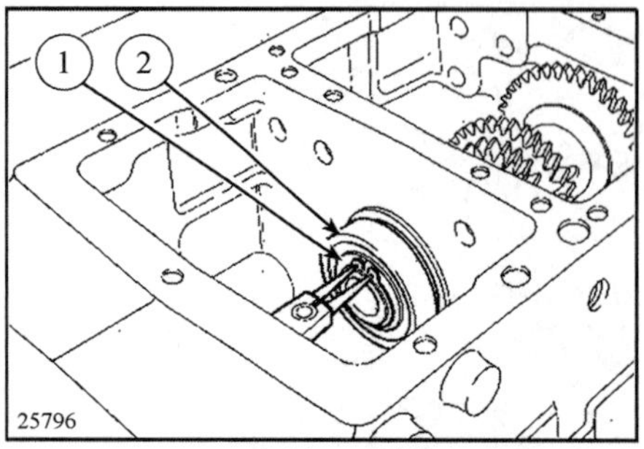

1. 卡环　2. 轴承

图 2-32　拆下主变速主动轴后轴承卡环

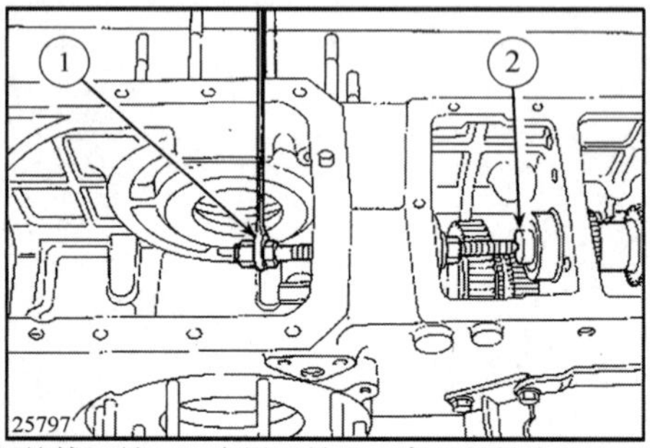

1. 拉拔工具　2. 专用工具（厂家工具号为 50006）

图 2-33　用拉拔工具顶出主动轴

(13)松开小锥齿轮轴承调整螺母的锁片,拧松调整螺母(图 2-34)。

(14)拧紧小锥齿轮轴上的工具接头,用拉拔工具沿图示方向将小锥齿轮移动几毫米(图 2-35)。

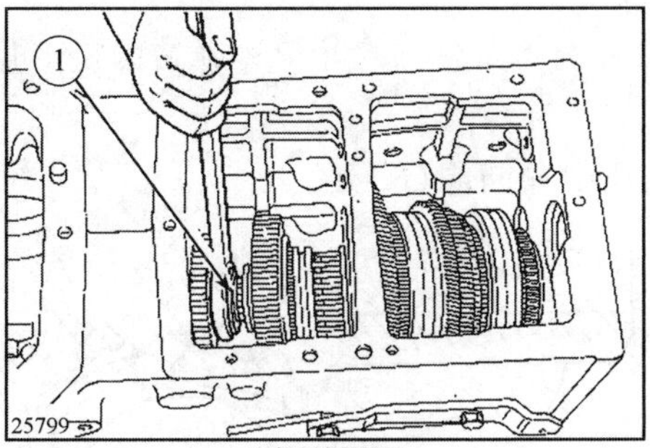

1. 调整螺母

图 2-34 拧松小锥齿轮轴轴承调整螺母

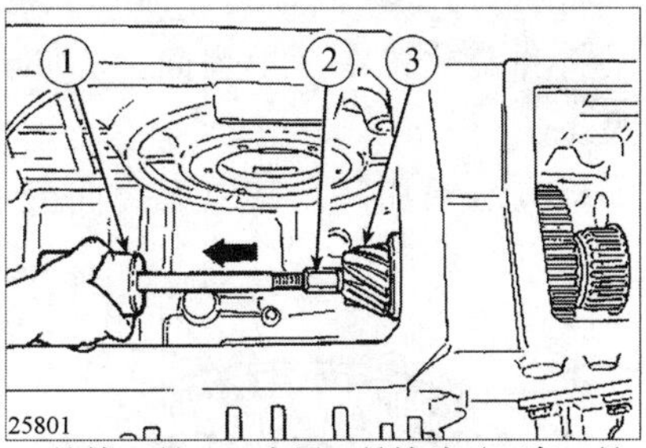

1. 拉拔工具 2. 专用工具接头(厂家工具号为 50144) 3. 小锥齿轮轴

图 2-35 将小锥齿轮拉出几毫米

(15)移动高/低速挡接合套直至可以插入卡环钳拆下高/低速挡接合套齿毂的固定卡环(图 2-36)。

(16)沿箭头所示方向移动倒挡从动齿轮,拆下两个定位开口环,拧出小锥齿轮轴轴承调整螺母并抽出小锥齿轮轴及其上所有零件(图 2-37)。

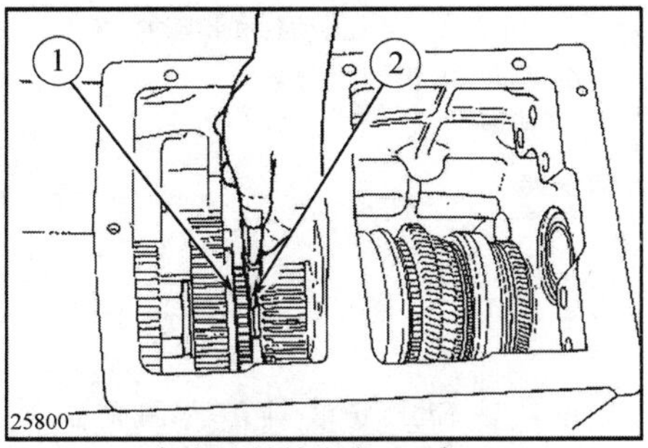

1.高/低速挡接合套 2.卡环

图 2-36 拆下高/低速挡接合套齿毂的固定卡环

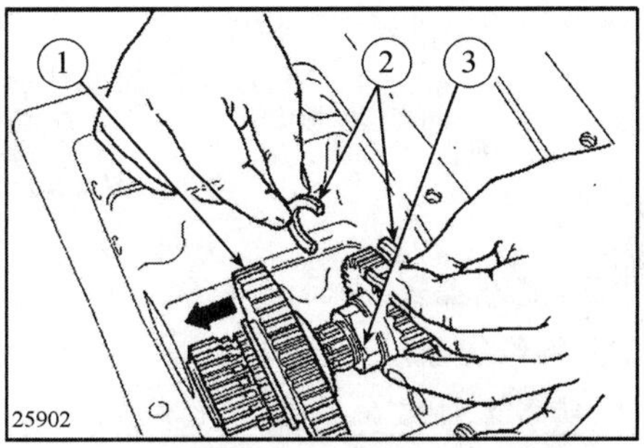

1.倒挡从动齿轮 2.定位开口环 3.调整螺母

图 2-37 取下倒挡从动齿轮的两个定位开口环

(17)拧松主变速从动轴轴承盖固定螺栓,拆下轴承盖,拆下轴承(图 2-38)。

(18)用一个黄铜冲头和锤子敲击主变速器从动轴的前端,抽出主变速从动轴并拆除其所有零件,包括两换挡拨叉、两个同步器及各挡从动齿轮(图 2-39)。

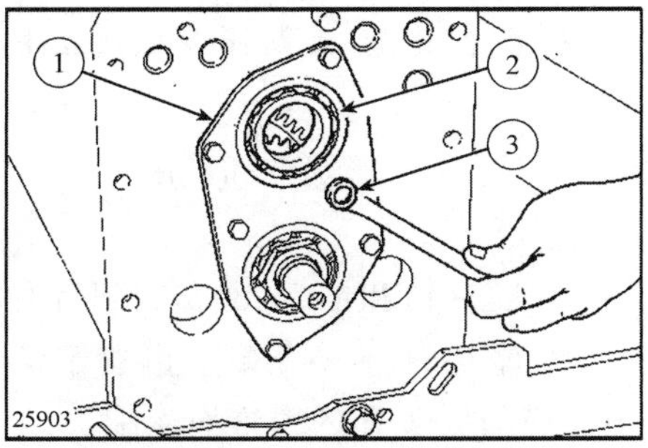

1.轴承盖 2.轴承 3.固定螺栓

图 2-38 拆下主变速从动轴轴承盖

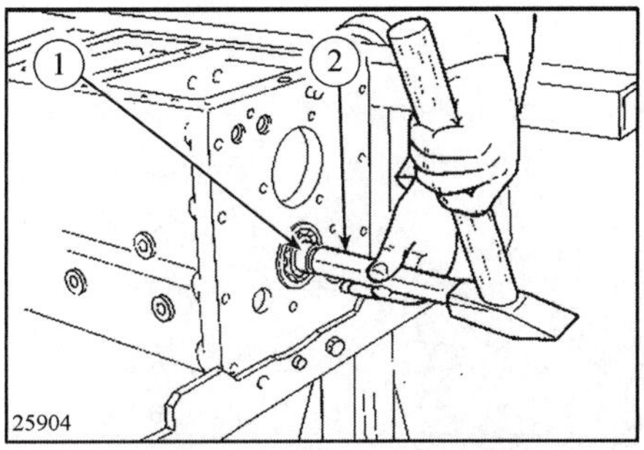

1.主变速从动轴 2.黄铜冲头

图 2-39 拆下主变速从动轴及其上所有零件

(二)变速器的检查

(1)检查密封件有无划痕,凸缘有无损坏和扭曲,如有损坏必须更换。

(2)按下列步骤检查同步器弹簧的功能(图 2-40):

①将弹簧放置在水平表面上,在弹簧中心施加 31～34 N 的载荷,并检查弹簧的变形量,其值应为 1.4 mm。

②检查滑动片(6),其应无挠曲变形或凹陷,尤其在中央凸缘(R)处。

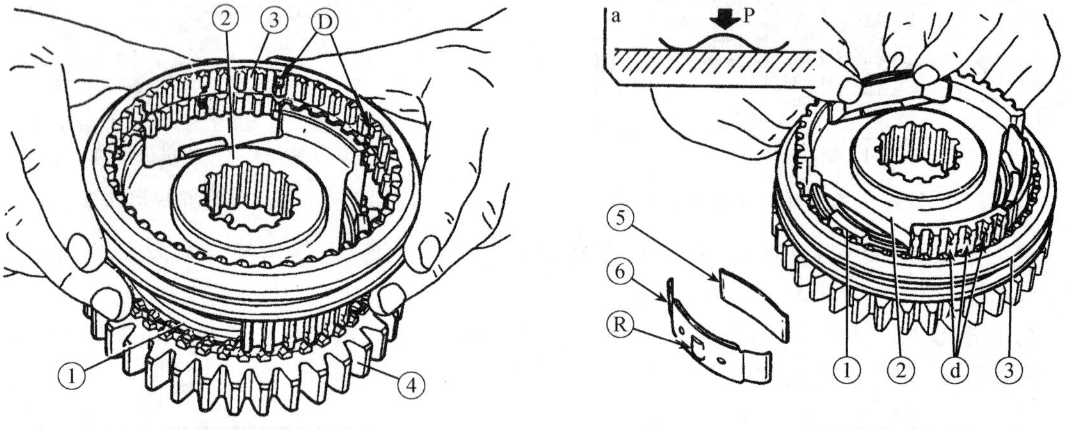

同步器接合套的安装　　　　滑动片和弹簧的安装

D. 台阶齿　a. 检查滑动片弹簧　d. 卡肩　P. 使用载荷　R. 滑动片凸缘

1. 同步器摩擦锥套　2. 同步器摩擦锥毂　3. 接合套　4. 从动齿轮　5. 弹簧　6. 滑动片

图 2-40　同步器的检查和安装

(三)变速器的装配

维修提示

1. 所有零件装配前应用无毒、不易燃的溶剂彻底清洗。往轴上安装轴承内圈前应对内圈加热,往壳体孔上安装外圈之前应对外圈冷却,以方便安装;

2. 装开槽螺塞和螺钉时,要涂乐泰 262 型密封胶,装配后检查是否漏油;

3. 同步器总成装配后,应手动挂挡检查挡位是否正确到位;

4. 拨叉装配后检查挂挡是否顺畅,不允许有卡滞;

5. 安装轴承及油封前应在接合面上涂上机油;

6. 所有标记“X”的接合面装配前必须清洗干净,涂直径为 2 mm 的密封胶;

7. 主、副变速装配后应进行试运转,各挡位挂挡后应能正常运转,不允许有脱挡和卡滞现象,也不允许有非正常撞击声和噪音。

安装时,参照图 2-8 中所示各零件所处的正确位置,并按下列步骤调整和装配:

微课:同步器的拆装

1. 同步器的安装

(1)如图 2-40 所示将同步器摩擦锥套(1)和锥毂(2)安装到带有附属摩擦环的从动齿轮(4)上,安装时应将摩擦锥环 3 个扇形齿置于锥毂的缺齿部位内,从动齿轮摩擦环的锥面应与同步环的内锥面相配。

(2)安装接合套(3)时,应将同步器摩擦锥毂(2)上的 3 个扇形齿正好放在接合套有台阶齿的三段宽度范围内,如图 2-40 中 D 所示。

(3)把弹簧(5)按图中所示方向放在滑动片(6)上,再将它安装在接合套的凹座里。

(4)安装第2个摩擦锥环,安装时与第1个摩擦锥环对齐,然后装另一侧的从动齿轮。

(5)用手前、后移动接合套,检查同步器功能。

2. 主变速从动轴的安装

(1)主变速从轴及其上所有零部件的位置关系如图2-41所示。

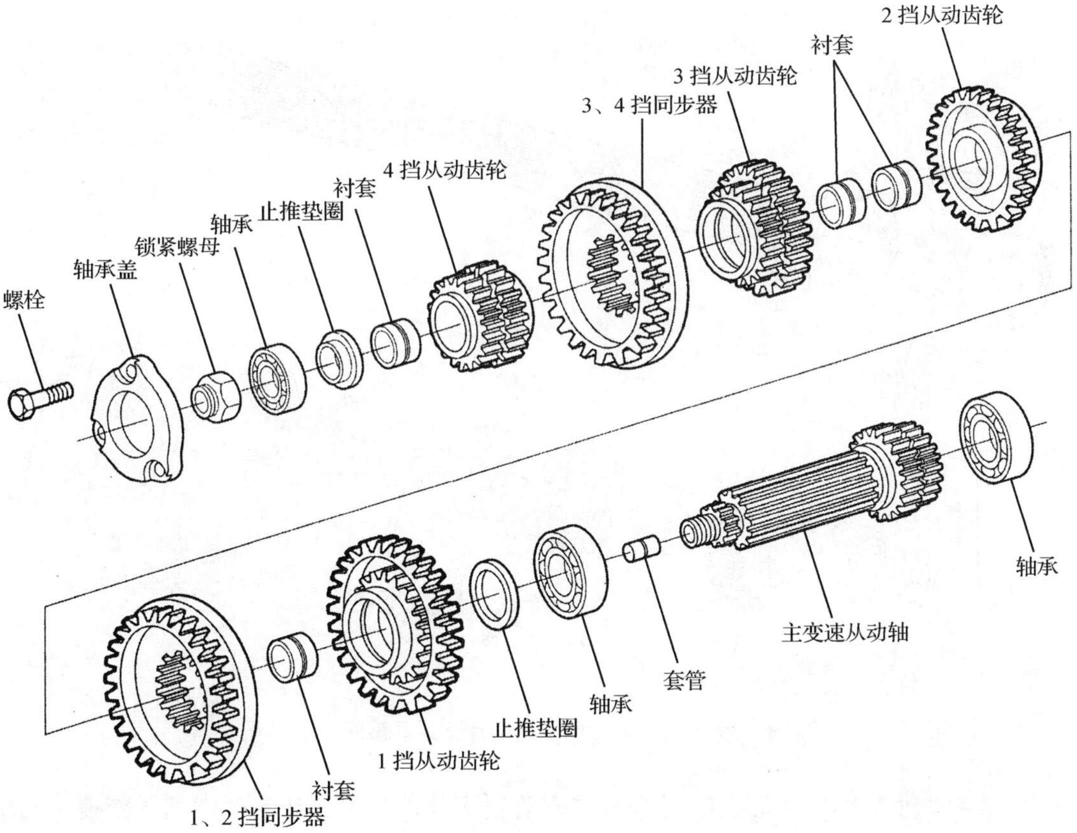

图2-41　主变速从动轴及其所有零件

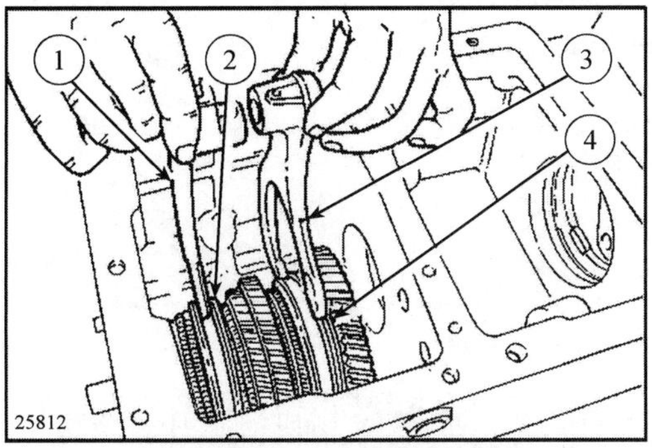

1、3. 主变速换挡拨叉　2、4. 同步器接合套

图2-42　安装主变速换挡拨叉

(2)将变速器直立放置,从壳体的内侧将滑动齿轮及相应的轴套和同步器总成(带两侧从动齿轮)安装到轴上,并用发动机机油润滑各接合面。

(3)将前轴承装到壳体上,并用适当的推压器将其压入。拧紧从动轴螺母至规定扭矩。

(4)将主变速主动轴轴承安到其在变速器上的轴承座孔内(前面),并用轴承盖将其锁住。

(5)将换挡拨叉(1、3)插到同步器接合套(2、4)上(图2-42)。

注意：在变速器装配时，经常会出现变速器传动部分安装完毕后，发现漏装图 2-42 所示的两个换挡拨叉(1、3)的现象。这两个拨叉必须先于主变速主动轴装入，否则要拆下主变速主动轴重新安装。应尽量避免这样不必要的返工。

3. 主变速主动轴的安装

主变速主动轴及其上所有零部件的装配关系如图 2-43 所示。装配步骤如下：

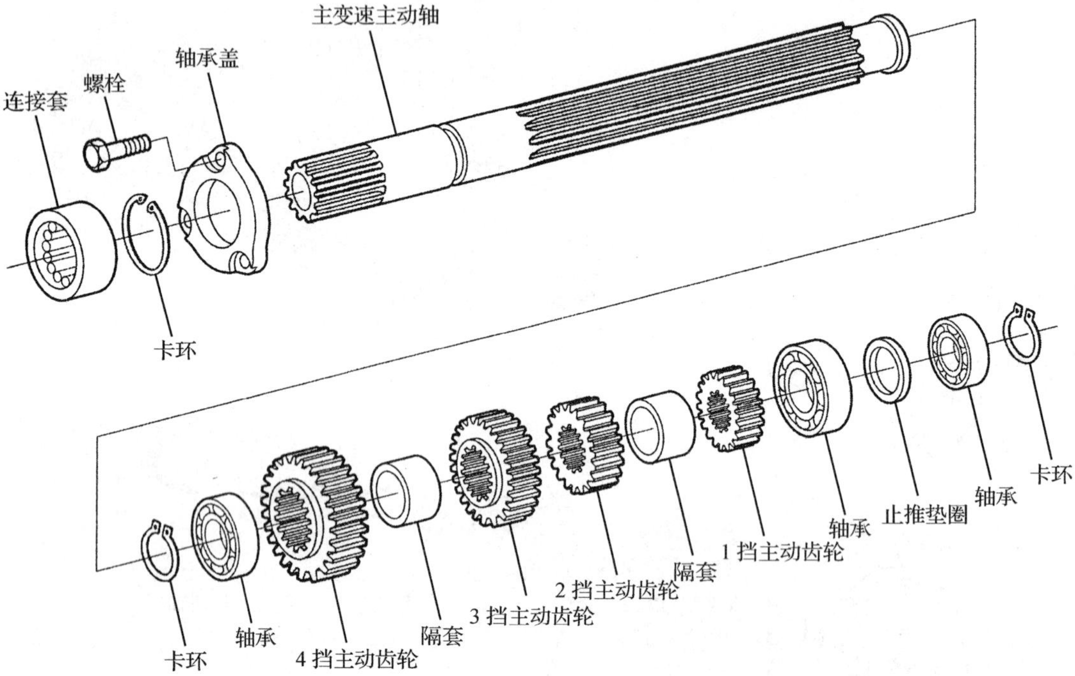

图 2-43　主变速主动轴及其所有零件

(1)将主动轴夹紧在台虎钳上，装配好带有前轴承和齿轮但无调整垫圈的主变速主动轴，并用专用工具更换两个后轴承和调整垫圈，一端用卡环固定。在齿轮和相关轴套中间插入一把螺丝刀，用塞尺测量间隙(H)(图 2-44)。

(2)准备好两个后轴承(一个为球轴承，另一个为调心轴承)。测量专用工具的长度(C)及两个后轴承的厚度($A-B$)(图 2-45)。则应安装垫片的厚度(S)由下式计算：

$$S = H + C - A - B$$

式中，H——测得的齿轮和轴套间的间隙；

C——专用工具的长度；

A——球轴承内圈宽度；

B——调心轴承内圈宽度。

注意：鉴于组装齿轮时必须保证轴向间隙为 0～0.25 mm，装入垫圈的厚度应减去这个间隙，以确保轴端的浮动量。

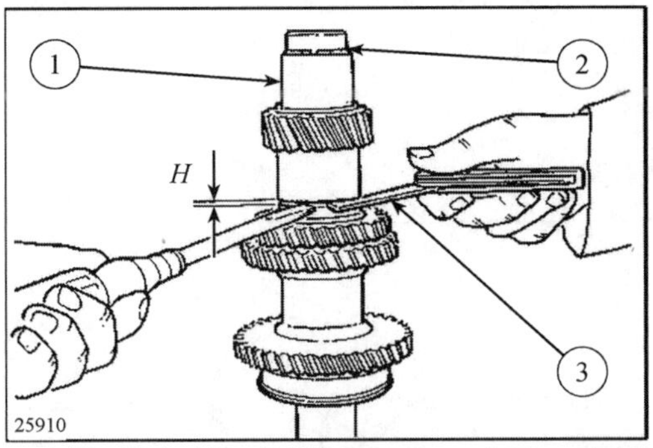

1. 专用工具（厂家工具号为 50007） 2. 卡环 3. 塞尺

图 2-44 测量间隙 *H*

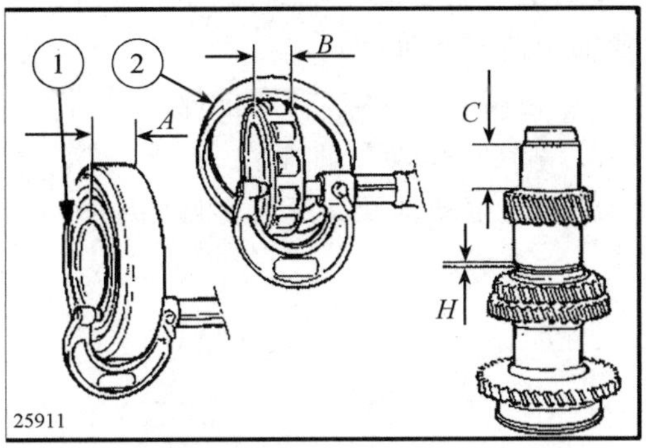

1、3. 主变速换挡拨叉 2、4. 同步器接合套

图 2-45 测量两个轴承及专用工具的宽度(*A*、*B*、*C*)

(3)插入主变速主动轴,将主变速主动轴的所有零件组装在一起,然后将球轴承安装到位,装上调整垫片。再将副变速主动轴的前轴承(调心轴承)压入,用卡环锁定。

(4)装变速器换挡拨叉轴,同时装上挡位锁定钢球、互锁销、弹簧和螺塞。

4. 副变速从动轴(小锥齿轮轴)的安装

副变速从动轴及其所有零件的装配关系如图 2-46 所示。安装步骤如下:

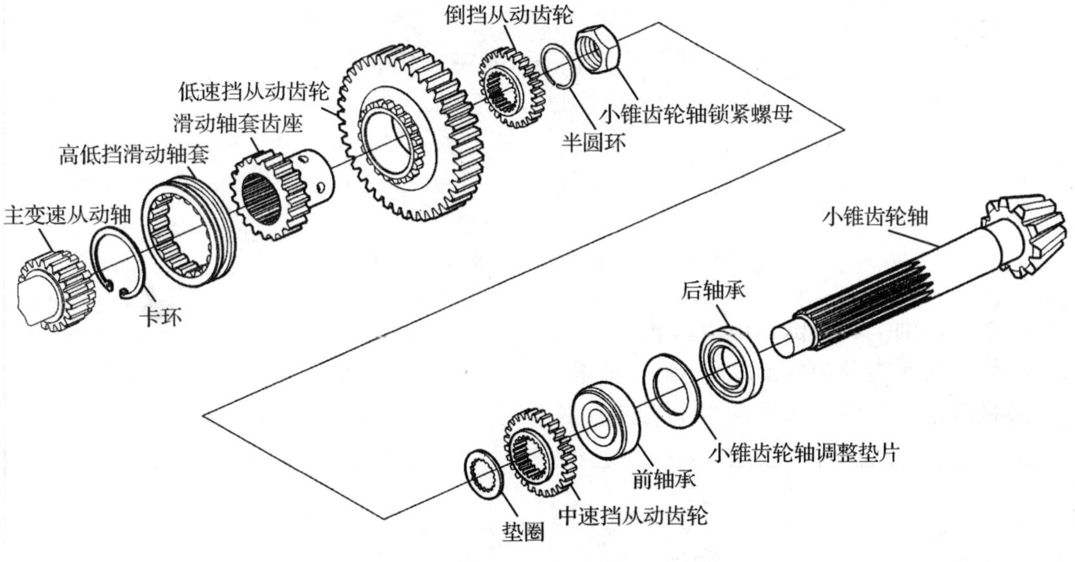

图 2-46 副变速从动轴及其所有零件

(1)安装副变速从动轴前应按“学习情境 3”中有关驱动桥中央传动小锥齿轮轴的安装要求,调整好小锥齿轮的位置,将中速挡从动齿轮、低速挡从动齿轮、倒挡从动齿轮和高速挡(直接传动)/低速挡换挡接合套按顺序安装于副变速从动轴上。

(2)参考图 2-37 拆卸步骤,沿箭头所示方向移动倒挡从动齿轮(1),装上两个定位开口环(2),再反向移动倒挡从动齿轮将开口环卡入槽内。

(3)参考图 2-36 拆卸步骤,移动高/低速挡接合套(1)直至可以插入卡环钳装上高/低速挡接合套齿毂的固定卡环(2)。

(4)参考图 2-34 拆卸步骤,按“学习情境 3”中有关小锥齿轮轴承的紧度要求,拧紧小锥齿轮轴轴承调整螺母(3)。

(5)在高/低速挡接合套上放入高/低速挡换挡拨叉。

5. 副变速主动轴的安装

副变速主动轴及其所有零件的装配关系如图 2-47 所示。安装步骤如下:

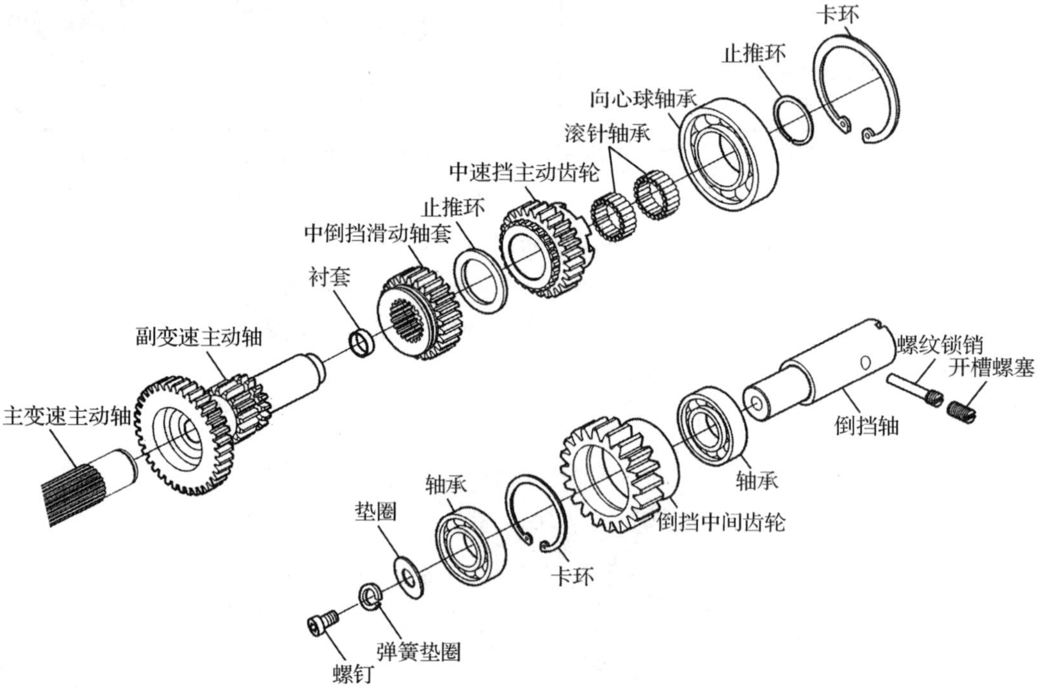

图 2-47 副变速主动轴及其所有零件

(1)在倒挡轴上装上倒挡中间齿轮。

(2)将副变速主动轴的前轴承(调心轴承)压入主变速主动轴上,用卡环锁定(图 2-48)。

(3)将已压入后轴承的中速挡主动齿轮推入箱体的轴承座孔中,用卡环锁定(图 2-49)。

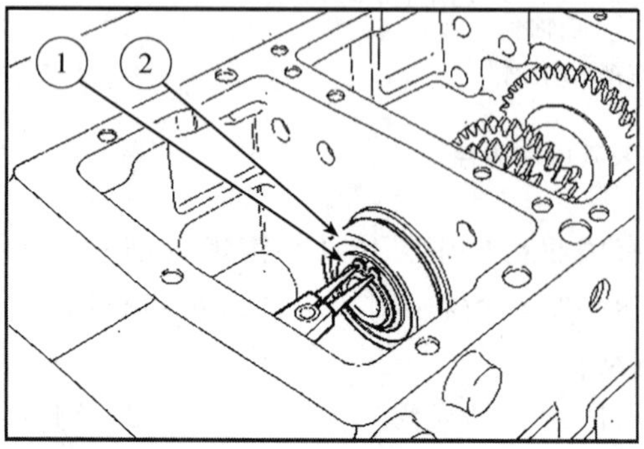

1.卡环 2.调心轴承

图 2-48 安装主、副变速主动轴轴承

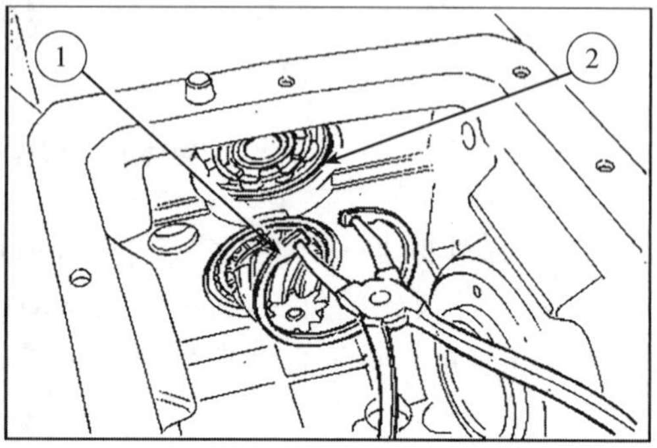

1.卡环 2.副变速主动轴后轴承

图 2-49 安装副变速主动轴及轴承

(4)将倒挡、中速挡换挡拨叉放入相应的接合套。

(5)装上副变速换挡拨叉轴,同时装上挡位锁定钢球、互锁销、弹簧和螺塞。

三、变速器总成的车上安装

为了能正确选择和定位各零件,请参考厂家零件图册上的图解和零件目录说明。变速器总成车上安装的步骤与车上拆卸步骤相反,请参阅前面有关车上拆卸变速器总成的内容。重新装配各箱体、支架和端盖之前,清洗配合面并除去其上的油脂,并按图2-50所示涂密封胶(直径大约2 mm)。

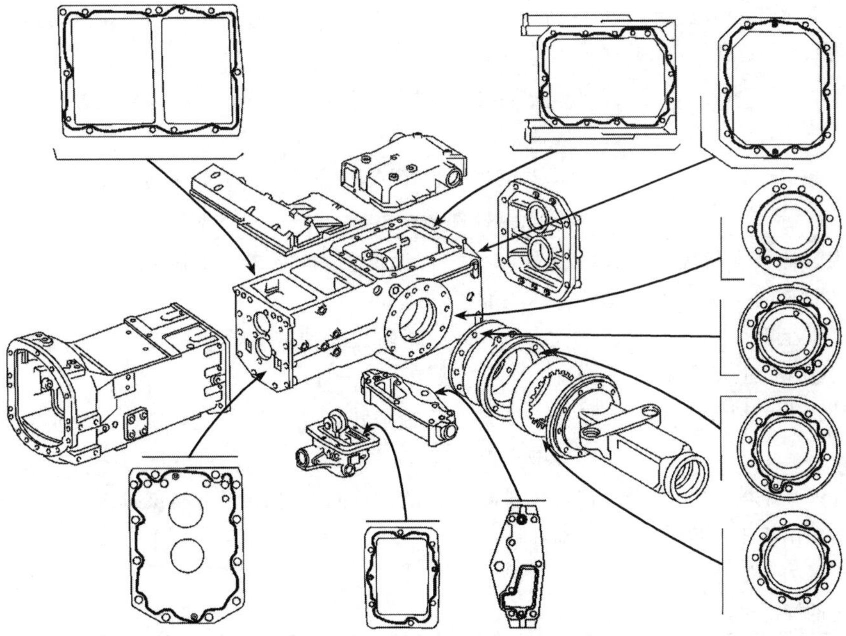

图2-50　车上安装变速器/后桥齿轮箱所有配合面的密封部位

2-4　实操训练　变速器的故障诊断与排除

课程导入

大多数情况下,就车维修是一些常规的维护操作,包括对齿轮油油位的定期检查、连接杆的调整、支架的更换及对泄漏或其他不正常情况的外观检查。如果可能的话,维护和修理操作应尽量就车进行。因为拆卸和装配变速器需要花费大量的时间和金钱。

常见的变速器故障有换挡困难、跳挡、乱挡、异响及漏油等。其故障诊断及排除方法见表2-4。

表 2-4 变速器故障诊断表

故障	故障现象	可能的原因	排除方法
换挡困难	在进行正常变速操作时，可听见齿轮的撞击声，变速杆难以挂入挡位，或勉强挂入挡后又很难摘下来	1. 主离合器分离不彻底	检查调整离合器自由行程
		2. 同步器磨损或破碎	更换同步器
		3. 变速器拨叉轴或拨叉磨损	更换拨叉轴或拨叉
		4. 外部操纵杆件调整不当或有卡滞	调整
		5. 锁定机构弹簧过硬、钢球损坏	更换弹簧或钢球
跳挡	拖拉机在加速、减速或增大负荷时，变速杆自动跳回空挡位置	1. 变速器拨叉轴凹槽磨损	更换拨叉轴
		2. 自锁钢球磨损或破裂，自锁弹簧弹力不足或折断	更换自锁钢球或弹簧
		3. 齿轮或接合套严重磨损，沿齿长方向磨成锥形	更换齿轮或接合套
		4. 同步器磨损或损坏	更换同步器
		5. 外部操纵杆件调整不当	重新调整
乱挡	在离合器技术状况正常的情况下，变速器同时挂上两个挡或虽能挂上挡，但不能挂入所需要的挡位	1. 变速杆球头定位销磨损、折断或球孔与球头磨损、松旷	更换定位销或变速杆
		2. 拨叉槽互锁销、互锁球磨损严重或漏装	更换拨叉轴或互锁销、互锁球
		3. 变速杆下端工作面或拨叉轴上导块的导槽磨损过度	更换换挡拨叉或拨头
挂入某个挡位有异响	当挂入某个挡位时，变速器发出不正常响声，如金属的干摩擦声，不均匀的撞击声等	该挡位传递路线上的某一对齿轮副轮齿损坏	更换该对齿轮
各挡都有异响	变速器在任何挡位均有异响	1. 润滑油不足	加注润滑油至正确的油面高度
		2. 中间轴(从动轴)轴承磨损或调整不当	按规定间隙调整轴承，必要时更换轴承
		3. 变速器齿轮磨损严重或损坏	更换齿轮
空挡有异响	当变速杆置于空挡时，变速器有异响	1. 润滑油不足	加注润滑油至正确的油面高度
		2. 输入轴轴承磨损或损坏	更换输入轴轴承
		3. 中间轴轴承磨损	更换中间轴轴承
变速器漏油	变速器壳体外围有油泄漏，变速器的齿轮油减少	1. 变速器盖与壳体之间的配合松动或密封垫损坏	更换密封垫，涂上密封胶，按规定力矩紧固
		2. 油封磨损、变形或损伤，通气口堵塞，放油螺塞松动	更换油封，疏通通气口，紧固放油螺塞
		3. 齿轮油过多或齿轮油选用不当，产生过多泡沫	选用合适的齿轮油，放油至规定的油面高度
		4. 变速器壳体裂纹	裂纹较小时，可用胶补或焊修方式修理；否则箱体需报废更换

维修提示

除非有经验的技师或对该机型车辆有长期驾驶经验的司机，否则很难判断异响的来源。当感觉到机车声音不正常时，首先应判断异常声响的来源，最好使用专业的听诊器(包括听筒和若干个传感器)。变速器的噪音通常是由齿轮或轴承损坏引起的。建议将油从有噪音的变速器中放出，检查放出的油是否含有金属碎屑，如果含有金属碎屑，说明存在零件磨损严重的问题。重新更换齿轮油，再次进行道路试验，如果仍然有噪音，则说明存在内部损坏。注意，有两种噪音是正常的，即齿轮颤动声和空挡摩擦声。

维修案例

故障一：一台轮式拖拉机，离合器更换后，用户反映有噪音，于是更换离合器分离轴承，但是噪音依然存在。

诊断与排除：进一步检查表明噪音源于输入轴轴承，更换输入轴轴承，噪音消除。

故障二：一台四轮驱动拖拉机，变速杆被卡住，变速器不能换挡。此故障断断续续地出现，油位正常，变速杆和衬套看起来也是好的。

诊断与排除：分解变速器后发现主变速器3、4挡同步器磨损严重，更换同步器后故障得到排除。

学习情境3 驱动桥的拆装与维护

学习目标

- 能描述拖拉机驱动桥类型和用途；
- 能描述中央传动主减速器、差速器、行星减速机构的工作原理；
- 能认知驱动桥的组成部件，并说出它们之间的装配关系；
- 能选择适当的工具拆卸和装配驱动桥；
- 能调整中央传动主减速器轴承的间隙；
- 会检查和调整大小锥齿轮的啮合印痕；
- 会诊断和排除驱动桥的故障；

3-1 必备知识 驱动桥的认知

课程导入

轮式拖拉机的驱动类型分为两后轮驱动与四轮驱动两种。轮式拖拉机传动系统与汽车传动系统的显著区别在于，汽车一般采用独立变速器(又称变速箱)，再通过传动轴传给驱动桥。而轮式拖拉机一般不采用独立变速器，即变速器与驱动桥制成一体，又称为变速驱动桥。仅在四轮驱动拖拉机上才利用传动轴把动力从变速驱动桥传向前驱动桥。

1. 驱动桥的功用是什么？有哪些类型？由哪些部件组成？
2. 轮式拖拉机中央传动主减速器采用什么结构形式？有什么作用？
3. 差速器有什么作用？为什么履带式拖拉机不装差速器？其工作原理是什么？
4. 最终传动有什么作用？有哪些形式？
5. 查阅相关资料，确定SNH800型拖拉机前、后驱动桥及最终传动的技术数据。

一、驱动桥的用途、类型和组成

驱动桥将变速器(直接或通过万向传动装置)传来的动力经降速增矩、改变动力传递方向(发动机纵置时)后，分配到左、右驱动轮，使拖拉机行驶，并允许左、右驱动轮以不同的转速旋转。

轮式拖拉机的驱动类型分为两后轮驱动和四轮驱动两种。四轮驱动拖拉机可以改善轮式拖拉机的附着性能和动力性能，提高轮式拖拉机通过恶劣道路和在泥泞田间作业的能力。但是，四轮驱动拖拉机由于额外增加了前轮驱动装置，增大了传动系统的复杂程度和制造成本，降低了传动系统的传动效率。两后轮驱动拖拉机的驱动桥又称为后桥，四轮驱动拖拉机有两个驱动桥，即前驱动桥(前桥)和后驱动桥(后桥)。

驱动桥按是否有最终传动分为有最终传动驱动桥和无最终传动驱动桥。

1. 有最终传动驱动桥

最终传动的用途是在驱动桥与车轮之间再增加一级减速，进一步降速增矩，可以使主减速器的传动比不必设计得太大。如图 3-1 所示，有最终传动驱动桥分为内置式和外置式。最终传动内置式驱动桥，结构紧凑，驱动轮可在半轴上滑动，能无级调整轮距。最终传动外置式驱动桥，没有单独的最终传动箱，壳体靠近驱动轮处，可得到较高的离地间隙。最终传动按传动类型可分为普通齿轮减速和行星齿轮减速两种。

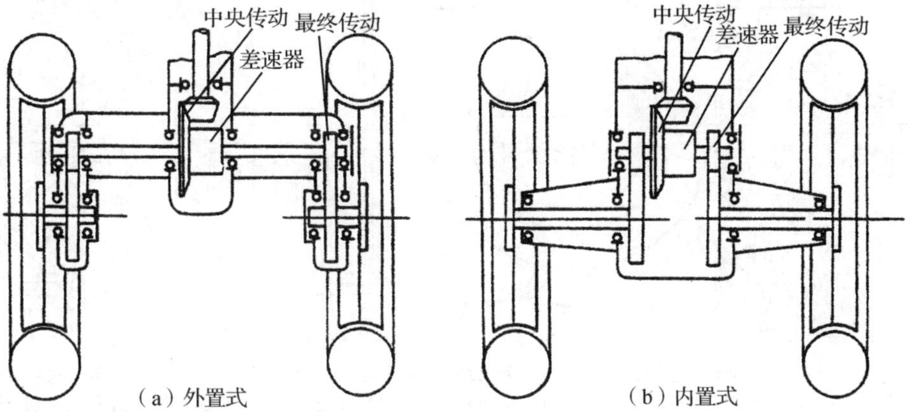

图 3-1 有最终传动驱动桥

2. 无最终传动驱动桥

无最终传动驱动桥(图 3-2)，其结构简单，由于没有最终传动，为了获得足够的牵引力，只有提高分配在中央传动主减速器的传动比，从而增加了差速器的负荷，加大了差速及其以后传动部件的尺寸。这种结构一般在小型拖拉机上采用得较多。

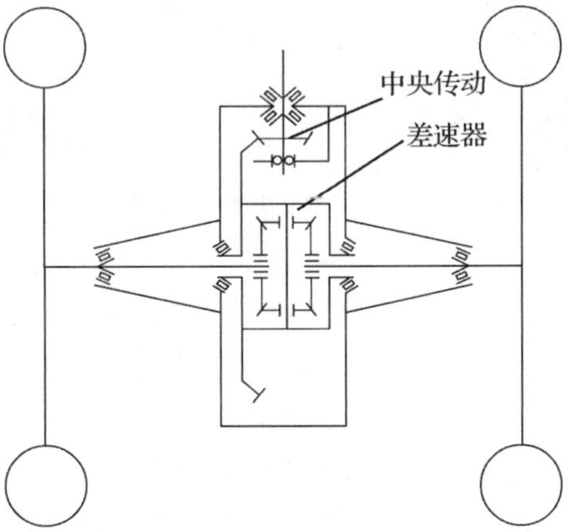

图 3-2 无最终传动驱动桥

二、FIAT90 系列拖拉机后驱动桥的结构与工作原理

无论是两轮驱动还是四轮驱动拖拉机，后驱动桥都是其主要的驱动装置。如图 3-3 所示为 SNH800 型拖拉机(属 FIAT90 系列)后驱动桥。该驱动桥箱体与变速器箱体制成一体，变速器输出轴同时又是小锥齿轮轴，因此动力直接从变速器输入到驱动桥中央传动主减速器。最终传动布置在后驱动桥壳体内，因此属于最终传动内置式后驱动桥。最终传动采用行星齿

轮减速机构，具有结构紧凑、传动比大、工作可靠等特点。

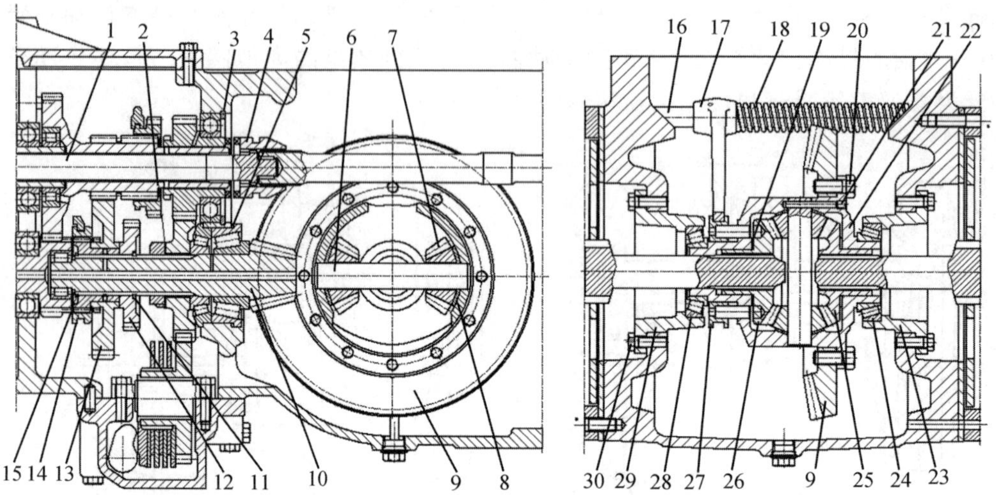

1. 动力输出轴　2. 锁定垫圈　3. 卡环　4. 动力输出轴控制滑套　5. 小锥齿轮定位垫片　6. 差速器行星轮轴　7. 差速器行星齿轮　8. 垫片　9. 大锥齿轮　10. 小锥齿轮轴　11. 止推垫圈　12. 倒挡从动齿轮　13. 低速挡从动齿轮　14. 高速挡和低速挡接合套　15. 卡环　16. 差速锁轴　17. 差速锁拨叉　18. 弹簧　19. 垫片　20. 大锥齿轮固定螺钉　21. 行星齿轮轴固定螺钉　22. 差速器壳体　23、29. 差速器轴承座　24、28. 差速器轴承　25、26. 差速器半轴齿轮　27. 差速锁滑套　30. 差速器轴承座固定螺钉

图 3-3　SNH800 型拖拉机后驱动桥

(一)中央传动主减速器

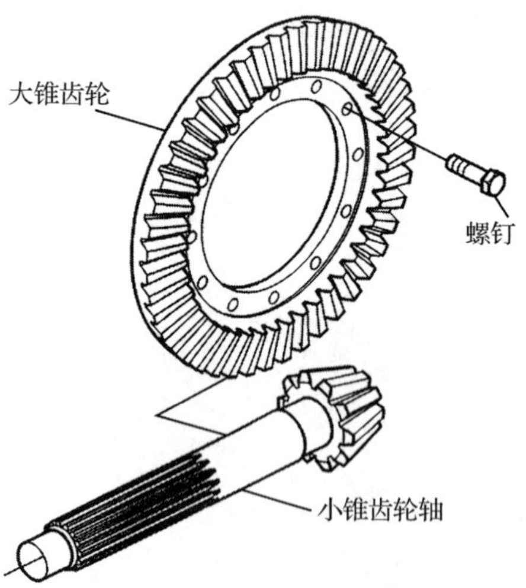

图 3-4　中央传动主减速器

除发动机横置的拖拉机采用圆柱齿轮传动的中央传动主减速器外，一般都采用一对圆锥齿轮传动，它不单起到增矩减速作用，还能将动力传递方向改变 90°。如图 3-4 所示为 SNH800 型拖拉机的中央传动主减速器，其采用一对螺旋锥齿轮传动。小锥齿轮(俗称锥齿)为主动齿轮(9 齿)，大锥齿轮(俗称盆齿)为从动齿轮(43 齿)。小锥齿轮与变速器输出轴制成一体，通过小锥齿轮轴承外圈上的定位垫片(5，见图 3-3)来调整小锥齿轮的轴向位置。大锥齿轮通过 12 个螺栓连接于差速器壳体上，其轴线与小锥齿轮轴线在同一平面内相交。大锥齿轮与差速器壳体通过两口差速器轴承(24、28，见图 3-3)安装于后桥壳体内，通过左、右轴承座调整垫片来调整大锥齿轮的传动齿隙。

注意：在准双曲面锥齿轮副中，小锥齿轮轴线与大锥齿轮轴线不相交，小锥齿轮轴线偏低，这是为了使大小锥齿轮传动更为平稳，但必须使用双曲线齿轮油。

知识链接

制造锥齿轮副(大、小锥齿轮传动)时，在齿轮被切出、硬化并研磨成型后，大、小锥齿轮再利用研磨剂相互研磨，从而达到完好配合。因此，它们是配合组件，其中一件损坏了，必须成对更换。一般在大、小锥齿轮上标记有成组记号。

(二)差速器

1. 差速器的功用与结构

微课:差速器

差速器的功用是根据拖拉机行驶需要,在传递动力的同时,使内、外侧驱动轮能以不同的转速旋转。差速器除了在车辆转向时必须使两侧驱动轮差速外,在下列两种场合下也将起差速作用:

(1)当车辆在凸凹不平的地面上行驶时,两侧驱动轮轴心运动轨迹的长度是不同的,如果保持直线行进,必须容许两侧驱动轮转过的圈数不相等。

(2)在平坦的路面上直线行驶时,由于轮胎气压不等、磨损不均和制造误差等,两侧驱动轮的滚动半径不相等,两侧驱动轮转过的圈数也不相等。

两侧驱动轮之间的差速器称为轮间差速器。在某些四轮驱动拖拉机上,在前、后驱动桥之间或各驱动桥之间还装有轴间差速器,消除功率循环现象。

差速器的差速传动机构多用锥形行星齿轮式。其工作性能特点之一是机构内部摩擦小,因而差速器通过两半轴输出的扭矩基本相等。如图 3-5 所示为 SNH800 型拖拉机的差速器,其主要由差速器壳体,左、右差速器齿轮(或称半轴齿轮),行星齿轮,行星齿轮轴等组成。

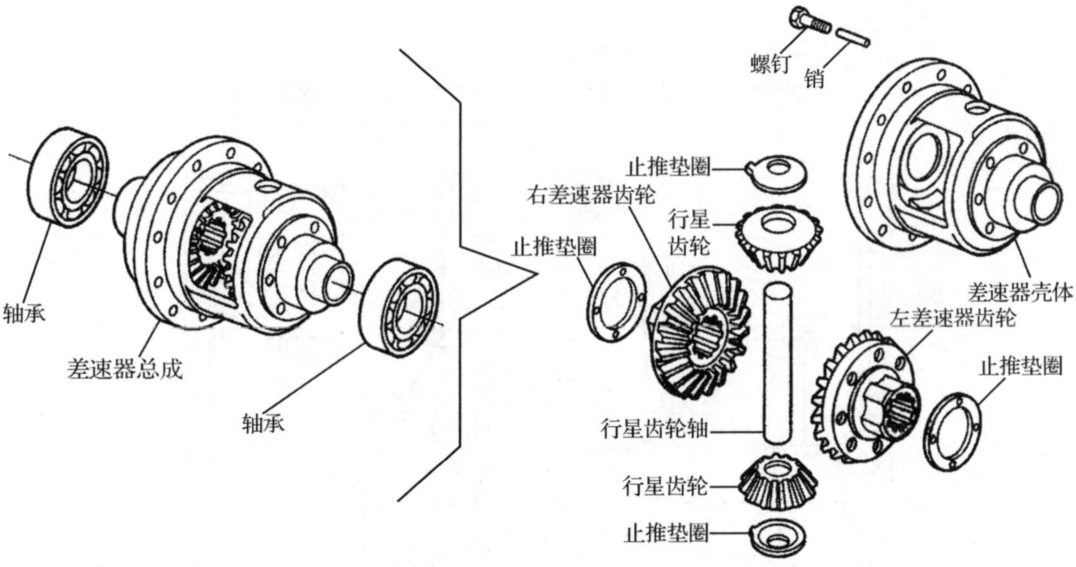

图 3-5　SNH800 型拖拉机差速器

2. 差速器的工作原理

差速器的工作原理如图 3-6 所示,差速器壳(3)与行星齿轮轴(5)连成一体,形成行星架,它又与中央传动的从动齿轮(6)固定相连,故为主动件。半轴齿轮(1、2)为从动件,A、B 两点分别为行星齿轮(4)与两半轴齿轮的啮合点。行星齿轮的中心点为 C,A、B、C 点到差速器旋转轴线的距离相等。

当行星齿轮只随行星架绕差速器旋转轴线公转时,显然,处在同一半径上的 A、B、C 三点的圆周速度都相等,即差速器不起差速作用,两半轴角速度等于差速器壳的角速度。

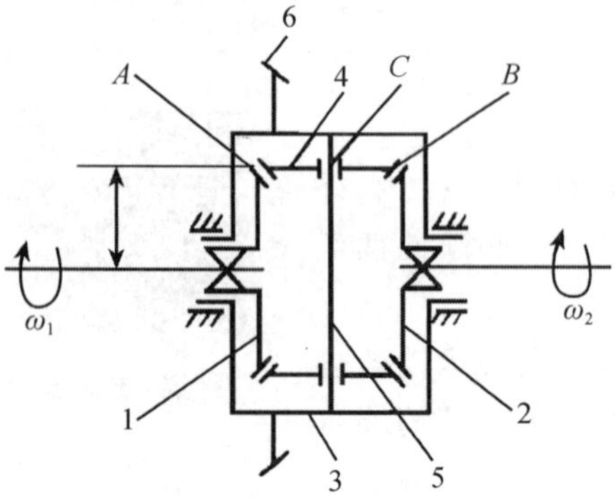

1、2. 半轴齿轮　3. 差速器壳　4. 行星齿轮
5. 行星齿轮轴　6. 中央传动从动齿轮

图 3-6　差速器工作原理

当行星齿轮除公转外，还绕本身的行星齿轮轴自转时，左右两侧半轴齿轮的转速之和等于差速器壳转速的两倍，而与行星齿轮转速无关。因此，在拖拉机转弯行驶或其他行驶情况下，都可以借行星齿轮以相应转速自转，使两侧驱动车轮以不同转速在地面上滚动而无滑动。

动力在差速器上的传递路线为：主减速器小锥齿轮→大锥齿轮→差速器壳体→行星齿轮轴→行星齿轮→两半轴齿轮（差速器齿轮）。

3. *差速锁*

使两半轴输出扭矩基本相等的差速器称为简单差速器。装有简单差速器的轮式车辆，当遇到左、右轮与路面之间的附着条件相差较大时，会出现附着条件较差的驱动轮高速滑转，而附着条件较好的驱动轮不转的现象，车辆的驱动力下降。为了解决简单差速器的这一问题，轮式拖拉机上一般常采用差速锁，即把差速器锁住，消除其差速作用，这种差速器又称为防滑差速器。SNH800 型拖拉机采用强制锁止式防滑差速器，其差速锁结构如图 3-7 所示。

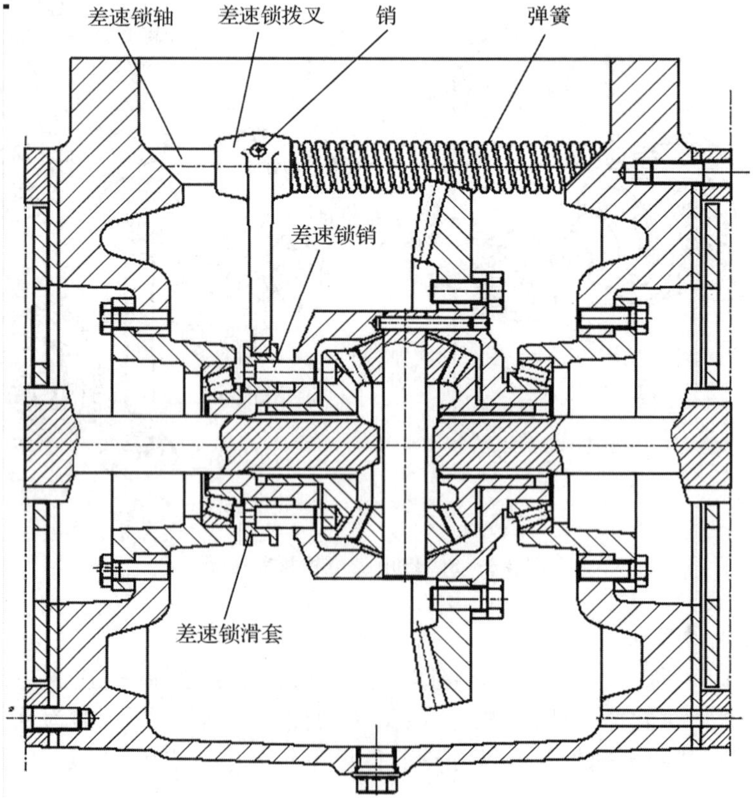

图 3-7　SNH800 型拖拉机防滑差速器差速锁结构

该差速锁采用脚踏板操纵接合，制动踏板操纵液压分离。当踏下差速锁踏板，拉动拨叉轴带动拨叉，将带有8个锁销的差速锁滑套推向差速器壳体，锁销插入差速器壳体及差速器齿轮的相应孔中，即可将差速器壳体与差速齿轮锁为一体，使左、右差速器齿轮无法实现差转，失去差速作用。当踏下制动踏板时，操纵差速锁分离机构推动拨叉轴带动拨叉，将锁销从差速器壳体与差速器齿轮孔中退回，差速器恢复差速作用。

注意：在使用差速锁时，通过打滑路面后，要及时分离差速锁，否则拖拉机将难以转向和操控。

（三）最终传动

最终传动是拖拉机的最后一级增矩减速机构，分置于驱动桥左、右两侧，安装在最终传动壳体内。如图3-8所示为SNH800型拖拉机的最终传动，该机最终传动采用行星齿轮减速机构，主要由最终传动壳体、最终传动轴、行星齿轮、行星齿轮保持架、齿圈、半轴等组成。

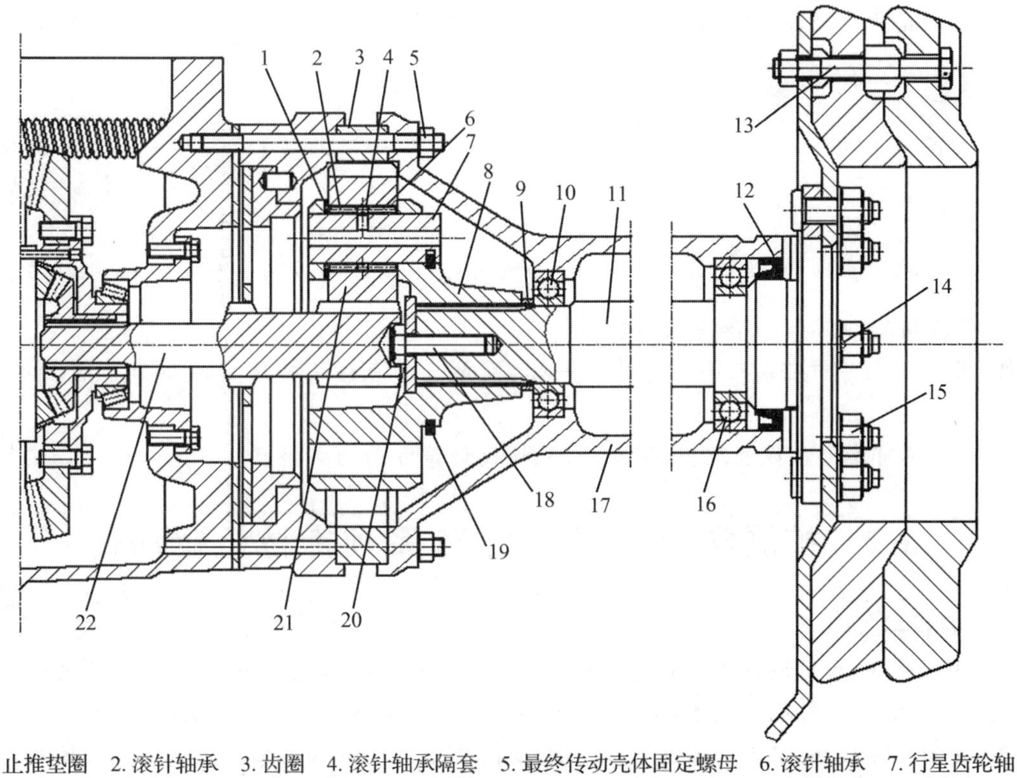

1. 止推垫圈　2. 滚针轴承　3. 齿圈　4. 滚针轴承隔套　5. 最终传动壳体固定螺母　6. 滚针轴承　7. 行星齿轮轴　8. 行星齿轮保持架　9. 垫片　10. 轴承　11. 半轴　12. 油封　13. 配重环螺钉　14. 润滑油嘴　15. 半轴与车轮辐板联接螺母　16. 轴承　17. 最终传动壳体　18. 半轴固定螺钉　19. 行星齿轮轴卡环　20. 半轴锁片　21. 行星齿轮　22. 最终传动轴（又称差速器半轴）

图3-8　SNH800型拖拉机最终传动总成

最终传动轴(22)为齿轮轴，其齿轮充当行星减速机构的太阳轮，由差速器齿轮(半轴齿轮)驱动。安装有3个行星齿轮(21)的行星齿轮保持架(8)通过花键与半轴(11)连接。齿圈(3)通过双头螺柱安装在最终传动壳体(17)与制动器油缸之间。动力的传递路线是：差速器齿轮→最终传动轴→行星齿轮→保持架→半轴→车轮。最终传动相当于齿圈固定，以太阳轮为主动件、以行星架为从动件的行星齿轮传动(参见知识链接),根据行星齿轮传动原理可知,最终传动的传动比为 $1+\frac{z_2}{z_1}$(z_1 为太阳轮齿数,z_2 为齿圈齿数),因此可以获得较大的传动比。

微课:行星齿轮机构

知识链接

对单排行星齿轮系进行运动学分析,可以得出其一般运动规律的特性方程:$n_1+\alpha n_2-(1+\alpha)n_3=0$。其中,$n_1$、$n_2$、$n_3$ 分别为太阳轮、齿圈、行星架的转速;α 为齿圈与太阳轮的齿数比$\left(\frac{z_2}{z_1}\right)$,且 α 必须大于 1。由此可知,太阳轮、齿圈、行星架三个元件,使其中某个元件受到约束(即其转速为零或固定值),则其他两个元件将获得唯一的传动比,且太阳轮、齿圈、行星架三者齿数关系是:行星架>齿圈>太阳轮。下面就几种特定情况分析如下:

1. 太阳轮为主动件,行星架为从动件,齿圈固定:即 $n_2=0$,则 $i=\frac{n_1}{n_3}=1+\alpha>1$,此传动为降速增矩。

2. 齿圈为主动件,行星架为从动件,太阳轮固定:即 $n_1=0$,则 $i=\frac{n_2}{n_3}=\frac{1+\alpha}{\alpha}>1$,此传动为降速增矩。

3. 太阳轮为主动件,齿圈为从动件,行星架固定:即 $n_3=0$,则 $i=\frac{n_1}{n_2}=-\alpha$,此时主动件与从动件转速相反,此传动为降速增矩。

4. 使三个元件中任何两个元件连成一体:则第三个元件的转速必然与前二者相等,传动比为 1。

详细信息可参阅机械原理、机械基础、机械设计等方面的书籍。

3-2　扩展学习　纽荷兰 M 系列拖拉机驱动桥

课程导入

1. 纽荷兰 M 系列拖拉机后驱动桥与 SNH800 型拖拉机后驱动桥有哪些不同之处?
2. 纽荷兰 M 系列拖拉机差速器的差速锁是什么形式的?其工作原理是什么?
3. 查阅相关资料,了解约翰迪尔系列拖拉机驱动桥的结构及有关技术数据,并与纽荷兰系列拖拉机对比,指出其各自的特点。

一、纽荷兰 M 系列拖拉机后驱动桥的结构与工作

纽荷兰 M 系列拖拉机后驱动桥的锥齿轮是螺旋式的,靠圆锥滚子轴承支持。后桥总成将变速器传动来的动力通过锥齿轮传动传至最终传动行星差速机构,其结构如图 3-9 所示。除了差速锁不同之外,在结构形式上大体与 FIAT90 系列拖拉机相同,其结构布置也属于最终传动内置式后桥,即最终传动布置在后桥壳体内。

差速器备有四个行星齿轮和液压差速锁。100、115 和 135 HP 拖拉机后桥差速锁由液压

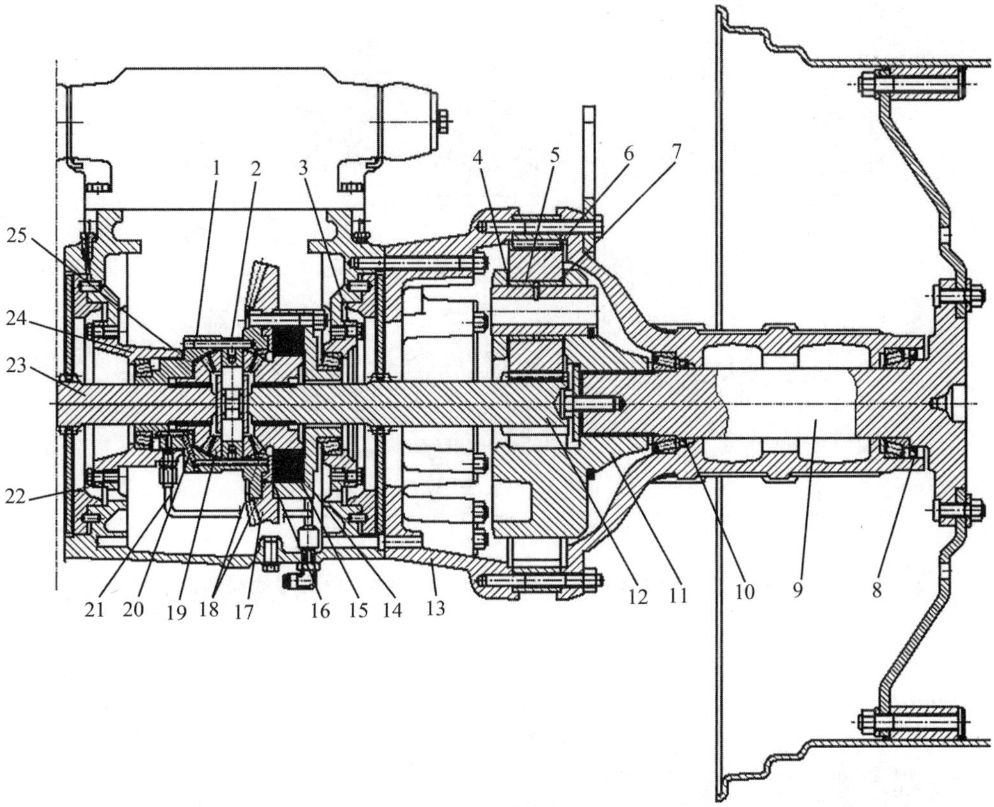

1. 差速器壳体　2. 差速器行星齿轮轴　3. 差速器大锥齿轮轴承盖　4、7. 止推垫圈　5. 行星齿轮轴承隔套　6. 最终传动行星齿轮　8. 油封　9. 车桥半轴　10. 止推垫圈　11. 行星齿轮保持架　12. 太阳轮　13. 最终传动壳体隔套　14. 从动盘　15. 主动盘　16. 差速锁控制柱塞　17. 大锥齿轮　18. 油封　19. 差速器行星齿轮　20. 半轴齿轮轴向间隙调整垫片　21. 差速锁控制管路　22. 锥齿轮传动齿隙和轴承调整垫片　23. 差速器输出半轴　24. 差速器轴承座　25. 差速器半轴齿轮

图 3-9　纽荷兰 M 系列拖拉机后驱动桥(160 HP,带有多盘离合器差速锁)

控制的前直齿轮来操作;160 HP 拖拉机的差速锁是由液压控制的多盘湿式离合器来操作。

纽荷兰 M 系列 100、115 和 135 HP 拖拉机后桥差速锁的工作原理,如图 3-10 所示。

当不需要锁住差速器时,由于压力油作用于控制活塞小环槽的表面上,使差速锁处于离合状态;当仪表盘上的开关接合后,电磁阀打开,使油泵的压力油进入控制活塞的主环槽。施加在活塞大侧表面上的压力远大于作用在同一活塞小侧表面上的压力,从而使活塞移动,接合前齿套并锁住差速器。

二、纽荷兰 M 系列拖拉机前驱动桥的结构与工作原理

在四轮驱动拖拉机上装有前驱动桥,如图 3-11 所示为纽荷兰 M 系列拖拉机前驱动桥,其结构主要由前驱动桥壳体、大小锥齿轮、差速器、差速锁、半轴等组成。除了配装有差速锁外,结构类型与纽荷兰 90 系列拖拉机和东方红-1004/1204 型拖拉机的前驱动桥大体相同。

该驱动桥通过前桥摆销与车体中心的摆销支座铰接,动力由变速器上的分动器驱动传动轴传递给小锥齿轮轴,再由中央传动主减速器(锥齿轮传动)通过无须维护的万向节传动轴传递给行星减速齿轮轮毂,既能驱动又能转向。因此在结构上既具有一般转向桥的转向节壳体、

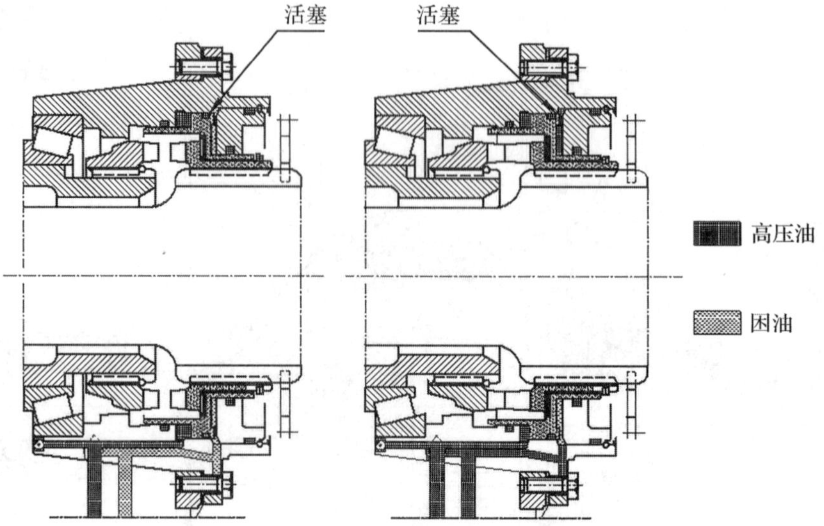

（a）差速锁分离　　（b）差速锁接合

图 3-10　纽荷兰 M 系列(100、115 和 135 HP)拖拉机后桥差速锁的工作原理

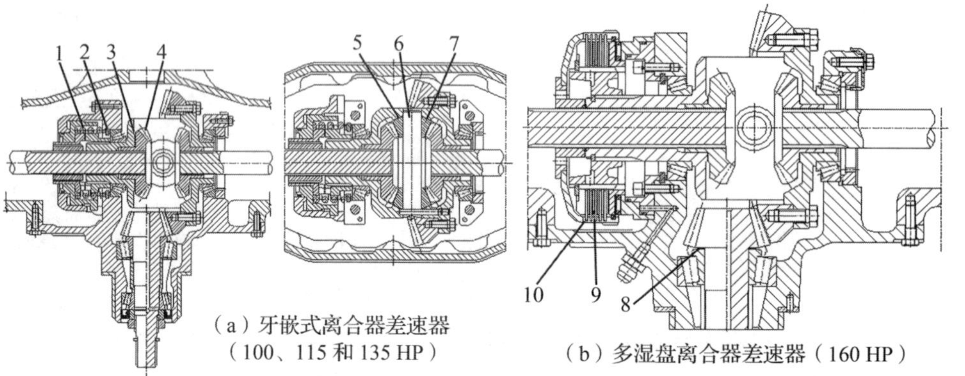

（a）牙嵌式离合器差速器（100、115 和 135 HP）　　（b）多湿盘离合器差速器（160 HP）

1. 弹簧　2. 大锥齿轮轴承调整垫片　3. 半轴齿轮止推垫圈垫片　4. 差速器的半轴齿轮
5. 差速齿轮止推垫圈垫片　6. 差速器行星齿轮轴　7. 差速器行星齿轮
8. 小锥齿轮锥顶调整垫片　9. 离合器主动盘　10. 离合器从动盘

图 3-11　纽荷兰 M 系列拖拉机前驱动桥

主销和轮毂等，也具有一般驱动桥的主减速器、差速器和半轴等。与独立的驱动桥、转向桥相比，其结构特点是：为了转向的需要，半轴被分成两段，中间用等角速万向节连接起来，与差速器半轴齿轮连接的称为内半轴，与轮毂连接的一般称为外半轴。同时，主销也分成上下两段，分别固定在万向节的球形支座上。转向节轴制成空心的，以便外半轴从中穿过。转向节的连接叉是球形转向节壳体，既满足了转向的需要，又具备了传力能力。

等角速万向节的内外端处有止推垫片，防止轴向串动，以保证主销轴线通过节心，防止运动干涉。转向节壳体与上、下盖之间有调整垫片，用来调整主销轴承的预紧度和保证半轴的轴线重合。

1. 桥传动装置

桥传动装置由位于变速器壳体之下的分动器和传动轴组成。分动器内装有多盘湿式离合器，通过控制离合器来接合和断开传向前驱动桥的动力。分动器的结构如图 3-12 所示。

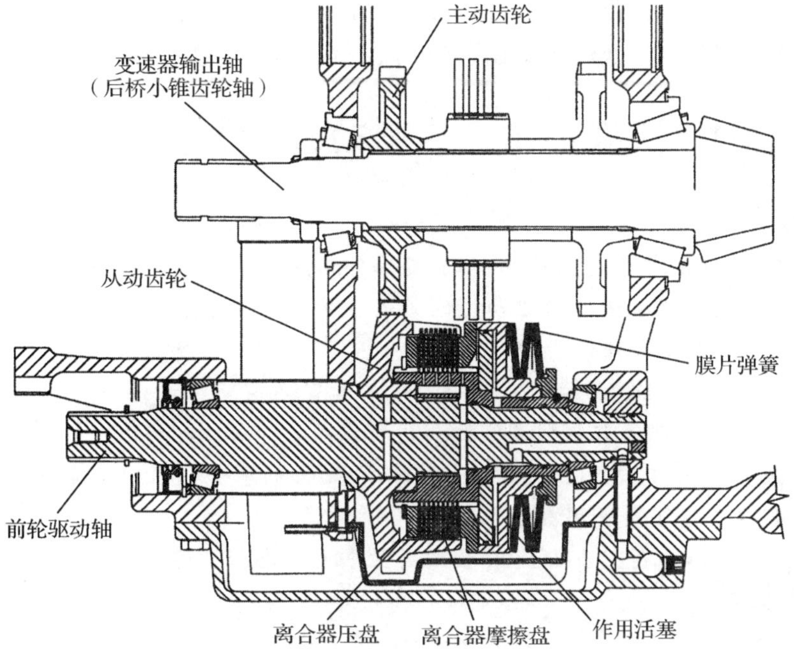

图 3-12 分动器的结构

分动器内的从动齿轮空套在前轮驱动轴上，并与变速器输出轴（后桥小锥齿轮轴）上的主动齿轮常啮合。从动齿轮上的突缘制有与离合器主动摩擦盘相配合的缺口，驱动离合器主动盘。离合器从动盘通过离合器从动盘毂与前轮驱动轴花键连接。当按动电子仪表板上的前轮驱动接合开关时，作用活塞腔中的液压油处于静态，没有压力，电磁阀处于未通电状态。多片离合器在膜片弹簧压力的作用下，使离合器接合，动力通过前轮驱动轴传递到前桥；当再次按动开关时，电磁阀打开，使液压油从油泵流入活塞腔内，推动作用活塞克服膜片弹簧，使多盘离合器分离，从而断开传向前桥的动力。

2. 前桥摆销、最终传动及轮毂

前桥摆销用来支承拖拉机的前部重量，采用铰接的形式，因此当拖拉机在不平地面上行驶时，前轴可以摆动，以保证两前轮能同时着地。其结构如图 3-13 所示。

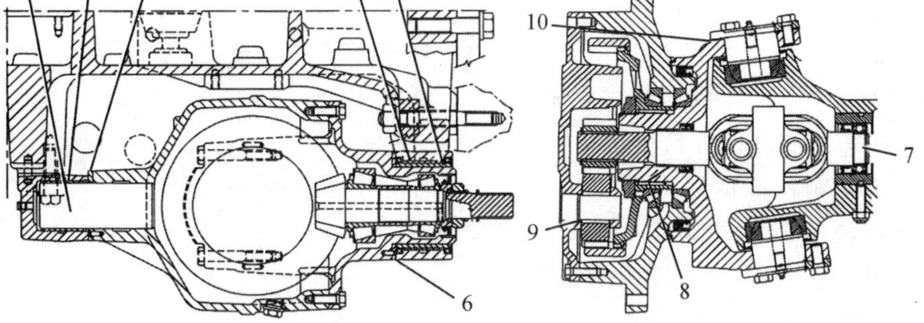

1. 前部支柱 2. 前部支柱衬套 3. 前部止推垫圈 4. 后部衬套（压配合到支柱） 5. 后部衬套（压配合到小齿轮支架） 6. 后部止推垫圈 7. 外侧驱动桥 - 轴 8. 衬套 9. 从动齿轮止推垫圈 10. 转销调整垫片

图 3-13 前桥摆销、最终传动及轮毂剖面图

外半轴传给前驱动轮的动力经过最终传动行星减速器实现减速。该机构的特点是，在较小的部件结构上可以得到较大的传动比，有利于前桥的结构布置。

3-3 实操训练 后驱动桥的拆装与调整

课程导入

与变速器类似，驱动桥构造以箱体、轴套类零件为主。除箱体裂纹、渗漏等故障外，一般均需将驱动桥拆检进行维修。通过后驱动桥的拆装使学生熟悉后驱动桥的结构和工作原理，进一步掌握轴类零件的拆装方法和调整方法。

1. 拆装 SNH800 型拖拉机后驱动桥的专用工具有哪些？

2. 后驱动桥的哪些部位需要调整？如何进行调整？

3. 查阅相关资料，确定 SNH800 型拖拉机后驱动桥的调整数据和连接部位的扭紧力矩值。

4. 实训前需准备以下材料用具：

(1)待修拖拉机(以纽荷兰 SNH800 和纽荷兰 M190 拖拉机为例)；

(2)常用拆装工具；

(3)驱动桥专用拆装工具(按厂家维修手册要求制作或购买)；

(4)驱动桥专用调整工具(按厂家维修手册要求制作或购买)；

(5)千分尺、百分表等测量工具；

(6)吊装设备及吊索；

(7)专用支撑台架；

(8)零件摆放台和盛油盒；

(9)厂家维修手册和零件图册。

安全提示

1. 采用合适起重量的吊装设备吊装和移动所有重型部件。吊装和移动时应确保装置或零件有合适的吊索或挂钩支撑。确保起吊的重物下无人。

2. 大多数变速器齿轮润滑油中含有硫元素，可能导致皮肤发炎，所以工作时应戴手套。万一手与齿轮润滑油接触，要用肥皂反复洗净。

3. 在安装齿轮、花键轴等带尖角的零部件时要注意不要被尖角划伤。

4. 不得使用汽油或其他易燃液体清洗零部件。

技术提示

与变速器类似，驱动桥的拆装主要是轴、套、销类零件的拆装，这些零件之间有些是紧配合(过渡或过盈配合)的。拆装这些零件时不能生硬敲击，特别是轴承拆装，一般需要用专用工具。有经验的技师给出在拆装驱动桥时应注意的事项：

1. 在敲击钢制件或铝制件时，要用铜、橡胶或塑料锤子；

2. 许多部件两个方向都可以安装上去，但通常只有一个方向才是对的；

3. 如果用力过大，可能导致部件损坏。

一、大锥齿轮及差速器的拆卸

对于 SNH80 型拖拉机，带大锥齿轮的差速器总成从驱动桥壳体中拆下的方法和步骤，请参阅本书“学习情境 2”有关变速器的解体与装配部分内容。其余拆卸步骤如下：

(1)拧下大锥齿轮固定螺钉(20,见图 3-3),把大锥齿轮从差速器壳体上拆下。

(2)拧下行星齿轮轴固定螺钉(21,见图 3-3),拆下行星齿轮轴,取出差速器行星齿轮和半轴齿轮。

二、小锥齿轮的拆卸

请参阅本书“学习情境 2”。

三、最终传动装置的拆卸

1. 从车上拆卸最终传动总成

最终传动、行车制动器与后驱动桥之间的装配关系如图 3-14 所示。

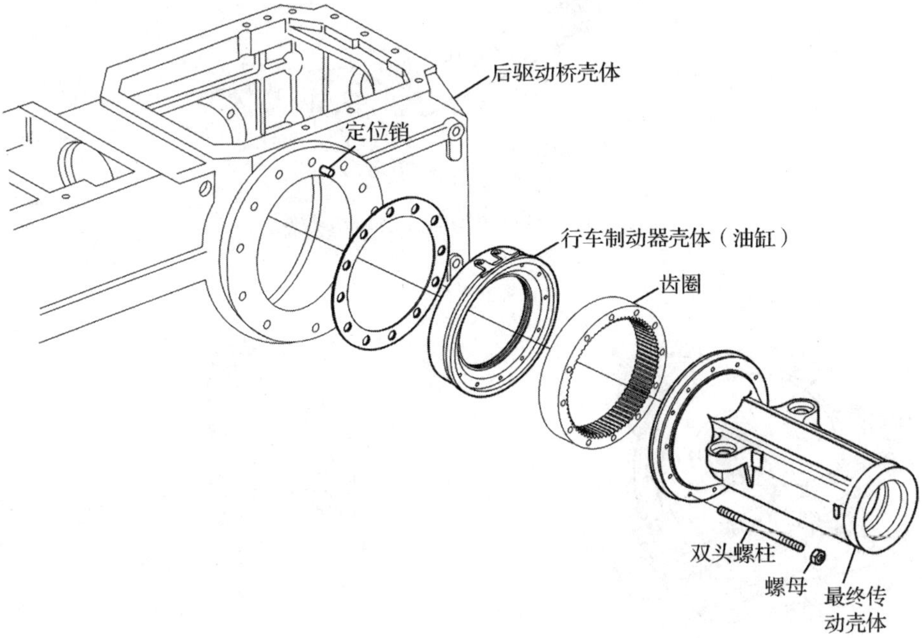

图 3-14　最终传动、行车制动器与后驱动桥的装配关系

从拖拉机上拆卸最终传动总成的方法和步骤,请参阅“学习情境 2”。

2. 最终传动齿轮装置的拆卸

如图 3-15 所示,为最终传动总成的所有零件及其相互位置关系。

最终传动齿轮装置的拆卸应按如下步骤进行：

(1)去掉半轴锁片(20,见图 3-8),松开半轴固定螺钉(18,见图 3-8),取下行星齿轮保持架(8,见图 3-8)及其端面间隙调整垫片(9,见图 3-8)。

(2)如图 3-16 所示,用合适的通用拨具抽出半轴。

(3)如图 3-8 及图 3-17 所示,把行星齿轮轴卡环(19,见图 3-8)撑开,连同行星齿轮轴(7,见图 3-8)一起向外移出。取出行星齿轮(21,见图 3-8)和滚针轴承(6,见图 3-8)。

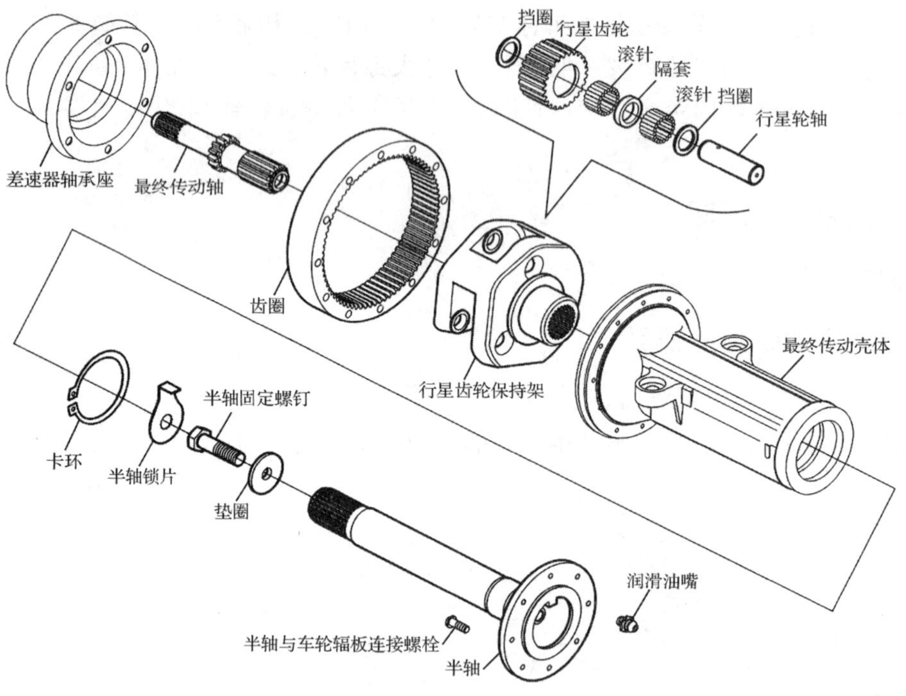

图 3-15 最终传动总成的所有零件

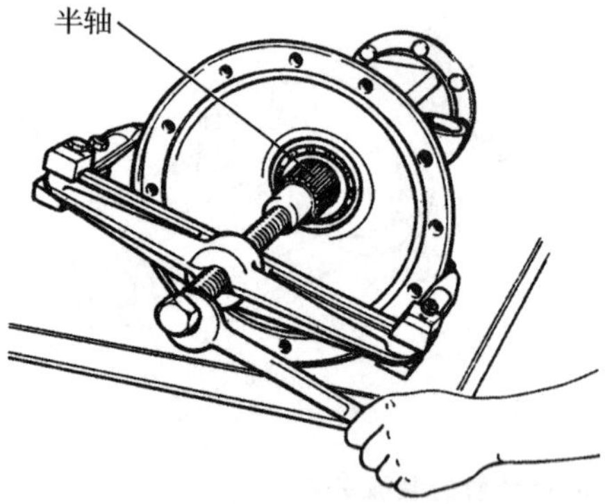

图 3-16 使用通用拔具拆卸半轴

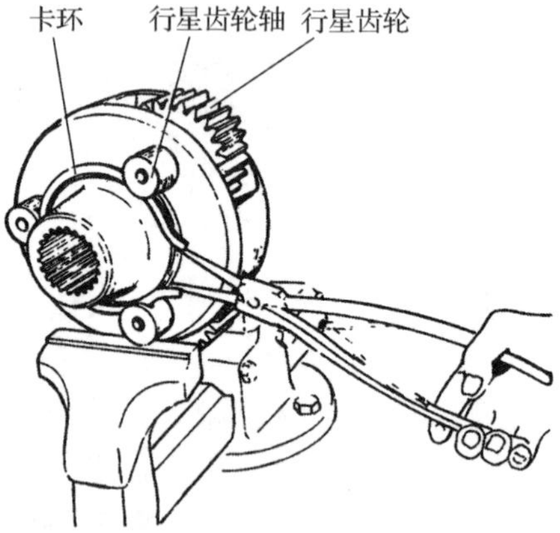

图 3-17 行星齿轮轴的拆卸

四、中央传动与差速器的安装与调整

驱动桥中央传动大、小圆锥齿轮啮合是否正常严重影响齿轮的使用寿命。中央传动齿轮啮合不正常是造成传动噪音、磨损加剧的重要原因。所谓正常啮合就是要保证两个锥齿轮的节锥母线重合，锥顶交在轴线上。由于制造误差、热处理变形和承载后齿轮和支承系统的弹性变形等原因，这一要求很难实现。所以，在生产实践中，通常是通过啮合印痕、轴承预紧度、齿侧间隙和噪音大小来检验判断齿轮的工作情况的。

中央传动齿轮工作中承受复杂的交变载荷和冲击力，加剧了零件的磨损，使原始装配关系发生变化，影响啮合印痕。另外，由于中央传动圆锥齿轮工作中产生轴向力，常采用能承受较大轴向力的锥轴承支承。这种轴承由于本身的结构特点，当轴承有少量磨损时，对齿轮轴向位置变化的影响极大，使齿轮离开原来正常啮合位置，需要加以调整。调整的目的不是要恢复理论安装距，而是减小因轴承磨损而增大的间隙，使锥齿轮获得理想的啮合印痕。

(一)大、小圆锥齿轮啮合印痕的检查和调整

对不同机型锥齿轮传动啮合印痕的检查方法不同，有的机型检查大锥齿轮上的啮合印痕，有的检查小锥齿轮上的啮合印痕，但都是通过观察啮合印痕的形状和位置来判断啮合印痕的好坏，并决定如何进行调整的。现以东方红-802 型拖拉机为例说明如何进行锥齿轮传动啮合印痕的检查和调整。

将大、小锥齿轮擦洗干净，将红印油均匀地涂在大锥齿轮齿面上(前进挡是凸面，倒挡是凹面)。摇转曲轴，使大锥齿轮正、反各转动一圈。查看小锥齿轮工作面(前进挡是凹面，倒挡是凸面)上的印痕。如印痕良好，可用白纸条将印痕复印下来，贴在机车鉴定档案中。

影响锥齿轮传动啮合印痕的三大要素为：轴承间隙、小锥齿轮的位置和大锥齿轮的位置。如印痕不正常时可按下表 3-1 所示，通过改变大、小锥齿轮的位置来进行调整。

表 3-1　东方红-802 型拖拉机中央传动啮合印痕的调整

调整方法		倒挡 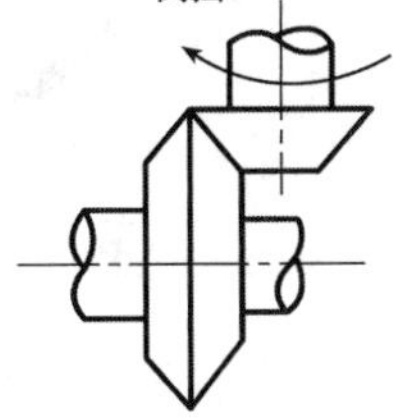	前进挡 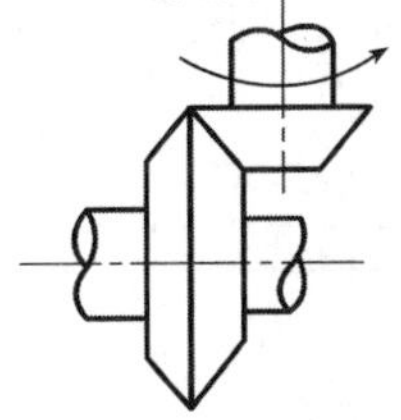	
前进挡时，小锥齿轮齿凹面所得印痕，长度应不小于齿宽的一半，并应在齿高中部且接近锥体小端，但距端边不得小于 5 mm。倒挡时，小锥齿轮凸面所得印痕与上述相同，应接近锥体小端，但不超出端边		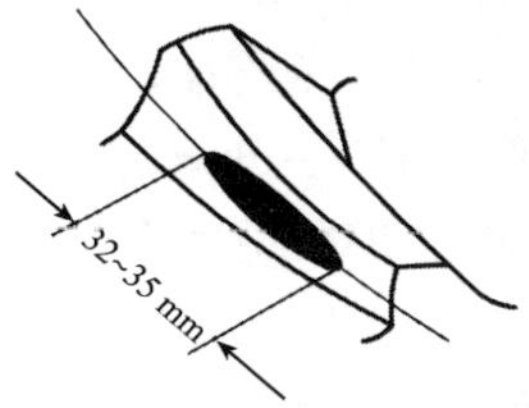 	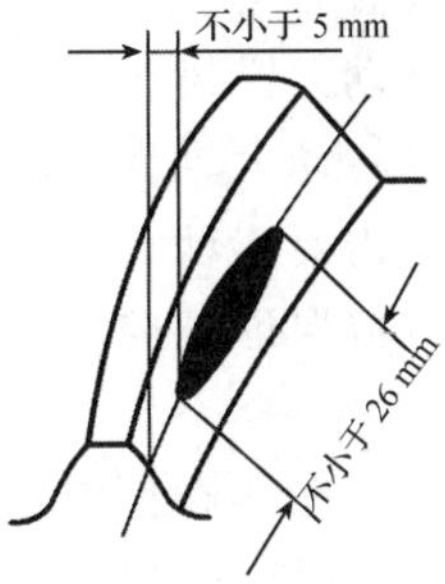 	正常啮合印痕
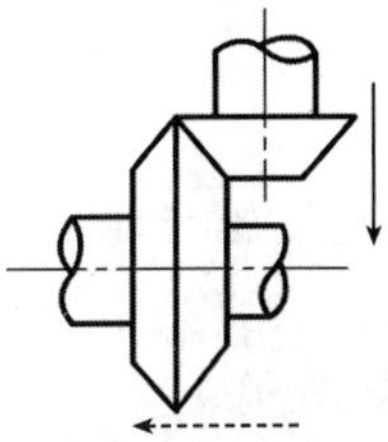	1. 减少变速器第二轴前轴承盖处的调整垫片或拧退调整螺母，将小锥齿轮后移	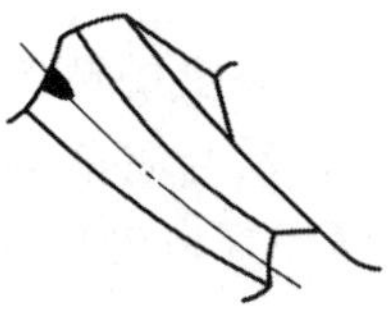	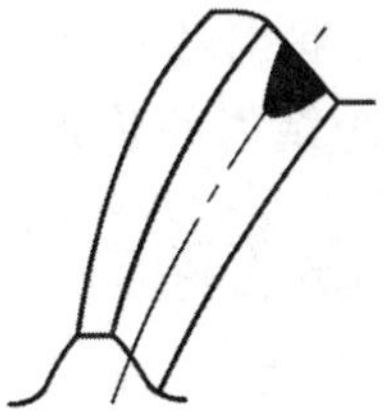	调整齿宽方向的印痕
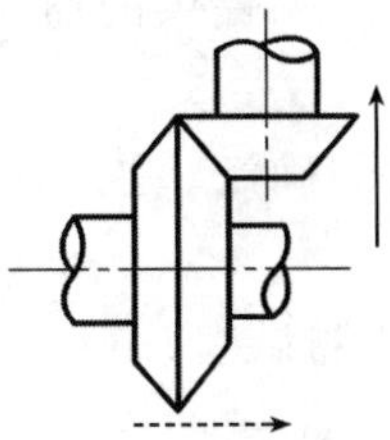	2. 增加变速器第二轴前轴承盖处的调整垫片或拧进调整螺母，将小锥齿轮前移		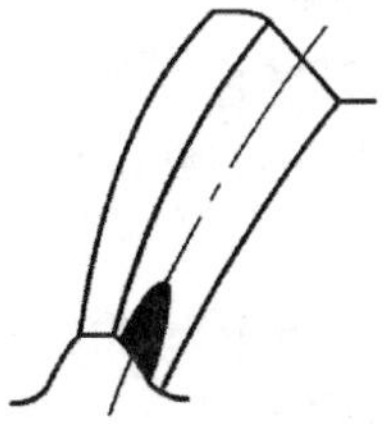	

续表 3-1

调整方法		倒挡 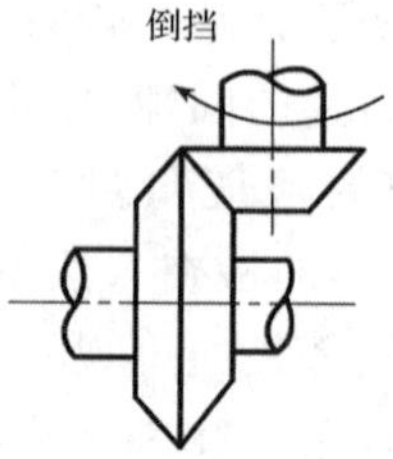	前进挡 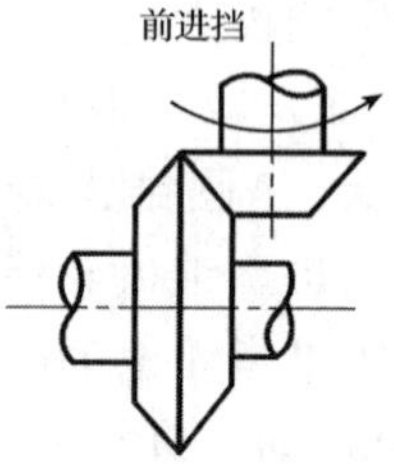	
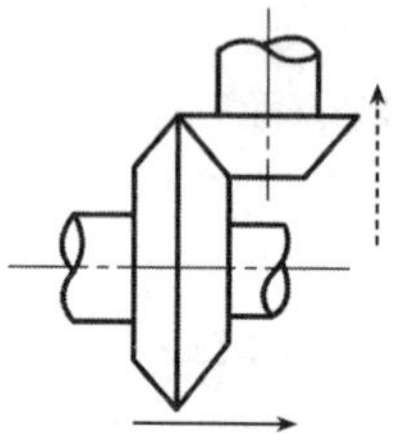	3. 松开后桥隔板固定螺母，拧退右调整螺母（记住牙数），然后拧进左调整螺母相同的牙数，将大锥齿轮右移	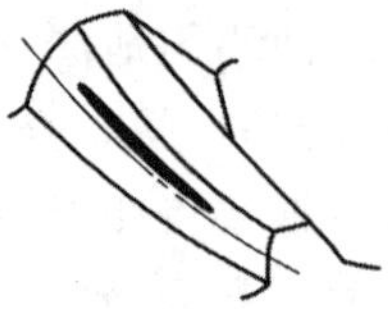	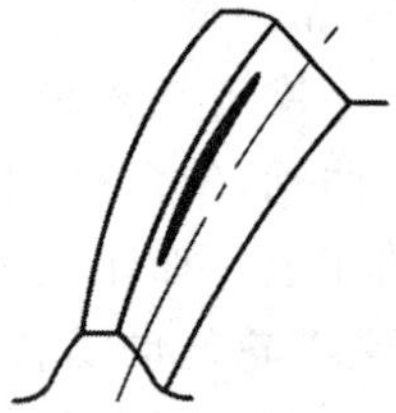	调整齿高方向的印痕
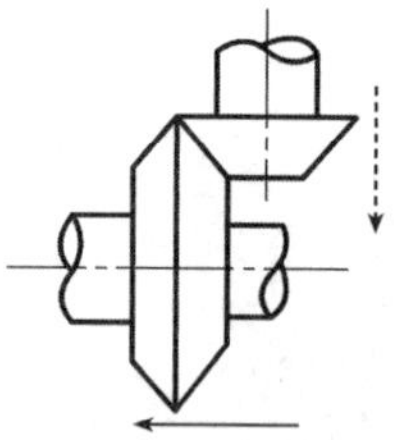	4. 松开后桥隔板固定螺母，拧退左调整螺母（记住牙数），然后拧进右调整螺母相同的牙数，将大锥齿轮左移	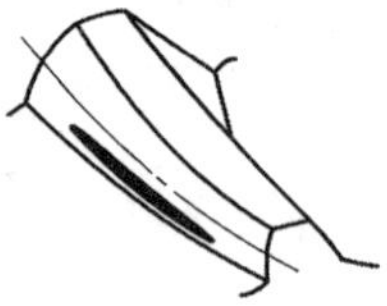	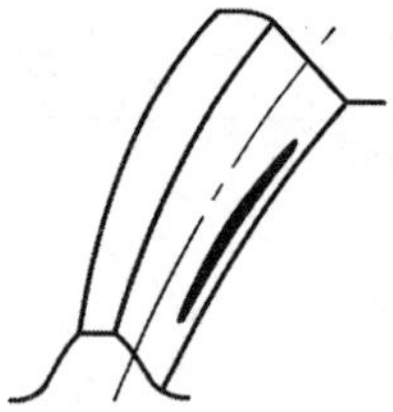	

为使啮合印痕检查调整准确，应注意以下几点：

(1)检查时不应少于 3 个齿，且在齿轮圆周上均匀分布。

(2)转动大锥齿轮时，应对大锥齿轮后驱动桥轴略加制动阻力，以使印痕清晰。

(3)在转动大锥齿轮前，须将小锥齿轮前推，以消除轴承间隙的影响。

(4)当需要移动大锥齿轮的位置时，一边调整螺母拧紧的齿数，应等于另一边调整螺母松退的齿数，以保证轴向旋动量不变。并在调整前先将左、右隔板紧固螺母拧松，调整后必须拧紧。

(5)应按上表修正齿宽方向的啮合印痕，然后再修正齿高方向上的印痕。

(6)新齿轮副的啮合印痕应是一椭圆形。对于旧齿轮副，由于齿轮的磨损，印痕沿整个齿在全长呈带状接触是允许的。

(二)小锥齿轮位置的调整和垫片厚度的测定

FIAT90 系列拖拉机在安装中央传动与差速器时，通过调整小锥齿轮的位置、锥齿轮传动齿隙和轴承的预紧度等调整项目来确保锥齿轮传动获得理想的啮合印痕。为了调整小锥齿轮的位置，纽荷兰 SNH800 型拖拉机制备有专用调整工具，其安装方法如图 3-18 所示。

对于纽荷兰 90-100 系列拖拉机和东方红-1004/1204 拖拉机，则使用生产厂家提供的通用工具（参见其维修手册）。

下面以 SNH800 型拖拉机为例说明小锥齿轮定位垫片（5，见图 3-3）厚度的确定。主要步骤如下：

(1)将带小锥齿轮轴承内圈的专用工具（E）安装到带有轴承外圈（7、8）和测试垫片（厚度设为 S_p）的壳体上。

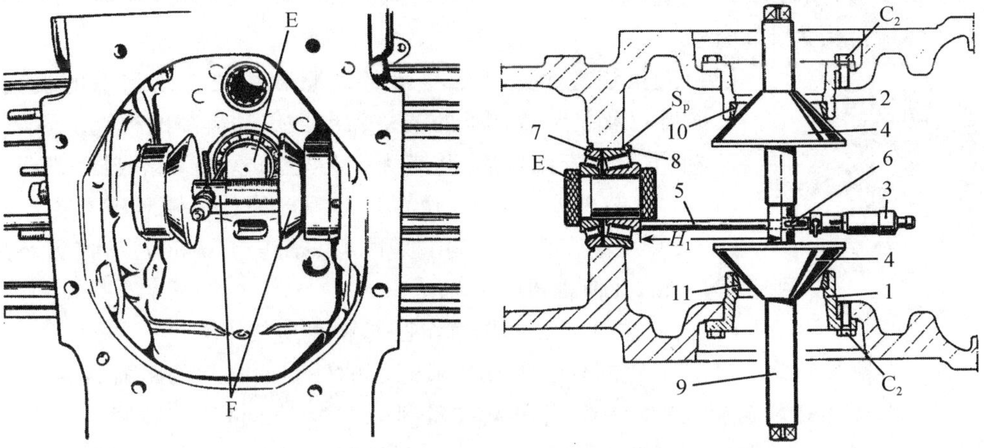

C_2. 支架固定螺钉 E. 专用工具（修理厂特制） F. 通用检查工具（生产厂家提供） H_1. 工具测量的尺寸 S_p. 测试垫片 1、2. 差速器轴承座 3. 测微规 4. 定中心锥套 5. 测微规枢轴 6. 测微规螺钉 7、8. 小锥齿轮轴承 9. 螺杆轴 10、11. 圆锥滚子轴承外圈

图 3-18 SNH800 型拖拉机小锥齿轮位置检查工具的安装示意图

(2)将专用工具(F)安装到带轴承外圈(10、11)的差速器支架(1、2)上。

(3)拧紧或松开两锥套(4)使测微规枢轴(5)接触小锥齿轮轴轴承(7)。

(4)用手或专用扳手转动锥套(4)，使工具顶紧轴承外圈(10、11)，这样将消除工具的轴向间隙。

(5)用测微规螺钉(6)锁定带枢轴的测微规。

(6)使测微规枢轴(5)与轴承(7)相接触，测量尺寸(H_1)。

(7)按下式确定大锥齿轮中心线与小锥齿轮后部之间的距离(H_3)：

$$H_3=H_2+C$$

式中，H_2——大锥齿轮中心线与小锥齿轮后部间距离的公称值，145.5 mm；

C——修正值，其值打印在小齿轮上，mm。

(8)垫片厚度(S)由下式计算：

$$S=H_1+S_p-H_3$$

计算示例

测微规测定尺寸 $H_1=145.9$ mm；

测试垫片厚度 $S_p=1.90$ mm；

大锥齿轮中心线与小齿轮后部间距离的公称值 $H_2=145.5$ mm；

修正值 $C=+0.2$ mm；

修正后的公称值 $H_3=145.5+0.2=145.7$ mm

垫片厚度 $S=145.9+1.90-145.7=2.10$ mm

(三)小锥齿轮轴轴承的调整

(1)将小锥齿轮轴安装到带轴承内圈、按上述确定的定位垫片、齿轮和轴承调整螺母的壳体中。转动小齿轮轴使轴承安装到位，同时拧紧调整螺母直至转动力矩为 1.5～2 N·m。

(2)使用弹簧秤和缠绕在低速挡齿轮上的缠绕绳索测量扭矩值,测量时变速器轴不应随之转动(等效弹簧拉力为17.6～23.5 N)。

微课:主减速器齿侧间隙的检查与调整

(四)大锥齿轮及差速器轴承的调整和中央传动齿隙的检查

大锥齿轮及差速器轴承的调整和中央传动齿隙的检查步骤如下:

(1)小锥齿轮安装好后,将带大锥齿轮的差速器总成插入壳体内,将右侧轴承座安装到变速器上,放置环形螺母使其与轴承座平齐。

(2)安装左侧支架,用专用扳手(厂家工具号50027)拧紧环形螺母到49 N·m,并使螺母进入轴承中。

(3)拧松左侧环形螺母直至其与相关支架平齐。

(4)拧紧右侧环形螺母使轴承座的外表面和环形螺母的外表面之间的距离A=6.5 mm。

(5)使左侧环形螺母与相关轴承接触并将其拧紧到9.8 N·m进行间隙调整。

(6)如图3-19所示,用百分表测量锥齿轮传动齿侧间隙(每隔120°进行一次测量,求出3个读数的算术平均值),并且将这个平均值与正常间隙值进行比较。

(7)将左侧环形螺母拧松,相应拧紧右侧环形螺母,则可减小齿侧间隙;反之,则可增大齿侧间隙。

(8)最后再将右侧环形螺母拧进0.10 mm,给各锥齿轮传动轴承预加载荷。

(9)如图3-20所示,使用弹簧秤和缠绕在差速器保持架法兰上的缠绕绳测量扭矩值(等效弹簧秤拉力为98～147 N)。

(10)用锁环将右侧和左侧的环形螺母锁定到位。

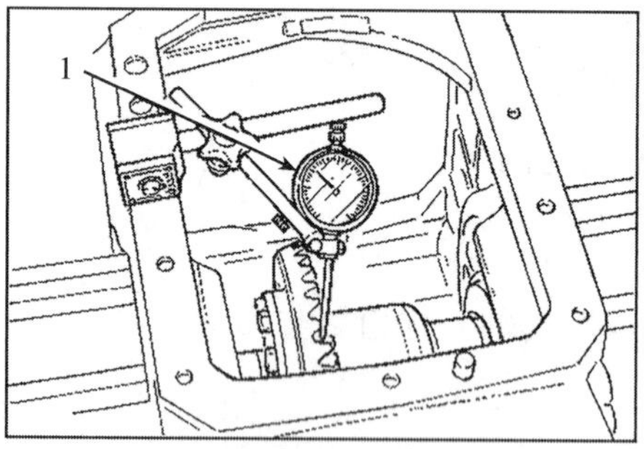

1.百分表

图3-19 测量齿侧间隙

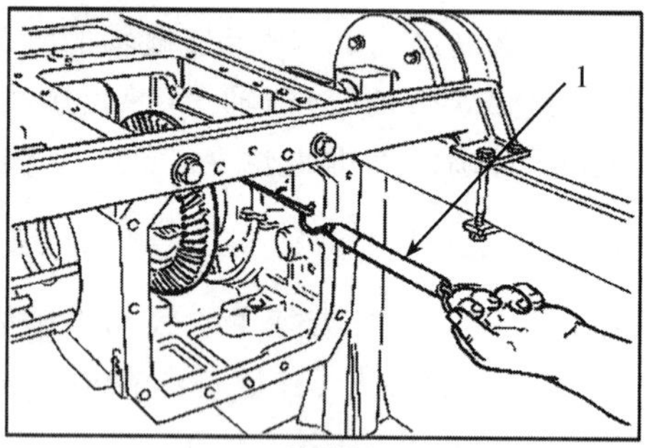

1.弹簧秤

图3-20 测量锥齿轮传动转动力矩

注意: 锥齿轮传动齿隙的公称值为0.18～0.23 mm(取平均值0.21 mm)。在调整过大或过小的齿隙时,应注意公称齿隙与等效大锥齿轮轴向移动量的区别,它们的平均比例为1∶1.4,即齿隙变化0.1 mm,相当于大锥齿轮轴向移动量为0.14 mm。

(五)差速器行星齿轮和半轴齿轮齿侧间隙的调整

按以下步骤进行:

(1)把两个半轴齿轮不带垫片装在差速器壳体上。

(2)把差速器行星齿轮带垫片装上,并装上行星齿轮轴。

(3)把行星轮轴固定螺钉拧紧几圈,防止松动。

(4)使左半轴齿轮与行星齿轮充分接触。用深度尺测量尺寸(H_1),见图 3-21,要在径向的两个相对点测量,并取两个读数的平均值。

(5)把半轴齿轮扳回,使其与差速器壳体充分接触,测量尺寸(H_2),见图 3-22。

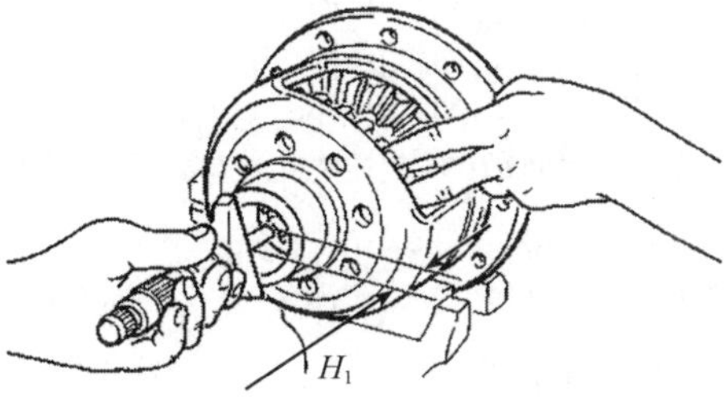

图 3-21 测量尺寸 H_1

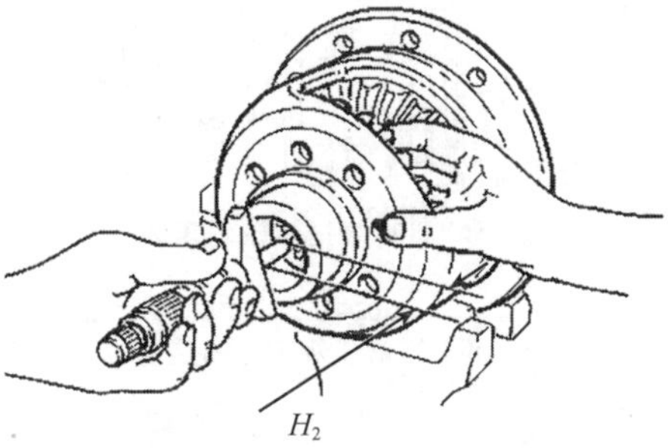

图 3-22 测量尺寸 H_2

在右半轴齿轮上重复上述工作。左、右半轴齿轮不带垫片时的轴向浮动量间隙为:

$$G_s \text{ 或 } G_d = H_1 - H_2$$

式中,G_s——左半轴齿轮轴向浮动量间隙,mm;

G_d——右半轴齿轮轴向浮动量间隙,mm;

H_1、H_2——在左、右半轴齿轮上测得的尺寸,mm。

SNH800 型拖拉机差速器行星齿轮与半轴齿轮的法向侧隙为 0.18 mm(东方红-1004/1204 为 0.20 mm),法向侧隙相对于半轴齿轮轴向间隙的平均比率为 1∶1.7,则对应于法向侧隙的半轴齿轮轴向浮动量为:0.18×1.7=0.30 mm。

因此,装入差速器壳体中的垫片厚度由下式计算:

对于左半轴齿轮:$S_s = G_s - 0.30$ mm;

对于右半轴齿轮:$S_d = G_d - 0.30$ mm。

拖拉机厂家提供的垫片厚度规格有 1.5 mm、1.6 mm 和 1.7 mm 三种,从中选取厚度最接近计算值的垫片装上。

五、差速锁的安装与调整

如图 3-23 所示,其安装与调整步骤如下:

(1)首先用工具压紧回位弹簧,组装差速器锁释放装置(用于机械操纵型)或释放板(用于液压控制型),不加调整垫片。

(2)如图 3-24 所示,将尺寸为 8.1～8.2 mm 的量规插入锁套和差速器壳体之间以便它能接触到锁套在壳体上的滑动面。用一根撬棍使锁套接触到量规和差速器壳体,并将差速锁拨叉调到量规的位置。

(3)检查差速锁套与差速器壳体之间的间隙,即差速锁套行程,该行程为 8.1～8.2 mm。

(4)用塞尺测量摆动销(2)与拨叉轴(3)上凹槽之间的间隙(用于机械操纵型),见图 3-25。

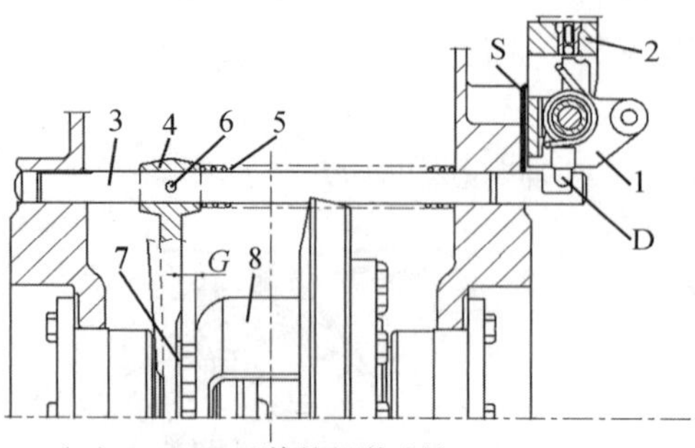

（a）SNH800 型拖拉机差速锁

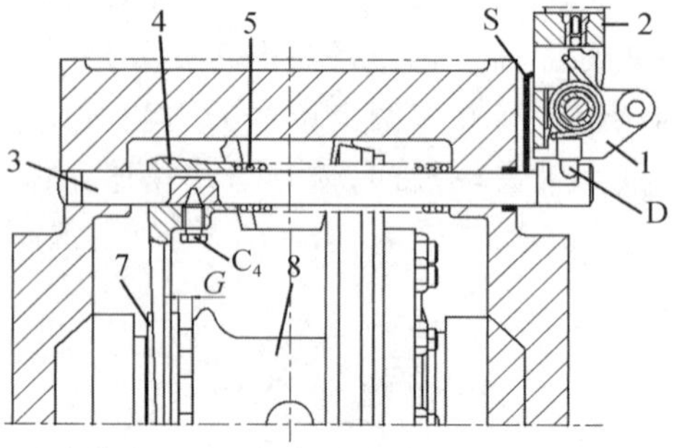

（b）东方红 -1002/1004 型拖拉机差速锁

C_4. 拨叉定位螺钉　D. 摆动销　G. 锁套行程，8.1~8.2 mm　S. 垫片
1. 差速锁手柄　2. 液压锁定分离装置　3. 拨叉轴　4. 拨叉　5. 弹簧　6. 柱销　7. 差速锁套　8. 差速器壳体

图 3-23　差速锁的安装与调整(液压操纵型)

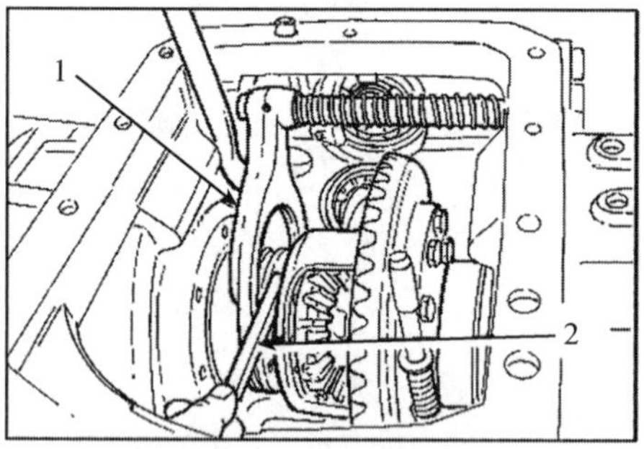

1. 差速锁拨叉　2. 量规（厂家工具号）

图 3-24　插入量规

(5)将所需的垫片放到差速器锁定分离装置下(用于机械操纵型),见图 3-26。

(6)为确保差速锁套的接合,踏板到地板之间的距离 H 应为 35～40 mm,如带驾驶室,到橡胶地板之间的距离 H_1 应为 15～20 mm,如图 3-27 所示。

(7)为了调整踏板距离,先把销轴(5)拆下,然后将锁紧螺母(2)放松,在调节叉(1)上正向或反向拧动连接杆(3)。

(8)调整完,用开口销把销轴(5)固定,并把锁定螺母(2)锁定。

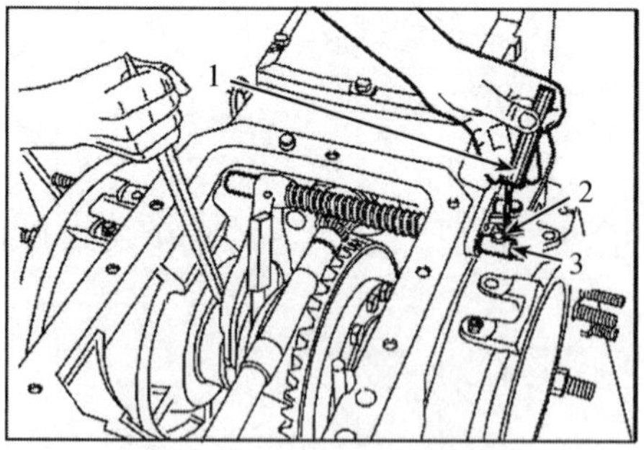

1. 塞尺　2. 摆动销　3. 拨叉轴

图 3-25　测量摆动销与拨叉轴上凹槽之间的间隙

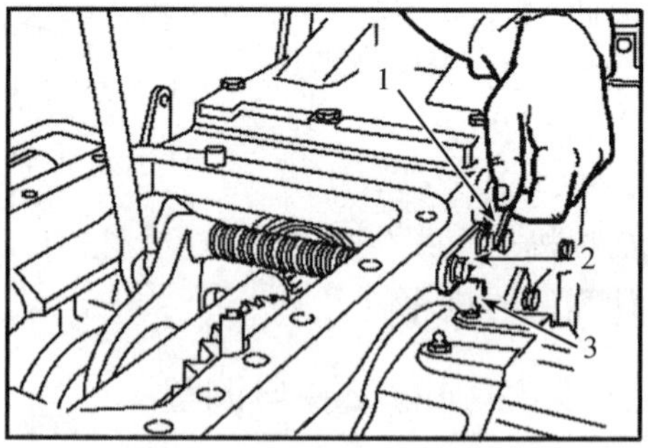

1. 调整垫片　2. 摆动销　3. 拨叉轴

图 3-26　在差速器锁定分离装置下安装调整垫片

六、最终传动装置的调整与装配

把最终传动壳体竖起来,按下述步骤进行装配:

(1)如需要更换半轴油封(12,见图 3-8),用合适的工具把新的油封装到正确的位置。

(2)将带着油封的半轴(11,见图 3-8)插入,用铜锤在驱动轮轴的法兰面上敲击,直到轴与

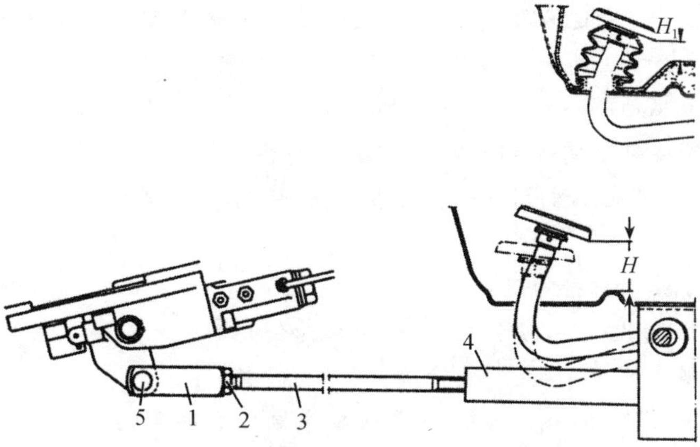

1. 前调节叉　2. 锁定螺母　3. 拉杆　4. 后调节叉　5. 销轴
H. 跳板与驾驶平台凸棱的距离　H_1. 跳板与驾驶室地板的距离

图 3-27　差速锁踏板的调整

轴承(16,见图 3-8)贴紧为止。

(3)把轴承(10,见图 3-8)装上,并装上行星齿轮保持架(8,见图 3-8)及端面间隙调整垫片(9,见图 3-8)。

(4)把半轴固定螺钉(18,见图 3-8)拧紧,拧紧力矩为 260 N·m。按如图 3-28 所示检查行星架端面轴向间隙,应为 0.2～0.4 mm。轴向间隙可用垫片调整。

(5)安装制动器壳体、最终传动壳体之前,要彻底清理结合面,去除油污并涂以直径为 2 mm 的密封胶束,如图 3-29 所示。

(6)把最终传动壳体固定螺母(5,见图 3-8)拧紧,拧紧力矩为 176 N·m,通过油杯(即润滑油嘴 14,见图 3-8)加注润滑脂。转动轮毂使润滑脂分布均匀。

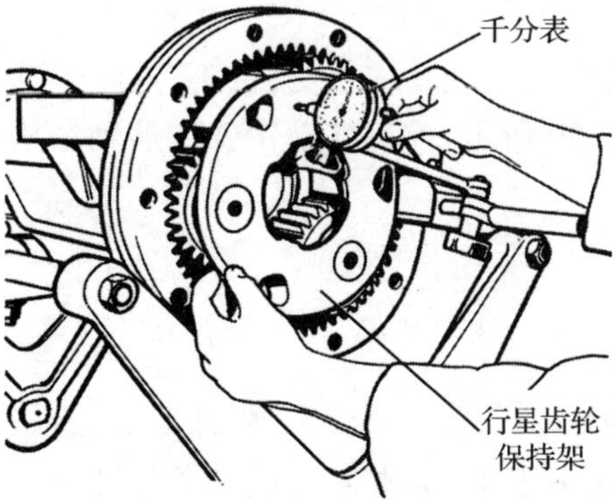

图 3-28　行星齿轮架端面轴向间隙的检查

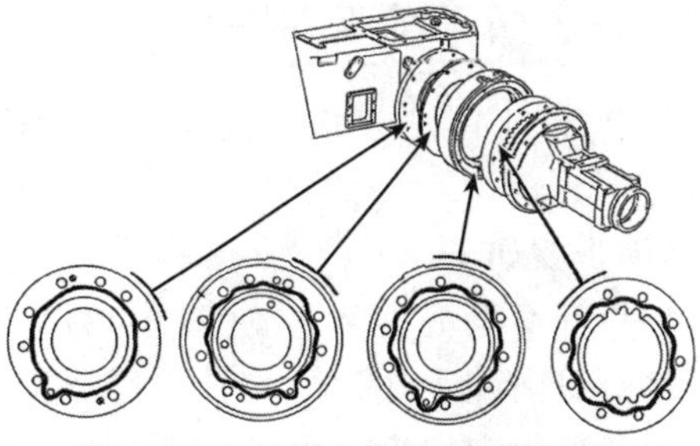

注：密封垫的形式参见厂家维修手册

图 3-29　制动器和最终传动安装在后驱动桥壳体上时的密封部位

3-4　实操训练　前驱动桥的拆装与调整

课程导入

与后驱动桥类似,其构造以箱体、轴套类零件为主。除箱体裂纹、渗漏等故障外,一般均需将驱动桥拆解进行维修。通过前驱动桥的拆装使学生熟悉前驱动桥的结构和工作原理，进一步掌握轴类零件的拆装方法和调整方法。

1. 前驱动桥与后驱动桥在结构上有哪些异同？

2. 前驱动桥的哪些部位需要调整？如何进行调整？

3. 查阅相关资料，确定 SNH1004 型拖拉机前驱动桥的调整数据和连接部位的扭紧力矩值。

4. 实训前需准备以下材料用具：

(1)待修拖拉机(以东方红-1004/1204 拖拉机为例)；

(2)常用拆装工具；

(3)驱动桥专用拆装工具(按厂家维修手册要求制作或购买)；

(4)驱动桥专用调整工具(按厂家维修手册要求制作或购买)；

(5)千分尺、百分表等测量工具；

(6)吊装设备及吊索；

(7)专用支撑台架；

(8)零件摆放台和盛油盆；

(9)厂家维修手册和零件图册。

安全提示

1. 采用合适起重量的吊装设备吊装和移动所有重型部件。吊装和移动时应确保装置或零件有合适的吊索或挂钩支撑。确保起吊的重物下无人。

2. 大多数变速器齿轮润滑油中含有硫元素，可能导致皮肤发炎，所以工作时应戴手套。万一手与齿轮润滑油接触，要用肥皂反复洗净。

3. 在安装齿轮、花键轴等带尖角的零部件时要注意不要被尖角划伤。

4. 不得使用汽油或其他易燃液体清洗零部件。

一、车上拆下前驱动桥

东方红-1004/1204 拖拉机的前驱动桥结构如图 3-30 所示，前桥摆动销及传动轴结构如图 3-31 所示。

拆卸步骤如下：

(1)拆开蓄电池负极电缆(图 3-32)。

(2)拆下前配重(图 3-33)。

(3)拧下固定螺栓(2)，拆下传动轴护罩(1)，见图 3-34。

(4)拆下卡环(2)，沿箭头方向移动套筒(1)直至其从传动装置上的凹槽中脱出，见图 3-35。

(5)用吊带或尼龙吊索将前桥升起，将一个台架放到发动机油底壳下面。

(6)拆下转向油缸油管接头螺母(1)，拆开两根油管，见图 3-36。

(7)拆下前轮，见图 3-37。

(8)拧下前桥后支架固定螺栓(图 3-38)。

(9)拧下前桥前支架固定螺栓(图 3-39)，拆下前桥。

(10)将前驱动桥总成牢靠地固定在万能支架上(图 3-40)。

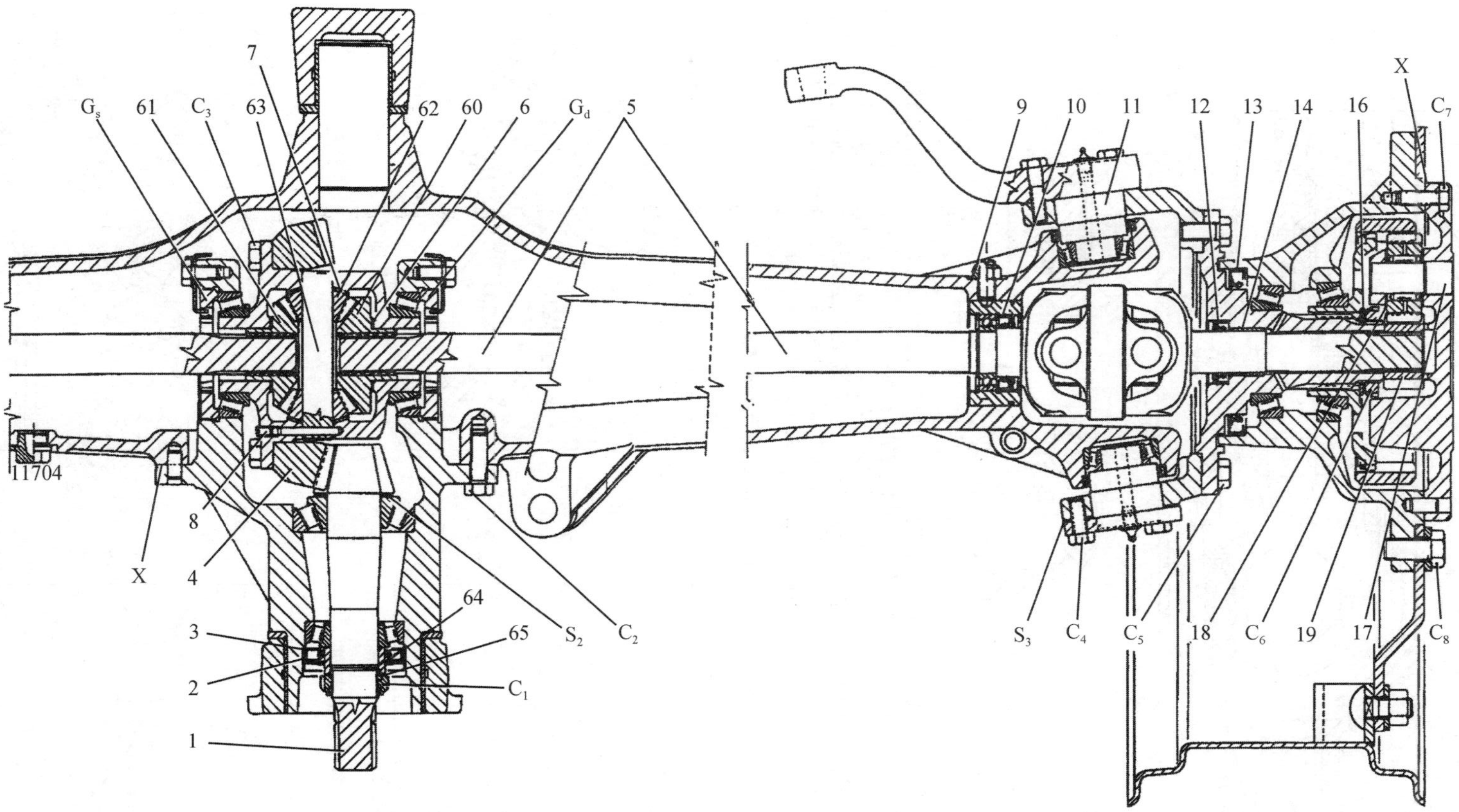

C_1. 小锥齿轮轴锁紧螺母　C_2. 锥齿轮传动支座连接螺钉　C_3. 大锥齿轮连接螺钉　C_4. 主销连接螺钉　C_5. 转向节连接螺钉　C_6. 轮毂轴承锁紧螺母　C_7. 最终传动行星架连接螺钉　C_8. 轮毂与辐板连接螺栓　G_d、G_s. 差速器轴承右、左调整螺母　S_1. 差速器轴承调整垫片　S_2. 小锥齿轮轴安装距调整垫片　S_3. 主销轴承调整垫片

1. 小锥齿轮轴　2. 油封　3. 小锥齿轮轴油封环　4. 大锥齿轮　5. 万向传动轴总成　6. 半轴齿轮调整垫片　7. 行星齿轮止推垫片　8. 行星齿轮轴固定螺钉　9. 半轴轴承座限位螺钉　10. 半轴轴承座油封　11. 主销轴承　12、13. 转向节油封　14. 转向节衬套　16. 止推垫片　17. 行星齿轮轴　18. 行星齿轮轴承挡圈　19. 太阳轮　60、61. 半轴齿轮　62. 行星齿轮　63. 差速器行星齿轮轴　64. “O” 形密封圈　65. 油封止动钢球

图 3-30　东方红 -1004/1204 拖拉机前驱动桥

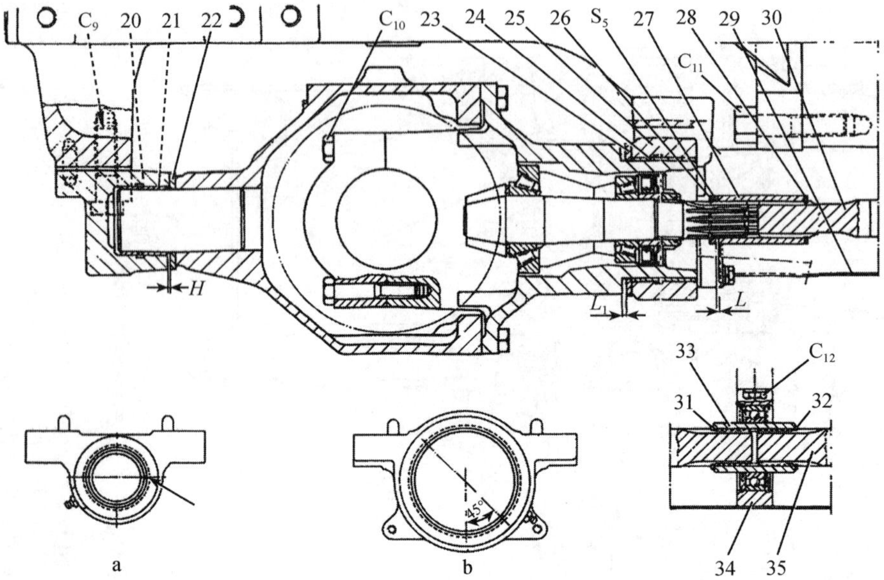

a、b. 前（a）和后（b）摆动销支座衬套的正确安装（衬套接缝对着箭头指示的位置） C_9. 摆动销支座连接螺钉 C_{10}. 差速器轴承盖连接螺钉 C_{11}. 前托架与油底壳连接螺钉 C_{12}. 传动轴中间支架连接螺钉 H. 前摆动销支座衬套安装深入量，1 mm L. 传动轴前套管轴向间隙，1.2~1.7 mm L_1. 前桥中央摆动销轴向间隙，0.3~1.1 mm S_5. 传动轴前套管调整垫片 20. 前桥摆动销前支座 21. 前桥摆动销前支座衬套 22. 前减摩环 23. 后减摩环 24. 后轴套 25. 前桥摆动销后支座 26、28. 卡环（前套管处） 27. 传动轴前套管 29. 传动轴护罩 30. 前传动轴 31、32. 卡环（中间套管处） 33. 传动轴中间套管 34. 传动轴带轴承中间支架 35. 后传动轴

图 3-31 前驱动桥摆动销及传动轴

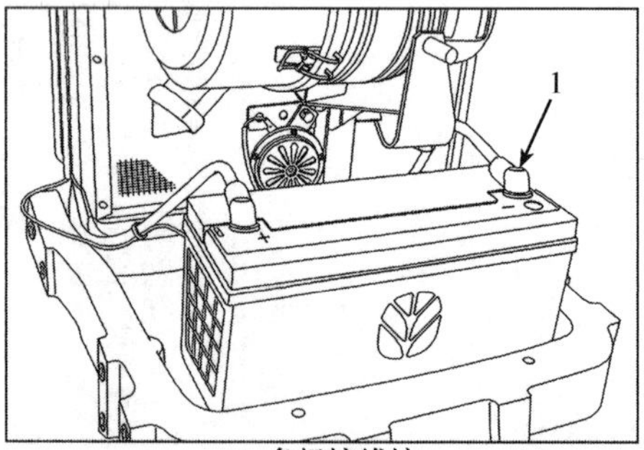

1. 负极接线柱

图 3-32 拆开蓄电池负极电缆

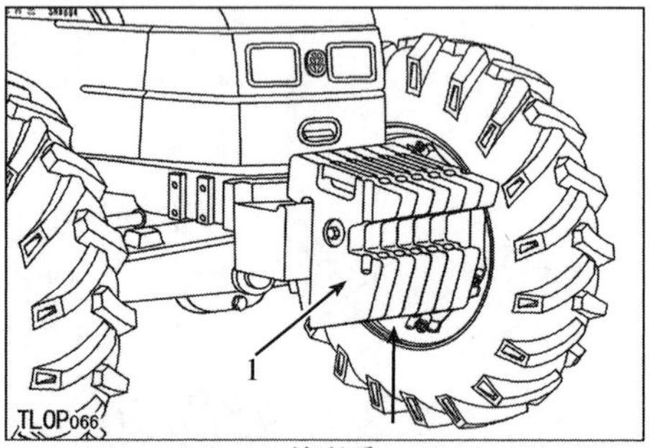

1. 前配重

图 3-33 拆下前配重

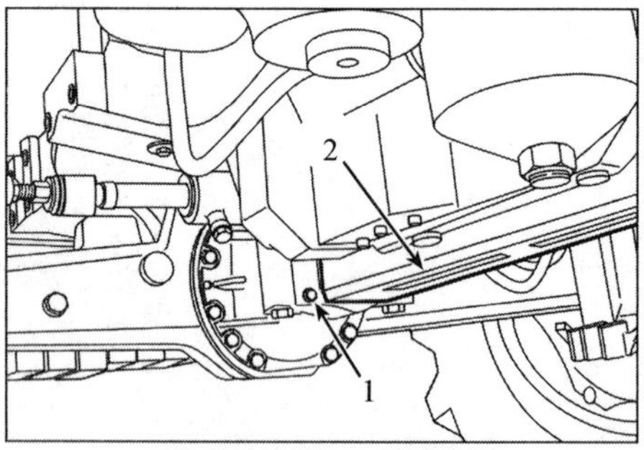

1. 传动轴护罩 2. 固定螺栓

图 3-34 拆下传动轴护罩

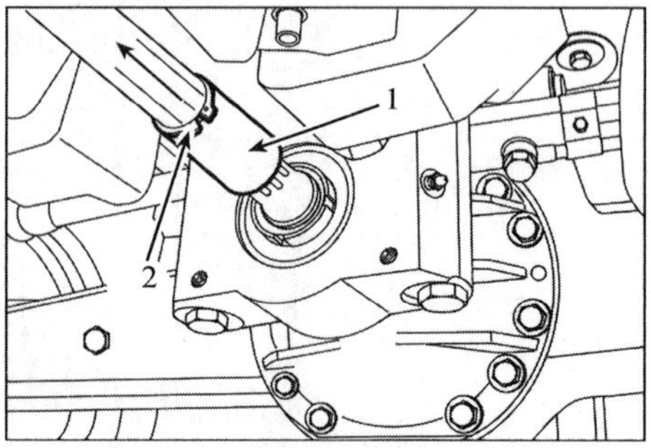

1. 套筒 2. 卡环

图 3-35 拆下传动轴前端套筒

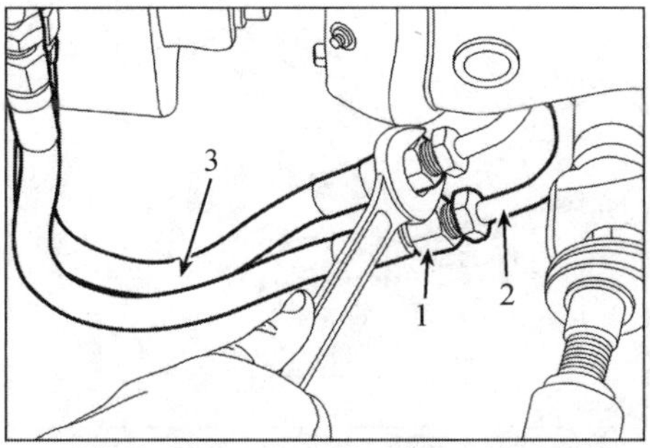

1. 油管接头螺母　2. 刚性油管　3. 软胶油管

图 3-36　拆开转向油缸油管接头

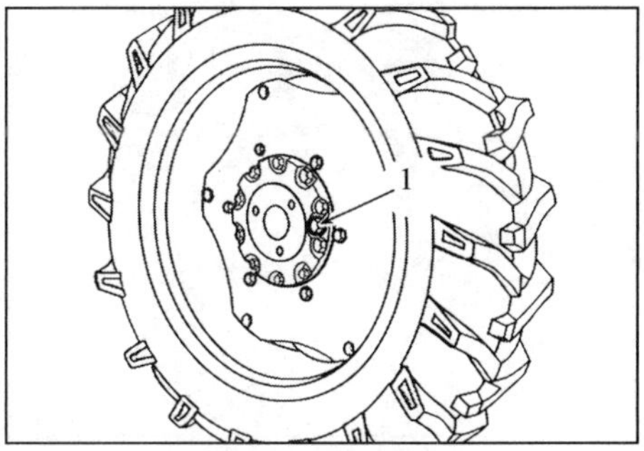

1. 前轮与轮毂连接螺母

图 3-37　拆下前轮

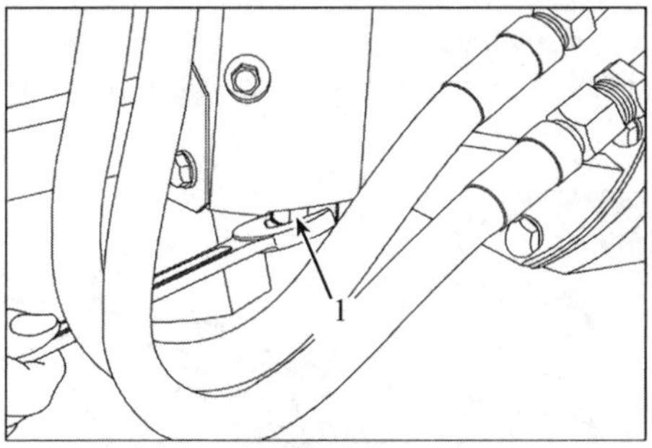

1. 固定螺栓

图 3-38　拧下前桥后支架固定螺栓

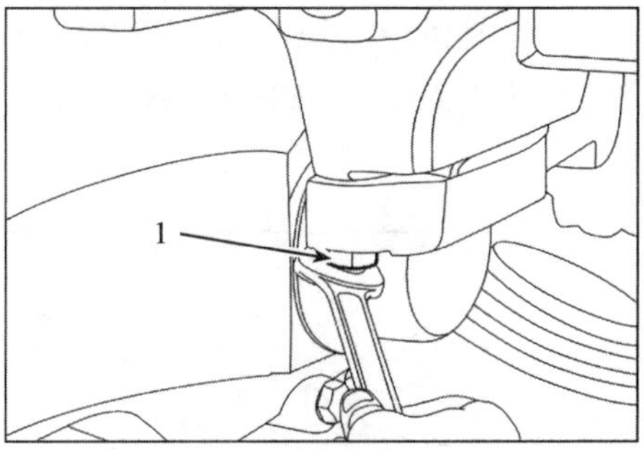

1. 固定螺栓

图 3-39　拧下前桥前支架固定螺栓

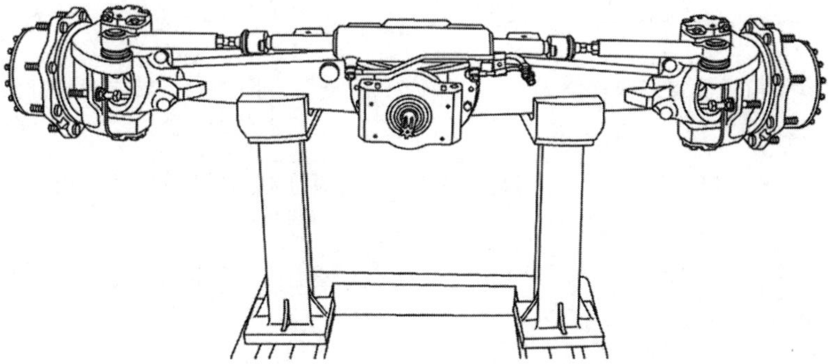

图 3-40　安装在万能支架上的前驱动桥

二、最终传动、轮毂和转向节的拆装与调整

装在拖拉机上的前驱动桥也可以进行检修工作。在这种情况下，要将拖拉机制动，并在前桥壳体的正中下方放一个支架。

（一）最终传动、轮毂和转向节的拆卸

按下述步骤拆卸零部件：

（1）拆下堵塞，放掉桥壳中的润滑油（图 3-41）。

（2）从左、右侧的最终传动壳体上拆下堵塞（图 3-42）。

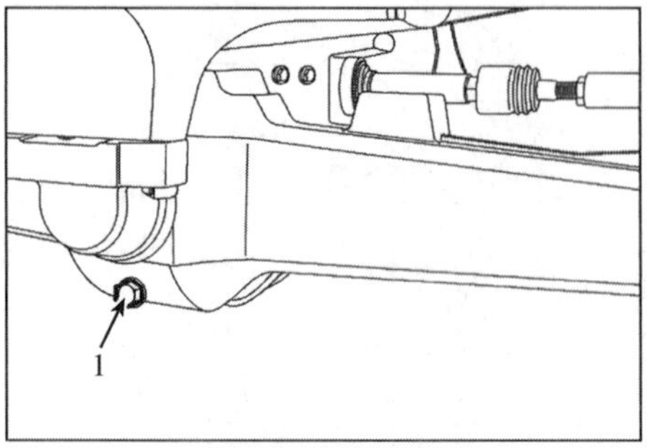

1. 放油（或加油）堵塞

图 3-41　放掉桥壳中的润滑油

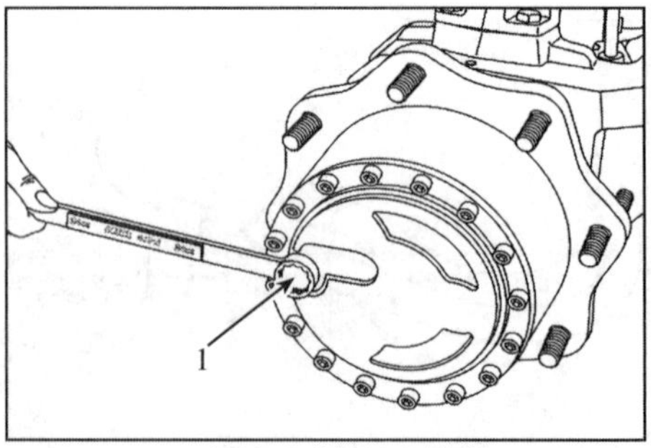

1. 放油（或加油）堵塞

图 3-42　放掉最终传动壳体中的润滑油

(3)拆下前桥后支架(图 3-43)和前支架。

(4)拆卸转向横拉杆螺母并用拉拔器使转向节与摆销壳体中的节座分离,拆下转向横拉杆(图 3-44)。

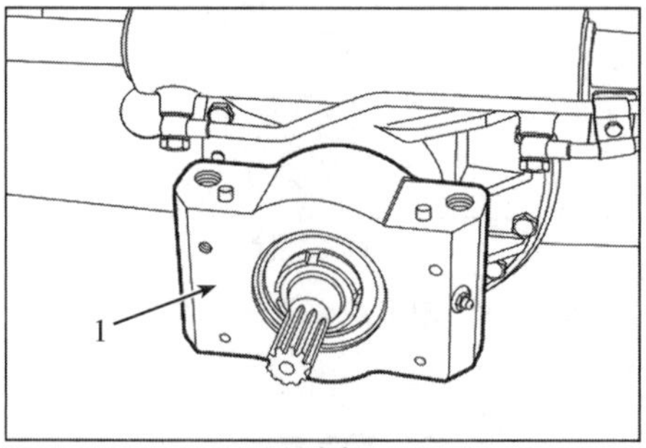

1. 后支架

图 3-43　拆下前桥后支架和前支架

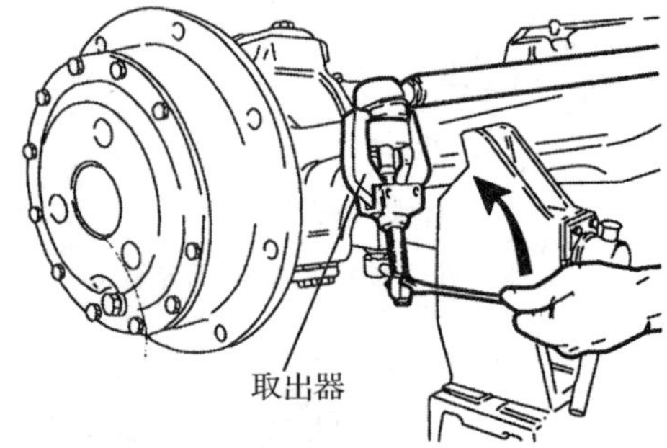

图 3-44　转向横拉杆的拆卸

(5)将最终传动装置的 10 个(注:有的机型是 8 个)连接螺钉拧下后,再拧松剩余的两个螺钉(图 3-45)。

(6)在加油堵塞孔上装一个滑动手锤拉力器,使用拉拔器拆下最终传动行星架合件(图 3-46、图 3-47)。

(7)拆卸太阳轮的前卡环(图 3-48)。

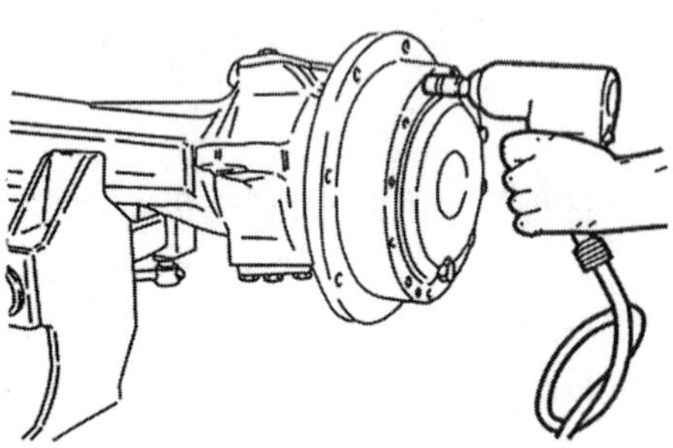

图 3-45　用气动扳手拆卸最终传动连接螺钉

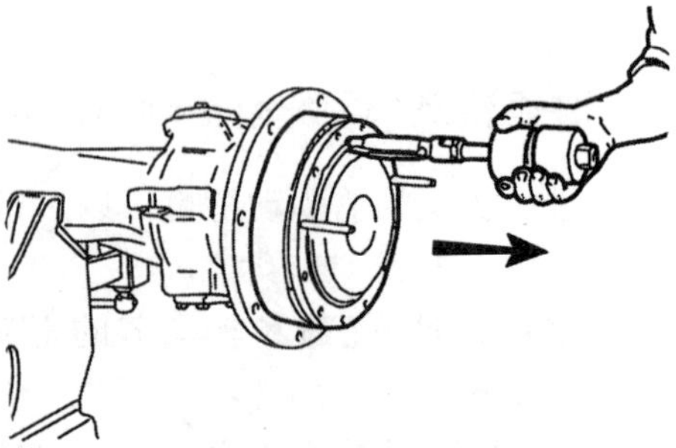

图 3-46　在加油堵塞孔上装一个滑动手锤拉力器

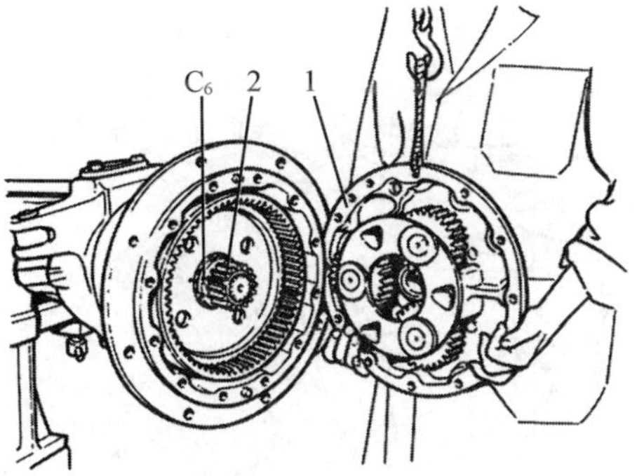

C_6. 轮毂轴承锁紧螺母
1. 最终传动行星架合件　2. 太阳轮

图 3-47　最终传动行星架合件的拆卸(装配)

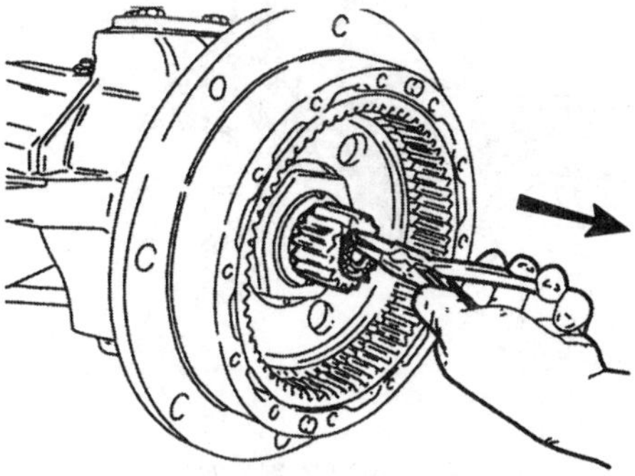

图 3-48　拆卸最终传动太阳轮的前卡环

(8)拆下太阳轮(图 3-49)。
(9)拆下太阳轮的后卡环(图 3-50)。

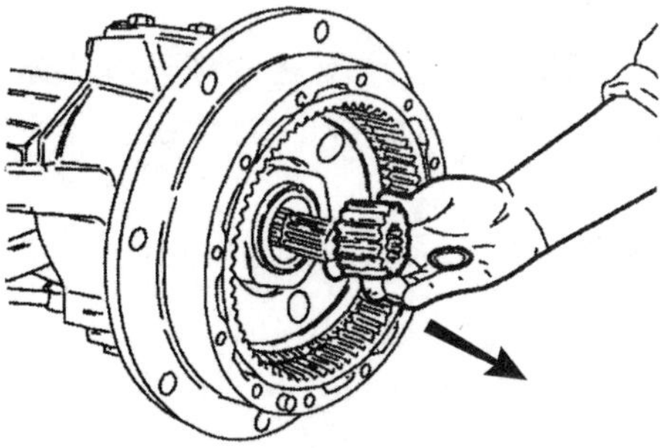

图 3-49　太阳轮的拆卸

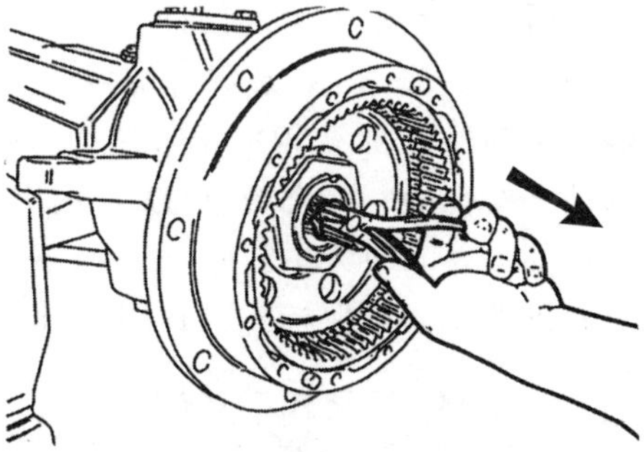

图 3-50　拆下太阳轮的后卡环

(10)用扳手松开轮毂轴承锁紧螺母(图 3-51)。
(11)从转向节上拆下齿圈固定座合件(图 3-52)。

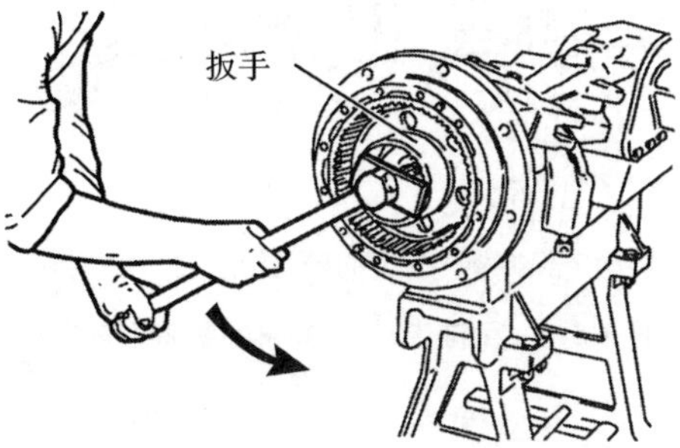

图 3-51　轮毂轴承锁紧螺母的拆卸

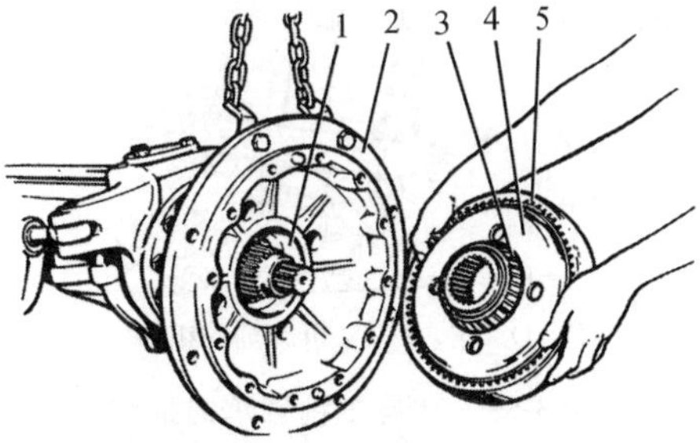

1. 轴承外圈　2. 轮毂　3. 轴承内圈
4. 固定齿座　5. 齿圈

图 3-52　齿圈固定座合件的拆卸(装配)

(12)拆下带有轴承外圈(1,见图 3-52)及相应油封的轮毂合件(图 3-53),小心不损坏油封。
(13)拆下带轮毂架的转向节(3,见图 3-54)。

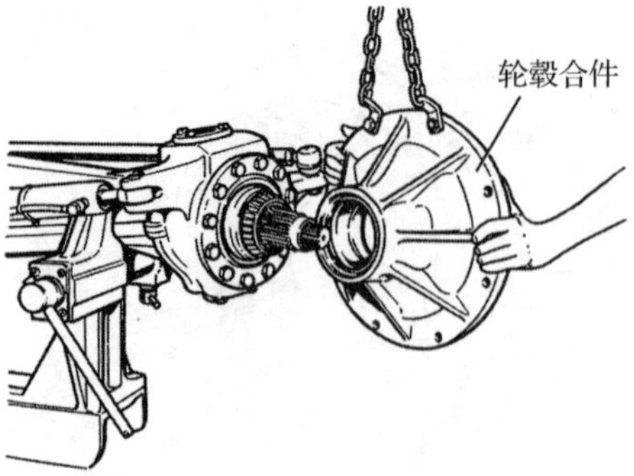

图 3-53 轮毂的拆卸(安装)

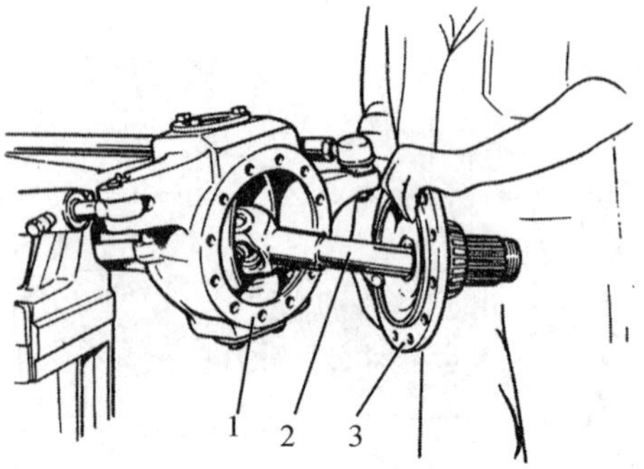

1. 转向节保持架 2. 万向传动轴总成 3. 转向节

图 3-54 转向节的拆卸(安装)

注意: 只有将最终传动总成拆下后,才能解体轮毂。如果转向主销轴承拆卸困难,则应使用专用拆卸器进行拆卸。

(14)拆下转向主销轴承端盖的连接螺钉(C_4,见图 3-30)。

(15)拆下主销轴承上的油杯。

(16)如图 3-55 所示,装好拆卸器的三个带螺纹的支柱(V)。三个支柱的螺纹拧入量应相同。装上拆卸器的桥架(P),并用螺母(D)与支柱固接。装上顶出螺钉(T),将螺钉完全拧入轴承的油杯座孔中。转动螺母(D_1),取出轴承。

(17)如图 3-56 所示,拧下半轴轴承座限位螺钉(9,见图 3-30),将万向传动轴总成(2)拉出。

(18)拆下转向节保持架(1)(图 3-56)。

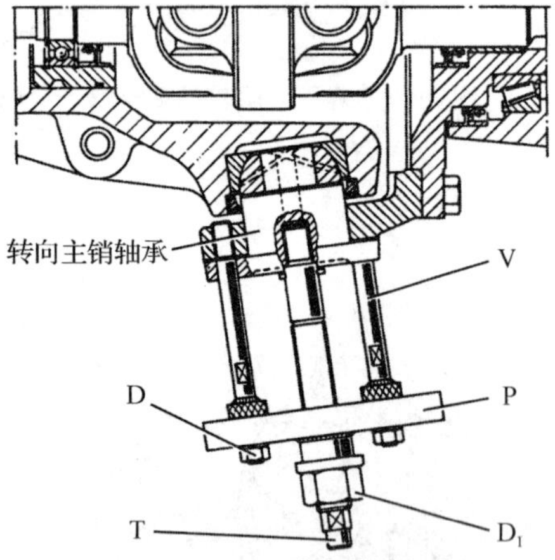

D、D_1、P、T、V.拆卸器的组件

图 3-55 转向主销轴承的拆卸

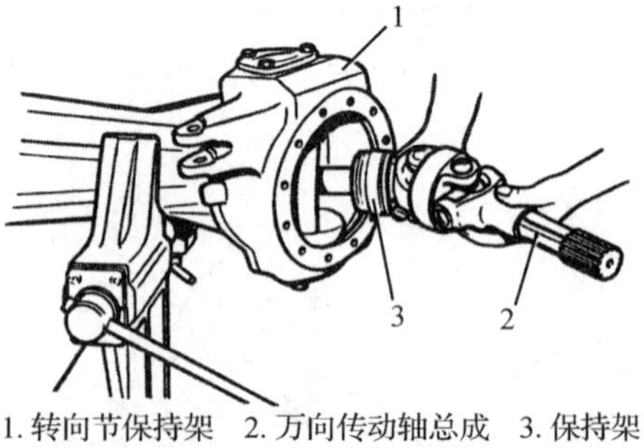

1. 转向节保持架 2. 万向传动轴总成 3. 保持架

图 3-56 万向传动轴总成的拆卸(安装)

(二)最终传动、轮毂和转向节的装配

按照与前述拆卸相反的顺序参照图 3-30 重新装配零部件,并注意以下几点:

(1)在安装最终传动行星架合件之前,彻底清除配合表面上的油渍,并涂以直径为 2 mm 的密封胶束(或密封垫),如图 3-57 所示。

(2)将万向传动轴总成插入前桥壳体中,并拧上限位螺钉,使半轴轴承座就位,装上转向节。

(3)按后文“主销轴承的调整”部分内容调整主销轴承的预紧。

(4)按后文“轮毂轴承的调整”部分内容调整轮毂轴承的预紧。

(5)用规定的机油注满轮毂和锥齿轮传动壳体。

(三)主销轴承的调整

如图 3-58 所示,按以下步骤操作:

(1)检查前桥壳体中的主销轴承外圈及防尘密封圈是否磨损。

(2)从主销顶盖和底盖上拧下油杯,在轴承外圈涂上润滑脂。

(3)装上顶盖(1),并拧紧螺钉至 64 N·m。

(4)装上底盖,不装调整垫片,紧固螺钉涂以柴油机机油。

(5)使用扭力扳手和工具(A),拧紧底盖固定螺钉,直至转向节的摆动力矩为 15～25 N·m。

(6)使用塞规在螺钉旁边测量底盖与转向节间的间隙值(H)。

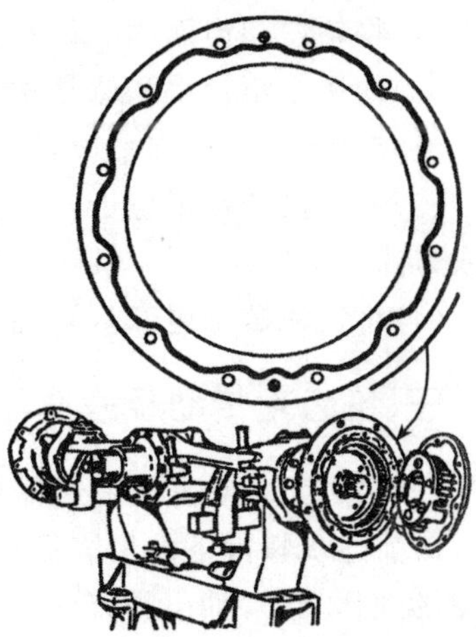

图 3-57 前桥最终传动壳体安装时使用的密封胶(或密封垫)

A. 转向节摆动力矩检验工具 H. 底盖至壳体端面之间的间隙 S_3. 转向主销轴承调整垫片
1. 顶盖 2. 底盖

图 3-58 转向主销轴承预紧的调整及调整垫片厚度的确定

取在 3 个螺钉旁测得的间隙的平均值,底盖下面垫片(S_3,见图 3-30)的厚度应为:$S_3 = H - 0.20$ mm。东方红-1004/1204 型拖拉机提供的主销轴承调整垫片共 5 种,厚度规格为 0.10～0.30 mm,每种垫片厚度相差 0.05 mm,从中选取最接近计算值厚度的调整垫片装上。

部分松开底盖固定螺钉,插入调整垫片,再拧紧螺钉至拧紧力矩为 64 N·m。

摆转转向节数次以使零件安装到位,使用带工具(A)的扭矩扳手检查转向节的摆动力矩应为 118～147 N·m。增加调整垫片厚度,摆动力矩值减小;减少调整垫片厚度,摆动力矩值增加。

将油杯分别装到顶盖和底盖上,并注入润滑脂。

(四)轮毂轴承的调整

如图 3-59 所示,操作步骤如下:

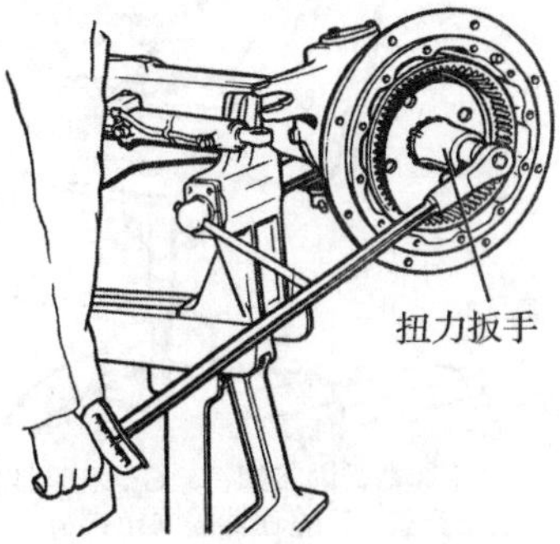

图 3-59 轮毂轴承的调整

(1)将轮毂和齿圈固定齿座合件装到转向节上。

(2)使用扭矩扳手和轮毂轴承锁紧螺母扳手逐渐拧紧锁紧螺母(C_6,见图 3-30)至扭矩为147～196 N·m。在拧紧锁紧螺母的同时,转动轮毂使转轴安装到位。

(3)完全松开锁紧螺母,再拧紧至力矩为 392 N·m。用手转动轮毂,应转动自如,不得松旷或卡滞。

(4)将锁紧螺母尾部打入轴槽中,以防螺母松动。(纽荷兰系列拖拉机为锁紧垫圈)

三、锥齿轮传动及差速器组件的拆装与调整

(一)锥齿轮传动及差速器组件的拆卸

按前述步骤拆下由最终传动、轮毂、转向节构成的最终传动总成。卸下半轴轴承座限位螺钉(9,见图 3-30),抽出带万向节的半轴(即万向传动轴总成,见图 3-60)。

拧下锥齿轮传动和差速器组件与桥壳的固定螺栓(1),然后从桥壳上拆下锥齿轮传动和差速器组件(2),见图 3-61。

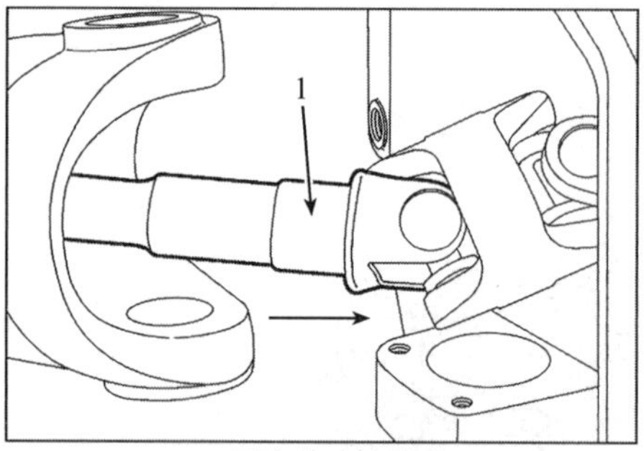

1. 万向传动轴总成

图 3-60 拆下万向传动轴总成

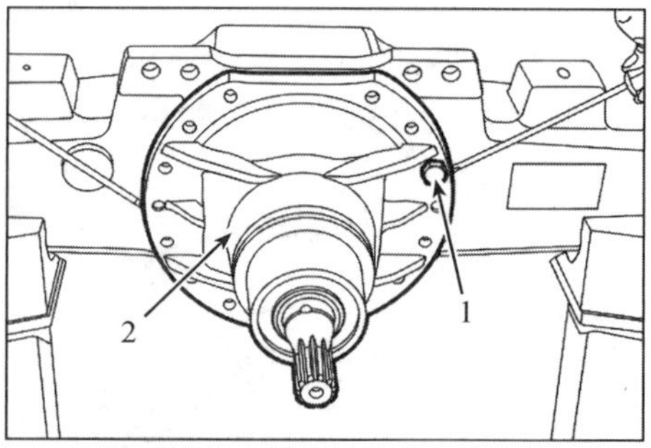

1. 固定螺栓 2. 锥齿轮传动和差速器组件

图 3-61 差速器盖固定螺钉的拆卸

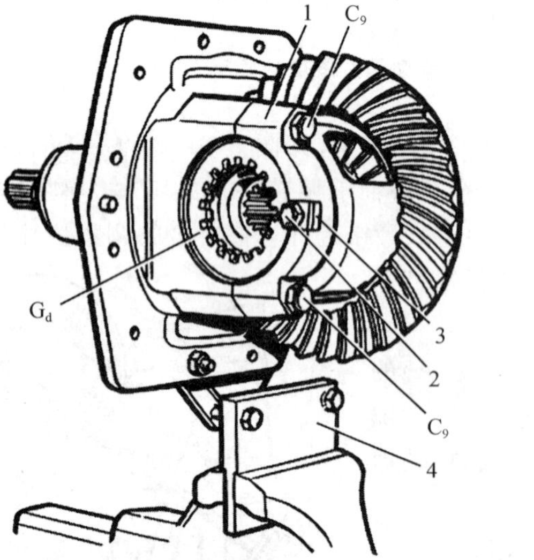

C_9. 差速器盖固定螺钉 G_d. 差速器右侧轴承锁紧螺母
1. 差速器盖 2. 差速器盖固定螺钉 3. 锁定环板 4. 支架

图 3-62 用台虎钳夹紧锥齿轮传动及差速器组件

(1)如图 3-62 所示,将锥齿轮传动和差速器组件用台虎钳夹紧。

(2)如图 3-63 所示,拆下差速器轴承调整螺母锁片,用套管扳手拧下调整螺母(G_s、G_d,见图 3-30)。

(3)拆下差速器盖固定螺钉(C_9,见图 3-62),取下差速器盖(图 3-64)。

(4)从差速器保持架上取下差速器壳体总成。查实差速器盖上已做了标记,以保证重新装配时安装位置正确(图 3-65)。

(5)拆下小锥齿轮轴上的卡环(图 3-66)。

(6)用冲子松开小锥齿轮轴轴承锁紧螺母(图 3-67)。

(7)用套管扳手拧下锁紧螺母(图 3-68)。

(8)退出定位钢球(图 3-69)。

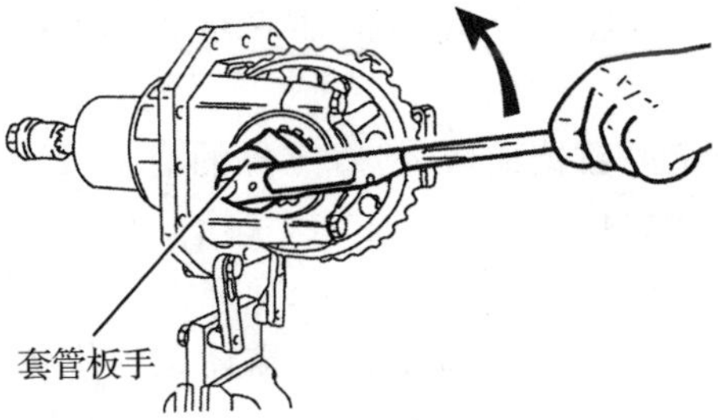

图 3-63　差速器轴承调整螺母的拆卸

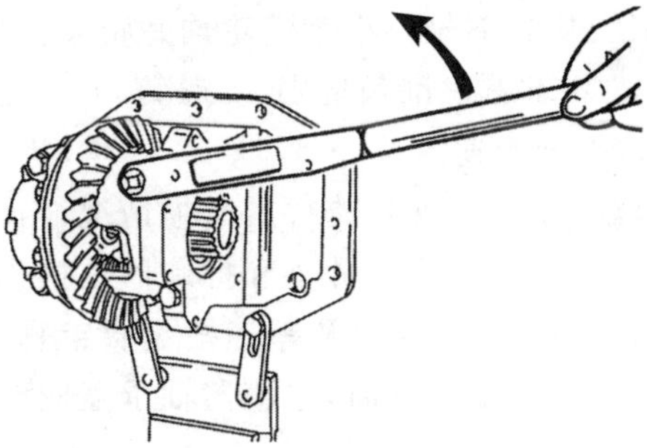

图 3-64　差速器盖固定螺钉的拆卸

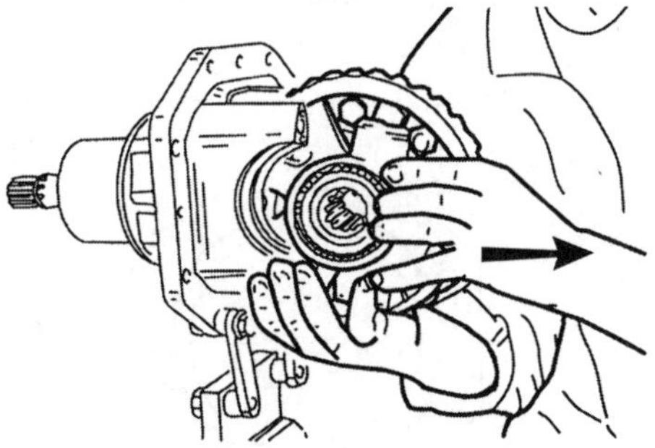

图 3-65　取下带大锥齿轮的差速器总成

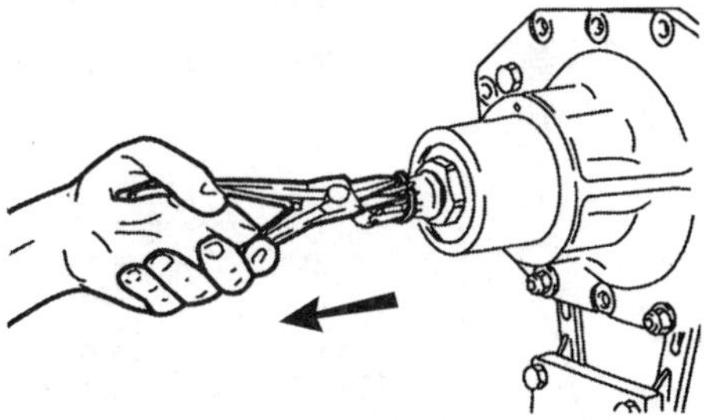

图 3-66　小锥齿轮轴上卡环的拆卸

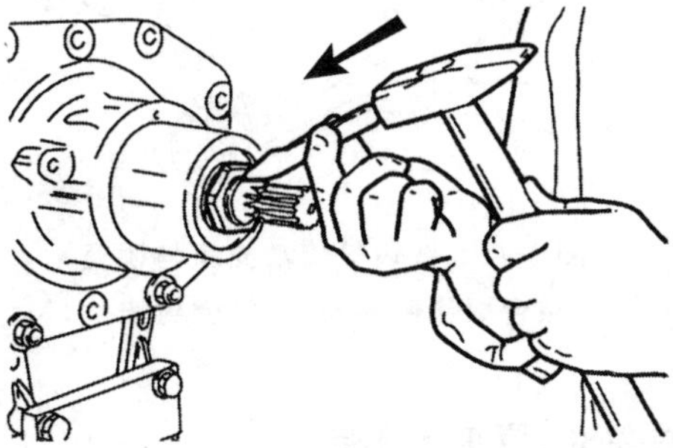

图 3-67　用冲子松开小锥齿轮轴轴承锁紧螺母

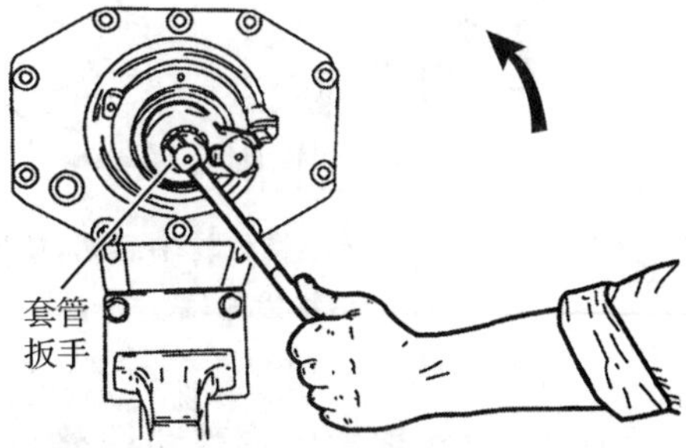

图 3-68　小锥齿轮轴轴承锁紧螺母的拆卸

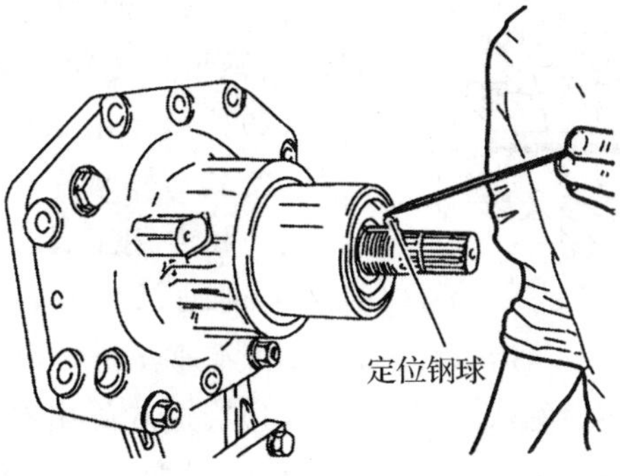

图 3-69　取出定位钢球

(9)从后部敲打小锥齿轮轴并将其拆出(图 3-70)。

(10)卸下大锥齿轮连接螺钉(C_3,见图 3-30)和差速器行星齿轮轴固定螺钉(8,见图 3-30),拆开差速器。

(11)检查差速器构件的磨损情况,与维修手册规定的数据比较,检查零件的磨损量。

(12)使用适当的冲子和拆卸器更换失效的轴承和油封。

(二)锥齿轮传动及差速器组件装配注意事项

(1)在重新装配时,差速器轴承盖应对准所做的参考标记,并按下面的描述调整锥齿轮传动及差速器组件。

(2)重新装配锥齿轮传动及差速器组件的步骤与拆卸步骤相反。

(3)彻底清除配合表面上的油污,如图 3-71 所示,涂以直径 2 mm 的密封胶(或加密封垫),并将锥齿轮传动及差速器组件固定到桥壳上。

(4)装配结束后,向前桥中注入规定的润滑油。

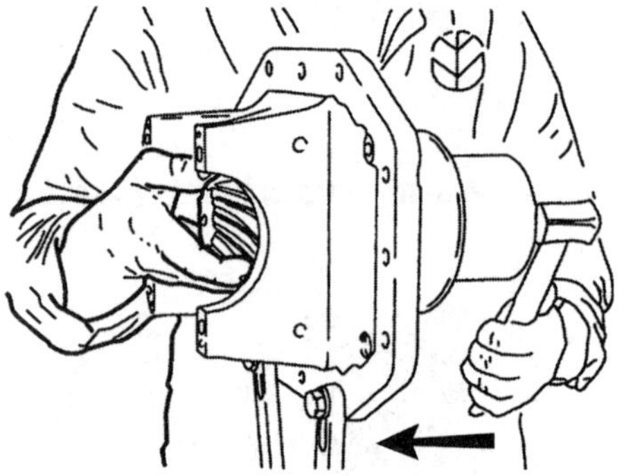

图 3-70　轻击小锥齿轮轴后端,抽出小锥齿轮轴

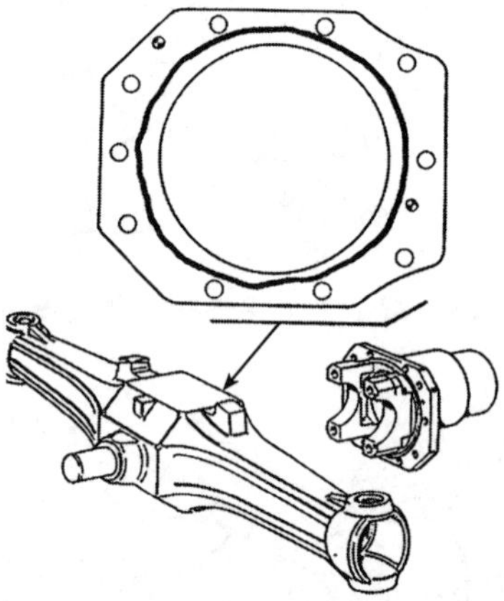

图 3-71　锥齿轮传动支座与桥壳结合面涂密封胶(或加密封垫)

(三)小锥齿轮轴承的调整和调整垫片(S_2,见图 3-30)厚度的确定

操作步骤如下:

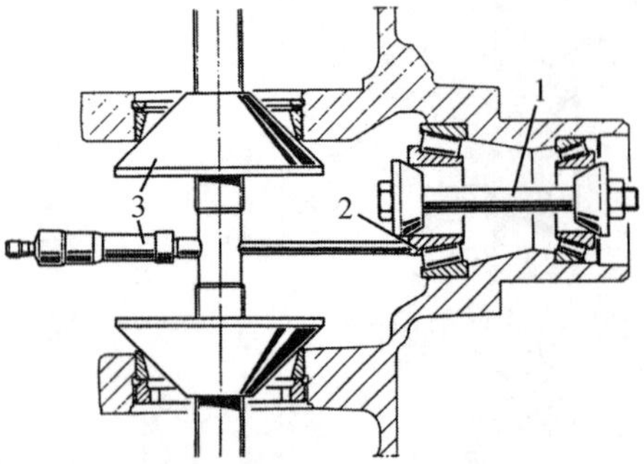

1、3. 专用工具　2. 小锥齿轮轴前轴承

图 3-72　确定小锥齿轮轴安装距调整垫片的厚度

(1)如图 3-72 所示,在锥齿轮传动支座上装上两个锥轴承外圈,再将专用工具(1)连同锥轴承内圈装入锥齿轮传动支座中。

(2)拧紧专用工具(1)的螺母,边拧边转动专用工具,使其与轴承配合好。

(3)将专用工具(3)装入锥齿轮传动支座中,同时装上锥轴承外圈、左右调整螺母(G_d、G_s,见图 3-30)和差速器盖(1,见图 3-62)。

(4)旋进或旋出专用工具(3)的锥环,使千分尺的测杆能对准小锥齿轮轴前轴承(2)的内圈,并消除两个专用工具锥环与差速器壳体锥轴承外圈之间的间隙。

(5)拧动千分尺，使其测杆与小锥齿轮轴前轴承(2)的内圈接触，然后读出测得尺寸(H_5)。

(6)大锥齿轮中心线到小锥齿轮轮背的实际尺寸为 H_7，按下式计算：

$$H_7=H_6+C$$

式中，H_6——大锥齿轮中心线到小锥齿轮背的公称尺寸，$H_6=115$ mm；

C——在小锥齿轮上标注的安装距的修正值，可为正值、负值或0。

(7)垫片厚度(S_2)由下式计算：

$$S_2=H_5-H_7$$

式中，H_5——千分尺测得的尺寸。

计算示例

用千分尺测量的尺寸 $H_5=118$ mm；

大锥齿轮中心线到小锥齿轮背的公称尺寸 $H_6=115$ mm；

安装距的修正值 $C=+0.2$ mm；

修正后的安装距尺寸 $H_7=115+0.2=115.2$ mm；

调整垫片厚度 $S_2=118-115.2=2.8$ mm。

东方红-1004/1204拖拉机提供的小锥齿轮轴安装距调整垫共13种，厚度规格为2.5～3.7 mm，每种垫片之间的厚度相差0.1 mm。从中选取最接近计算值厚度的调整垫片装上。

(四)小锥齿轮轴轴承预紧度的调整

调整步骤如下：

(1)将小锥齿轮轴轴承的两个外圈正确地安装到相应的位置上。

(2)将小锥齿轮轴内侧轴承内圈加热至100℃，连同小锥齿轮轴安装距调整垫片安装到锥齿轮传动支座上。

(3)使用通用拉力器将小锥齿轮轴装入锥齿轮传动支座内。

(4)将后轴承内圈装到小锥齿轮轴上，不要装到位，使内圈和外圈有2～3 mm的距离(这个间隙用手很容易检查)。

(5)将外圆表面涂了油的油封垫圈、止动钢球、油封、油封挡圈和小锥齿轮轴锁紧螺母依次安装到小锥齿轮轴上。

(6)如图3-73所示，将小锥齿轮轴止动工具(2)安装到小锥齿轮轴上，然后将锁紧螺母扳手(1)安装到锁紧螺母上，将套管扳手安装到止动工具上，使小锥齿轮轴静止不动，然后将锁紧螺母扳手(1)和一个扭力扳手按图示正确安装，拧紧锁紧螺母至扭紧力矩值为108 N·m，同时转动小锥齿轮轴。

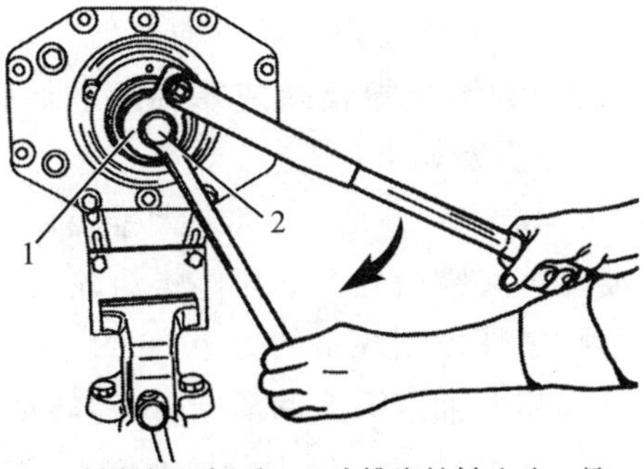

1. 锁紧螺母扳手　2. 小锥齿轮轴止动工具

图3-73　小锥齿轮轴轴承锁紧螺母的预紧

(7)如图3-74所示，画两条参照标记线，一个画在扳手上，另一个对准扳手上的标记线画在锥齿轮传动支座上。

(8)用一个卡尺，在扳手上从第1个标记处分别量出尺寸 14.5 mm(H_1)和 23 mm(H_2),刻出两个标记(3、4)。

(9)用合适的扳手使小锥齿轮轴静止不动,将锁紧母销拧松,使锥齿轮传动支座上的标记处在扳手上两个标记(3、4)之间。

(10)用合适的扳手使小锥齿轮轴静止不动,将锁紧螺母(C_1)稍稍拧松,使锥齿轮传动支座上的标记处在扳手上两个标记(3、4)之间。

注意:刻在扳手(1)上的两个标记相当于锁紧螺母转动 1/16～1/10 圈,即角位移 22.5°～36°。

(11)如图 3-75 所示,将扭力扳手(1)装在小锥齿轮轴止动工具(2)上,检查小锥齿轮轴的旋转力矩应小于 0.75 N·m。否则,松开锁紧螺母,更换后轴承内圈,重复上述操作。

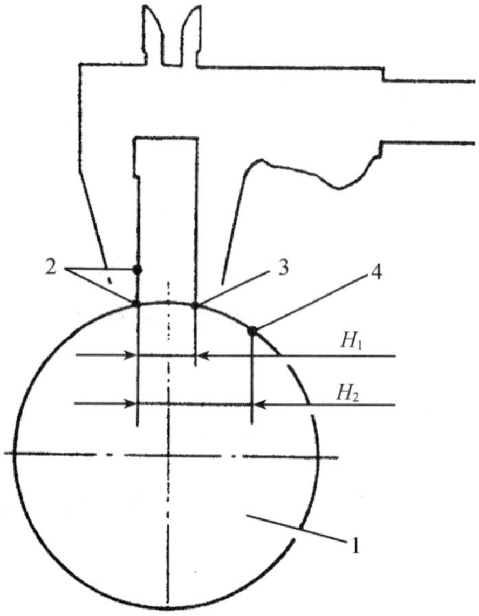

1. 锁紧螺母扳手　2. 刻在锁紧螺母扳手和锥齿轮传动支座上的参照标记　3、4. 刻在锁紧螺母扳手上的标记

图 3-74　小锥齿轮轴轴承预紧度的调整

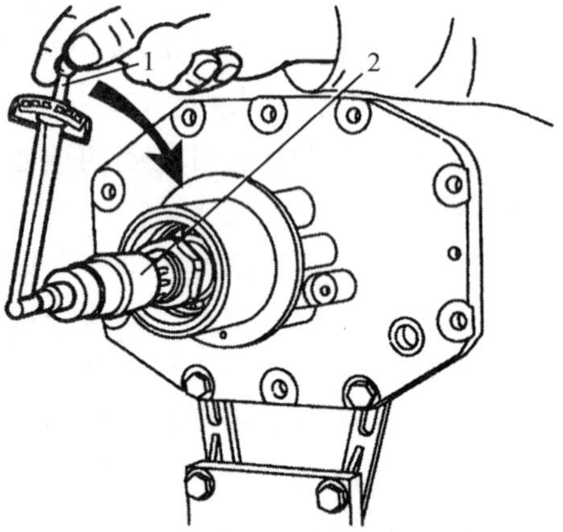

1. 扭力扳手　2. 止动工具

图 3-75　小锥齿轮轴转动力矩的检查

(12)用冲子将锁紧螺母的尾部打入轴上的键槽中,以防螺母松动。

(五)大锥齿轮及差速器轴承的调整和锥齿轮传动齿侧间隙的检查

操作步骤如下:

(1)如图 3-76 所示,将带大锥齿轮和两个圆锥轴承的差速器总成安装到锥齿轮传动支座上,要保证大锥齿轮不挤压小锥齿轮,拧紧瓦盖螺栓(图 3-77),拧紧力矩为 59 N·m。然后拧松,再拧紧螺栓到规定的力矩 20 N·m。

(2)将两轴承涂上润滑脂,一边转动大锥齿轮,一边用扳手拧紧左调整螺母,使拧紧力矩达到 29～49 N·m,以便消除所有涉及的零件相应的间隙,见图 3-78。

(3)如图 3-79 所示,将百分表以合适的角度置于大锥齿轮大端齿面上,测量锥齿轮侧间隙。按均布的三点测出齿侧间隙,取三点测量值的平均值,并与规定的标准间隙值比较(规定的标准间隙值为0.15～0.20mm,平均值约为0.18 mm)。如果齿侧间隙值在规定范围以外,则应拧退一侧调整螺母,拧进另一侧调整螺母,两侧调整螺母拧退拧进圈数要相等,并要重新调好轴承预紧力,获得规定的齿侧间隙值。

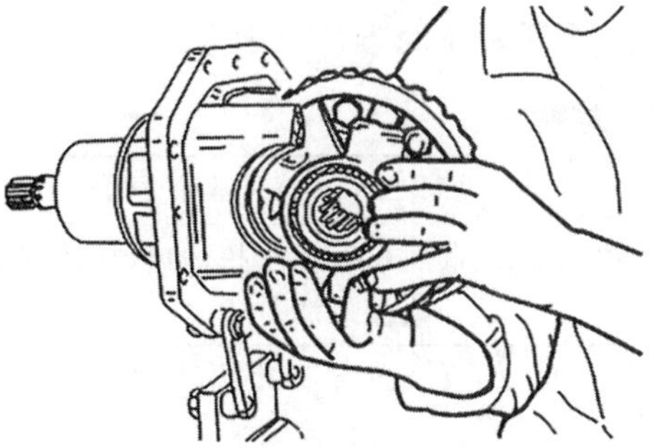

图 3-76 将带大锥齿轮和两个圆锥轴承的差速器总成安装到锥齿轮传动支座上

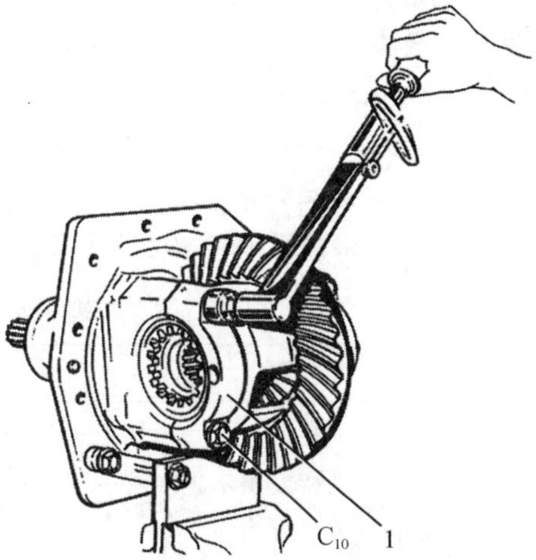

C_{10}. 大锥齿轮及差速器总成轴承盖
1. 轴承盖自锁螺母

图 3-77 安装大锥齿轮及差速器总成轴承盖

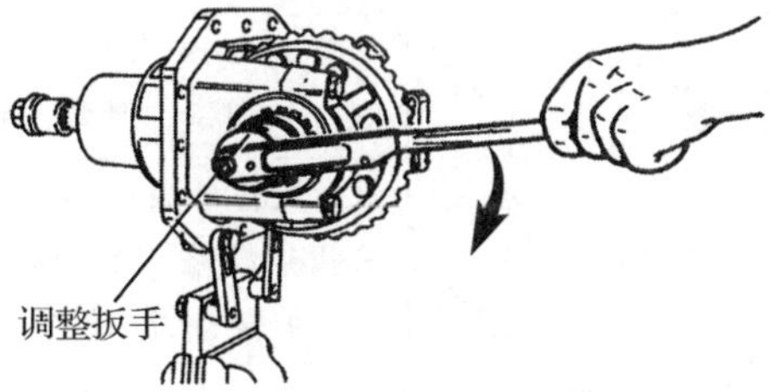

图 3-78 大锥齿轮及差速器轴承的调整

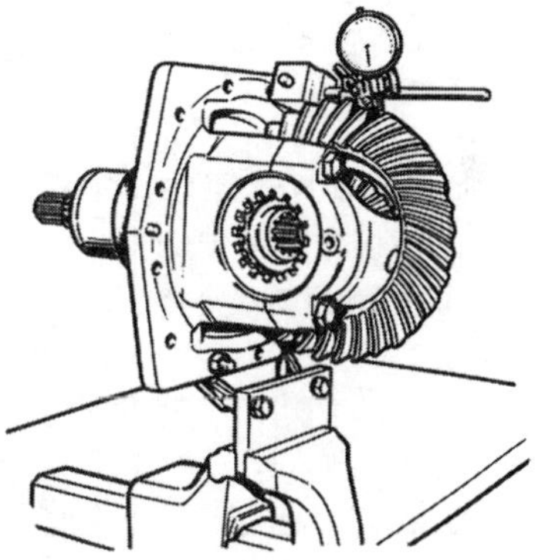

图 3-79 锥齿轮传动齿侧间隙的检查

在这种条件下,大、小锥齿轮轴承的转动力矩,在小锥齿轮轴轴承端测量应为:

$$A_2 = A_1 + A$$

式中,A_2——大、小锥齿轮转动力矩,N·m;

A_1——仅有小锥齿轮时的转动力矩,N·m;

A——大锥齿轮的转动力矩,在小锥齿轮轴端测量,测量用扳手为小锥齿轮轴止动工具(2,见图3-75)和扭矩扳手(1,见图3-75),0.5～1 N·m。

(4)拧紧大锥齿轮及差速器轴承盖(C_{10},见图3-77),拧紧力矩为113 N·m。再用锁止片锁住差速器壳体轴承右、左调整螺母(G_d、G_s,见图3-30),锁止片与调整螺母开槽不重合时,拧进或拧退调整螺母,使最靠近的开槽对准锁止片。

3-5 实操训练 驱动桥的故障诊断与排除

课程导入

驱动桥的多数故障都与噪音、振动、泄漏、过热和动力传递失效有关。诊断驱动桥的故障时，首先要检查油位，并进行路试。对于噪音和振动的诊断，可以通过路试或维修店内试验进行识别，注意后驱动桥的噪音和振动多在座椅或车身底板处。请查找一些拖拉机后驱动桥方面的故障案例与大家分享。

常见的驱动桥故障有噪音、过热及漏油等。其故障诊断及排除方法见表 3-2。

表 3-2 驱动桥的常见故障

故障	故障现象	可能的原因	排除方法
噪音和振动	运行时驱动桥发出不正常的响声。可分为空挡时、驱动时、滑行时、转弯时和加载时发出异响	1. 齿轮润滑油油量不足、油质变差，特别是油内有较大的金属颗粒	检查驱动桥油位，加注规定的润滑油
		2. 大、小锥齿轮调整不当	拆卸驱动桥，正确调整大、小锥齿轮轴承
		3. 差速器半轴齿轮与半轴花键轴或车轮半轴与最终传动花键轴间隙过大	更换损坏零件
泄漏	加油口、放油口螺塞处，油封、各接合面处或壳体上有明显的漏油痕迹	1. 加油口、放油口螺塞松动或损坏，通气孔堵塞	紧固加油口、放油口螺塞，疏通通气孔，更换损坏零件
		2. 油封磨损、硬化，油封装反，油封与轴颈磨成沟槽	更换油封或轴
		3. 接合面紧固螺钉松动，接合平面变形，漏装密封垫或密封胶	加装密封垫、涂抹密封胶，按规定的扭矩拧紧紧固螺钉
		4. 驱动桥壳体有缺陷或裂纹	观察壳体外表或用磁力探伤方法找到缺陷或裂纹，用胶补或焊补修复，严重时更换箱体
过热	拖拉机工作一段时间后，用手探试驱动桥壳体，有无法忍受的烫手感觉，有时伴随噪音	1. 齿轮油变质、测量不足或牌号不符合要求	加注规定牌号的润滑油至规定的油面高度
		2. 轴承预紧度过大	正确调整轴承预紧度
		3. 大、小锥齿轮啮合间隙过小	正确调整大、小锥齿轮啮合间隙
液压差速锁不工作	将差速锁开关置于接合或分离状态时，差速锁不工作	1. 驱动桥油面过低	加油至正确油位
		2. 油滤器堵塞	更换滤清器
		3. 液压泵故障	大修或更换油泵
		4. 差速锁开关损坏	更换开关
		5. 电磁阀未供电：接头断开或损坏，遥控开关损坏	恢复电路连接并修理或更换损坏的零件
		6. 差速锁控制电磁阀卡滞在未工作位置	修理或更换电磁阀
		7. 密封圈漏油，随之压力下降	更换损坏的密封圈

维修案例

故障一:一台轮式拖拉机,在前进或倒退时,驾驶员抬起离合器踏板车辆起步时听到后驱动桥发出清脆的撞击声,一旦车辆进入行驶状态,即无该声响。

诊断与排除:经多次试验,该情况每次都出现。于是将该车后驱动桥进行拆检,发现后驱动桥主减速器的主从动锥齿磨损严重,致使齿轮啮合间隙过大,更换主减速器的主从动锥齿后,该故障现象消除。

故障二:一台轮式拖拉机在进行转弯时,驾驶员听到后驱动桥传来轻微的"咔咔"声,该车在进行直线行驶时无该声响。

诊断与排除:在对该车后驱动桥进行彻底拆检后,发现差速器行星齿轮垫和半轴齿轮垫磨损严重,引起差速器齿轮啮合间隙过大,进而导致差速器工作时发出声响。更换差速器行星齿轮垫和半轴齿轮垫后,该故障现象消除。

学习情境4　制动系的拆装与维护

学习目标

- 能描述制动系的用途；
- 能描述制动系的工作原理；
- 能认知制动系组成部件，并说出它们之间的装配关系；
- 能选择适当的工具拆卸和安装制动器；
- 会诊断制动器故障并进行维修和保养。

4-1　必备知识　制动系的认知

课程导入

1. 制动系的功用及工作原理是什么？
2. 制动器有哪些类型？各有什么特点？
3. 制动操纵机构有哪些形式？由哪些部件组成？
4. 驻车制动器一般安装在什么位置？有什么作用？
5. 查阅相关资料，确定SNH800型拖拉机的行车制动器和驻车制动器属什么类型，其技术参数有哪些。

一、制动系的功用及工作原理

广义的制动系是泛指能使运动部件按意图迅速减速或停止运动的工作装置。本书所指的制动系是用于使车辆迅速减速和停车的制动装置。在拖拉机行进中，减小油门，可使其减速；切断传给驱动轮的动力(如将变速器换到空挡或使发动机熄火)，也可使其减速，直至停车。但采用以上办法，机车在停车前的滑行距离都太长，而且不能完全由人工控制，满足不了使用要求。因此，必须设置制动装置，使机车能在高速行进中由人工强制减速并迅速停车，即行车制动系。此外，还可使机车停在斜坡上不致滑溜，即驻车制动系。对拖拉机来说，在田间作业时还可用单边制动来协助转向，并配合离合器确保安全而可靠地挂接农机具。在履带拖拉机上，制动系往往又是实现转向的必要机构之一。

制动就是要使运动的部分迅速减速并停下来。目前拖拉机上广泛使用的制动方法是让转动部分和固定部分相互摩擦，依靠摩擦力矩使转动部分迅速停止转动。现以一台轮式拖拉机的蹄式制动器为例，说明制动系的工作原理，如图4-1所示。车轮上固定一个以内圆表面为工作面的制动鼓(2)，车桥上固定一底板，底板上由支承销(6)支承着两个弧形的制动蹄(5)，制动蹄的外圆表面紧挨着制动鼓的内圆表面。两制动蹄的上端之间安装有制动凸轮(1)。在不制动时，依靠回位弹簧(4)将制动蹄拉离制动鼓。制动时，踩下制动踏板，通过杠杆和拉杆使凸轮转动，将制动蹄向外张开，挤向制动鼓，利用制动蹄和制动鼓之间的摩擦作用，由静止不转的制动蹄使旋转的制动鼓停止转动。车轮停转后，车轮和地面之间只有滑动摩擦力，这个摩擦力也很大，因此整台车辆便会很快减速直至停车。松开踏板后，回位弹簧(4)使制动蹄恢复原位，消除对车轮的制动。

由此可见，制动系包括两大部分，其中用来直接产生制动力矩(摩擦力矩)的那部分称为制动器；用来操纵制动器的部分称为操纵机构。

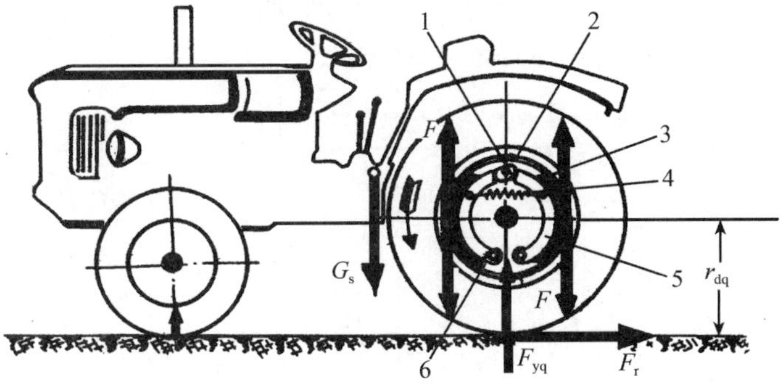

1. 制动凸轮 2. 制动鼓 3. 摩擦片 4. 回位弹簧 5. 制动蹄 6. 支承销
G_s. 拖拉机所受重力 F. 制动蹄与制动鼓间摩擦力 F_r. 由制动力矩引起的地面作用于车轮的切向力 F_{yq}. 由制动力矩引起的地面作用于车轮的法向力 r_{dq}. 车轮半径

图 4-1 制动器的作用原理简图

二、制动器的分类、构造及工作

拖拉机上广泛采用的是摩擦式(干式)制动器，借助摩擦力对车轮产生制动作用。制动器按结构分为带式、蹄式和盘式三种。

(一)带式制动器

带式制动器主要应用在履带式拖拉机上，由筒形制动鼓和一条钢带上铆有摩擦片的制动带组成。根据制动带拉紧方式的不同分为单边拉紧式、双边拉紧式和浮动支点式三种。如图4-2所示。

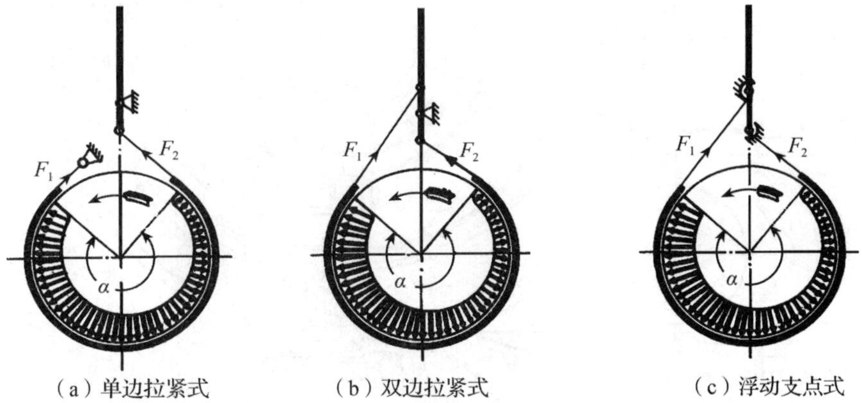

(a) 单边拉紧式 (b) 双边拉紧式 (c) 浮动支点式

F_1. 制动带紧端拉力 F_2. 制动带松端拉力 α. 摩擦衬带对制动鼓的包角

图 4-2 带式制动器简图

1. 单边拉紧式带式制动器

这种制动器一端铰链固定，另一端由杠杆操纵。拖拉机向前行驶时，制动鼓逆时针旋转，当制动带与制动鼓接触后，摩擦力使固定端的制动带进一步拉紧，故固定端拉力 F_1 增大，而操纵端的制动带则有被放松的趋势，故操纵拉力 F_2 减小；倒退行驶时，制动鼓顺时针方向旋转，固定端拉力与操纵端拉力的变化与拖拉机向前行驶时刚好相反，即固定端拉力 F_1 减小，操纵端拉力 F_2 增大。因此，拖拉机在向前行驶时，制动器有自行增力效果，且操纵省力；而在倒退行驶时，操纵费力，一般比前进时增大 5～6 倍。

知识链接

以下公式为制动带紧端和松端的拉力 F_1、F_2 的关系

$$F_1 = F_2 e^{\mu\alpha}$$

式中：e——自然对数的底；

μ——带与鼓间的摩擦系数；

α——带的包角。

例如，东方红-802 型拖拉机的带式制动器：$\alpha = 275°$，$\mu = 0.3$，则 $F_1 \approx 4.2 F_2$。

东方红-802 型拖拉机制动器就属于单边拉紧式带式制动器。其结构如图 4-3 所示。

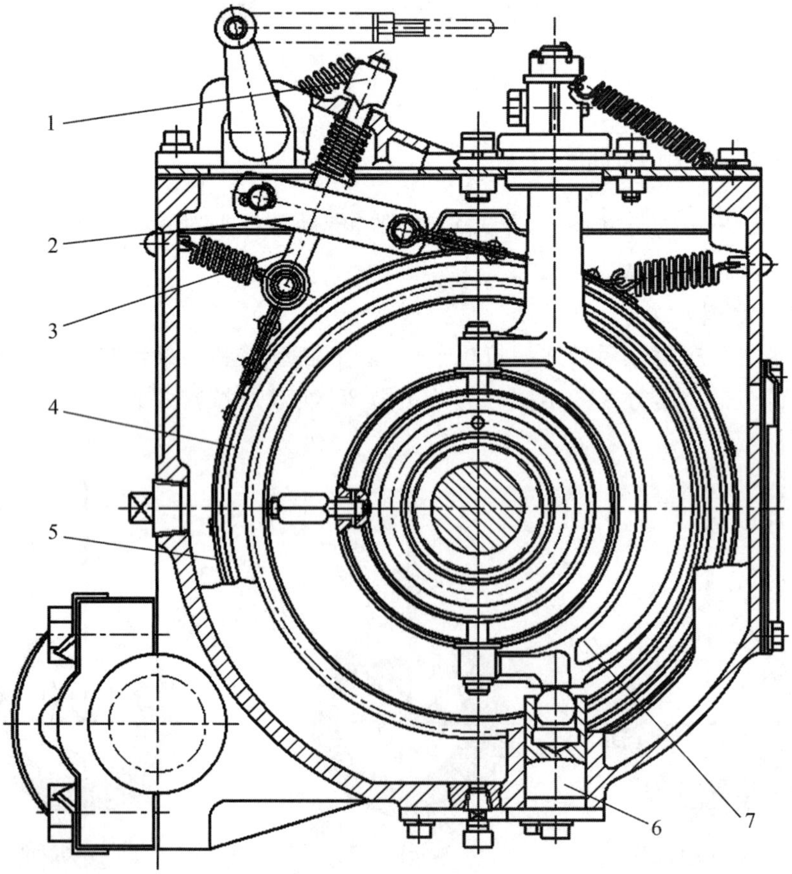

1. 调整螺母 2. 连接板 3. 拉板 4. 制动鼓 5. 制动带 6. 分离叉 7. 支座

图 4-3 东方红-802 型拖拉机制动器

制动带一端用拉板、拐臂拉杆和制动器踏板相连。另一端通过拉杆螺母支承在后桥壳体盖上。钢片制动带内侧铆有摩擦衬片，套装在制动鼓上，即转向离合器从动鼓。在不制动时，带与鼓有 2～2.5 mm 的间隙，称为制动器间隙。

2. 双边拉紧式带式制动器

这种制动器的两端分别与操纵机构传动杆相连。因此，当制动时制动带两端同时拉紧，无论前进还是倒退制动时，都是一半省力另一半费力。这种制动器由于双边拉紧，消除了制动带与制动鼓之间的间隙，所需踏板行程可减小。因此，可用增大操纵机构的传动比，减小操纵力。这种带式制动器的制动过程较单边拉紧式平顺些。东方红-28 型拖拉机采用这种制动器。

3. 浮动支点式制动器

这种制动带两端均与杠杆铰链连接，但无固定支点。当制动时，制动带接触制动鼓后，制动带连同传动杆一起，在摩擦力的带动下，顺制动鼓旋转方向转动，直至制动带一端靠在其邻近的支点上成为固定端为止，便为单边拉紧式带式制动器。制动鼓旋转方向改变，制动带另一端变成固定支点，仍然为单边拉紧式带式制动器。所以浮动支点式制动器无论是前进制动还是倒退制动操纵皆省力，缺点是构造较复杂。东方红-1002 型拖拉机采用这种形式的制动器（图 4-4）。

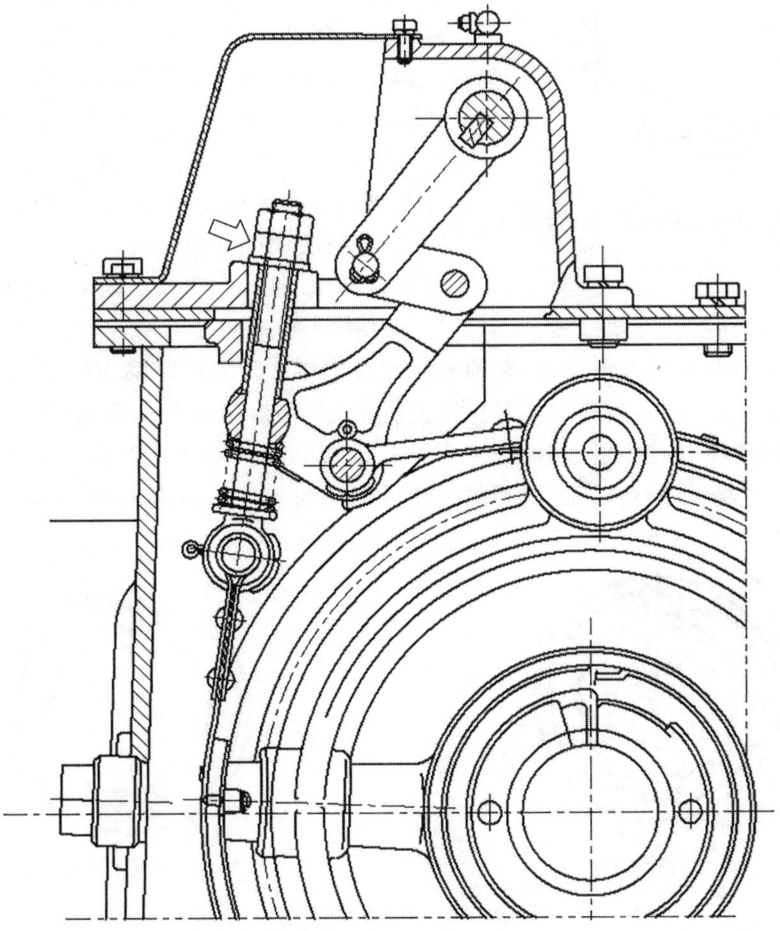

图 4-4 东方红-1002 型拖拉机制动器

带式制动器结构简单，但操纵费力，制动不够平顺，摩擦衬面磨损不均，散热较差，径向力较大。这种制动器较多地用于履带拖拉机上，因为它利用转向离合器的从动鼓作为制动鼓，便于结构布置，在轮式拖拉机上较少使用。

（二）蹄式制动器

微课：鼓式制动器

蹄式制动器也称鼓式制动器，其工作原理如前所述（图 4-1），它由制动鼓和制动蹄组成。

1. 分类

蹄式制动器按其结构形式可分为简单非平衡式制动器、平衡式制动器、自动增力式制动器和固定支点凸轮张开式制动器等。

所谓平衡性，是指左右制动蹄对制动鼓的压力是否相等，相等即为平衡式，否则为不平衡式；所谓对称性，是指在机车前进和倒退时，制动器的制动效能（即制动力矩）是否相同，相同即为对称式，否则为不对称式。

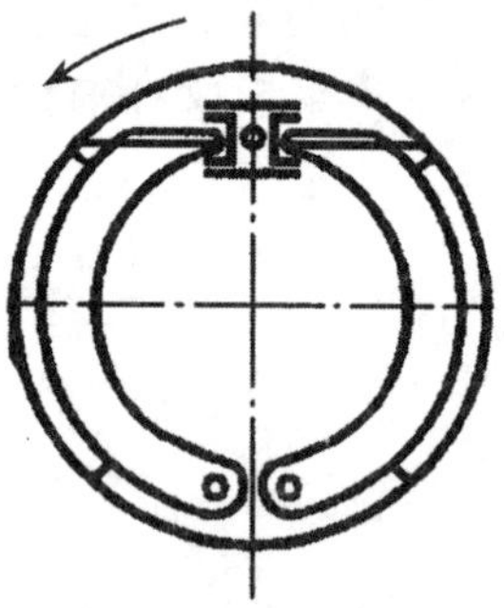

图 4-5　简单非平衡式制动器工作原理

（1）简单非平衡式制动器　如图 4-5 所示，这种形式的制动器两蹄支承点和张开力作用点是轴对称的，且对两蹄施加的张开力也是相等的。但两蹄对制动鼓的制动力矩却是不相等的。顺着制动鼓转动方向张开的制动蹄与制动鼓压得更紧，制动力矩增大，称为增势蹄；逆着制动鼓转动方向张开的制动蹄与制动鼓压紧力减弱，制动力矩减小，称为减势蹄。倒车时，两蹄的制动力矩与上述相反，因此制动效能不变。

该制动器的优点是结构简单，前进与倒车制动效能相同，磨损后调整方便，所以应用较多。缺点是两蹄压力不同，使摩擦衬片磨损不均匀，制动效能较差。

（2）平衡式制动器　平衡式制动器又分为对称平衡式和非对称平衡式两种，如图 4-6 所示。非对称式的左蹄支承点下端，而右蹄支承点在上端。左右制动蹄在一个旋向上都是紧蹄，在另一个旋向上都是松蹄，因此是非对称平衡式的（两蹄对制动鼓的压力相同）。这种制动器只能和对称式制动器同时使用，以保证倒车时有足够的制动效能。对称平衡式制动器的制动鼓正、反转制动时，两蹄都是紧蹄，因此前进和后退的制动效能均较高，但结构复杂。

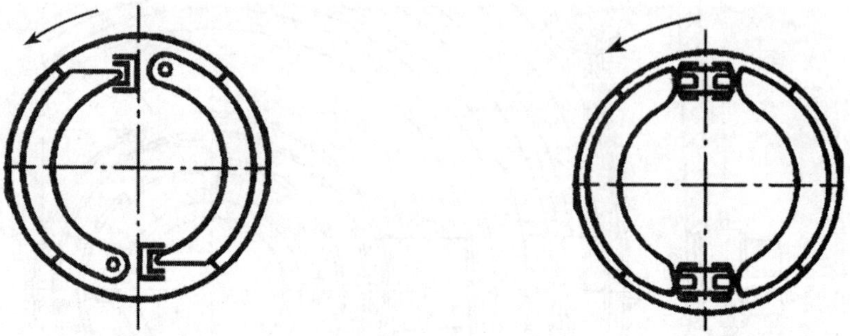

（a）非对称平衡式　　（b）对称平衡式

图 4-6　平衡式制动器

(3)自动增力式制动器　自动增力式制动器也有对称和非对称式两种，如图 4-7 所示。其特点是两制动蹄一端浮动铰接。对称式自动增力式制动器的制动鼓正转和反转时，两蹄交替为紧蹄和增力紧蹄。非对称自动增力式制动器前进时一个为紧蹄，另一个为增力紧蹄；倒车时一个为松蹄，另一个为增力松蹄。自动增力式制动器虽然制动效能较高，但它存在许多缺点，如制动力矩随操纵力增加而增加过猛，使工作不平顺、衬片磨损不均等。

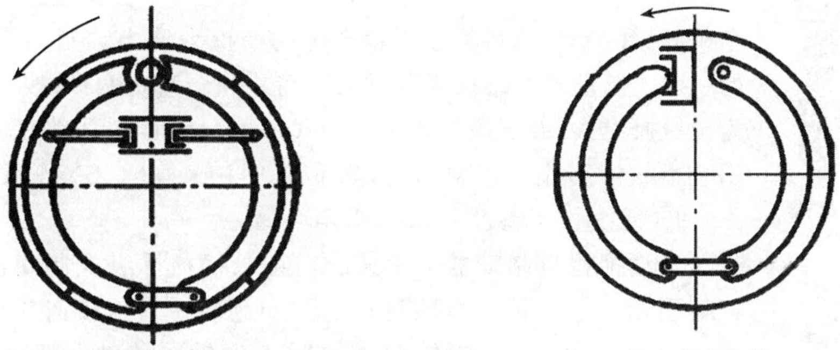

（a）对称式　　（b）非对称式

图 4-7　自动增力式制动器

(4)固定支点凸轮张开式制动器　如图 4-8 所示，这种制动器的蹄片由固定支点凸轮张开，很像简单非平衡式制动器。当摩擦片是新的时，通常是不平衡的。但经磨合后，该制动器便由非平衡逐渐达到平衡。

2. 蹄式制动器的结构

在轮式拖拉机中最普遍采用的是简单式双蹄制动器。制动鼓由螺栓连接在车轮上并随车轮转动。在制动鼓内，有一组制动蹄安装在制动底板上，基本结构如图 4-9 所示，一对制动蹄上铆有摩擦衬片，蹄的一端铰链连接在固定不动的底板上，另一端可进行径向运动。制动鼓是一个薄壁短圆筒，两制动蹄张开一般用凸轮或液压油缸控制。当踏下踏板凸轮转动时，两蹄张

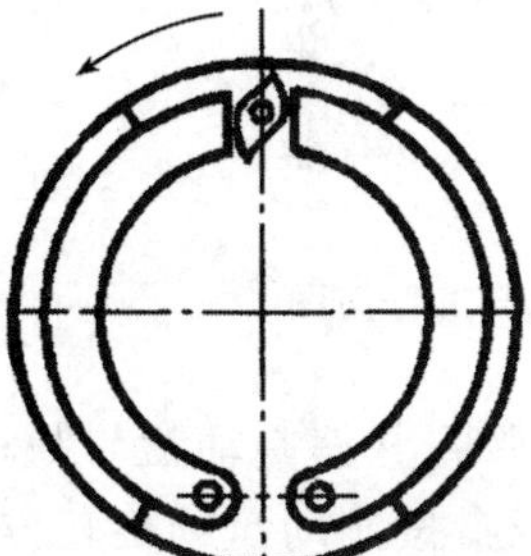

图 4-8　固定支点凸轮张开式制动器

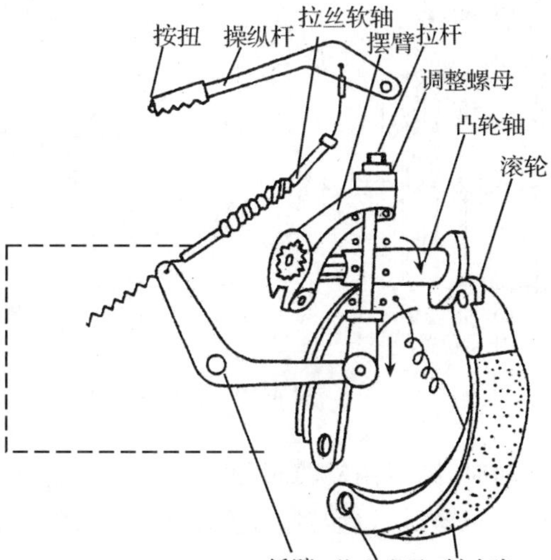

图 4-9　蹄式制动器结构

开压紧制动鼓内圆表面，产生摩擦力矩，使拖拉机减速或刹车。当松放踏板时，制动蹄在回位弹簧的作用下恢复原位，使制动蹄和制动鼓出现间隙，制动解除。

蹄式制动器操纵轻便，维修方便。但由于制动蹄片与制动鼓为圆弧面接触，制动平顺性较差，蹄片磨损后需要调整，而且制动鼓内容易进水或污物，使制动效能下降。

(三)盘式制动器

微课：固定钳盘式制动器

微课：浮动钳盘式制动器

盘式制动器结构上类似离合器，是通过与半轴花键连接的摩擦盘同与车桥固接的制动压盘相互压紧产生的摩擦力使半轴制动来实现车辆制动的。盘式制动器按结构不同分为钳盘式和全盘式两种；按操纵方式不同分为机械操纵式、液压操纵式和气动式三种。目前大中型轮式拖拉机普遍采用全盘式液压操纵型制动器，如上海 SH500/504、SNH 系列拖拉机等。

1. 铁牛-654 型拖拉机行车制动器

该型拖拉机制动器为干式、全盘式、机械操纵式制动器，其结构如图 4-10 所示。两片铆有摩擦衬片的制动盘装在差速锁齿轮轴上，与轴花键连接，既能与轴一起旋转，又能在轴上做轴向移动。两制动盘之间夹装两块环状压盘，它们浮动支承在制动器壳体的 3 个凸肩上。两压盘内侧面的 5 个卵形凹坑中装有钢球，并用 3 根拉紧弹簧将两压盘拉紧。每块压盘上有两个凸耳和一个铰链点，凸耳可与制动器壳上的凸肩压靠，铰链点上连接的连接杆与操纵杠杆相连。

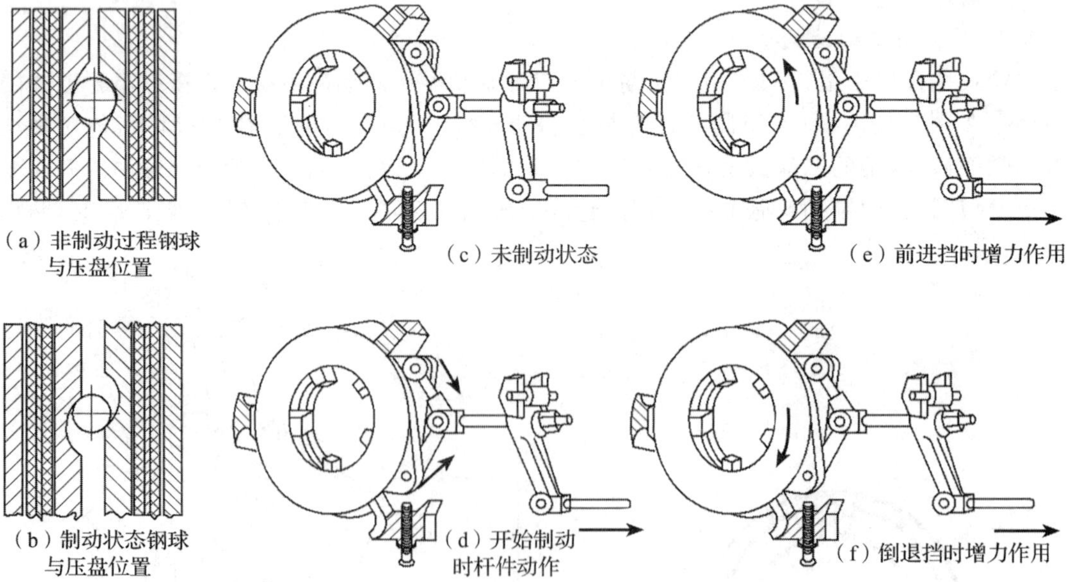

图 4-10　铁牛-654 型拖拉机盘式制动器结构与工作简图

制动时，踏下制动踏板使制动杠杆向上移动，将压盘向外张开并使制动盘与制动器壳体端面制动。压紧后压盘与制动盘之间产生摩擦力，该力带动两压盘按制动盘的旋转方向旋转，转过某一高度后，就有一个压盘的凸耳抓靠在壳体的凸肩上而停转，钢球向针槽更浅处移动，使压盘推动制动盘与端面压得更紧，制动力矩增大。因此，这种制动器有自行增力作用。

2. SNH800 型拖拉机行车制动器

该型拖拉机的行车制动器为湿式、全盘式、液压操纵式制动器。两个制动器分别位于左、右半轴壳体和最终传动壳体之间，其结构如图 4-11 所示。主要由制动油缸、制动活塞、制动摩擦盘、制动器衬盘等组成。

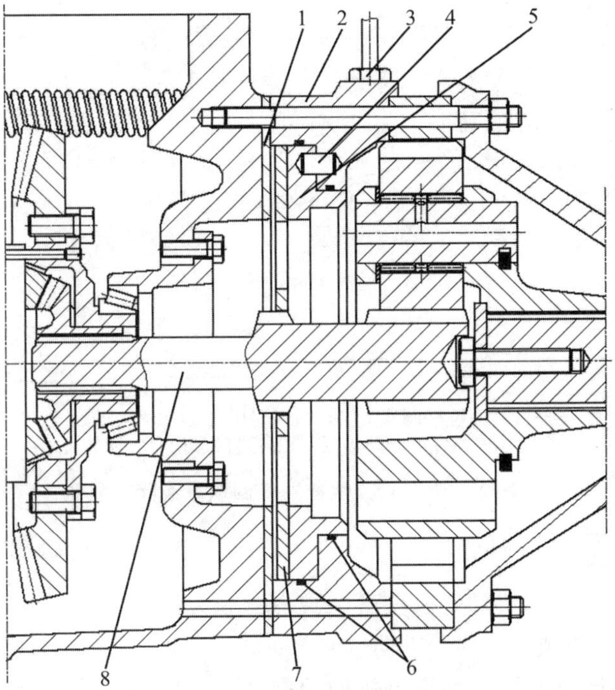

1. 制动器衬盘　2. 制动油缸　3. 制动器油管　4. 定位销　5. 制动活塞
6. 密封圈　7. 制动摩擦盘　8. 最终传动半轴

图 4-11　SNH800 型拖拉机行车制动器（右侧）

制动器衬盘(1)和制动油缸(2)通过螺栓连接在后驱动桥壳体上，制动活塞在制动油缸内可轴向移动，并通过定位销向制动油缸传递制动力矩。当踏下制动踏板时，压力油进入制动油缸环形腔内，推动制动活塞压紧制动摩擦盘，从而使最终传动半轴(8)制动。

盘式制动器除结构较复杂外，具有结构紧凑、操纵省力、制动效果好、摩擦片磨损均匀、间隙不需要调整、封闭性好、散热好、寿命长等优点，广泛应用在轮式拖拉机上。

三、制动系的操纵机构

操纵机构应满足制动系所提出的要求。操纵机构分为机械式、液压式和气压式三种，在拖拉机上大多应用机械式和液压式操纵机构。

1. 机械式操纵机构

如图 4-12 所示为铁牛-654 型拖拉机机械式制动操纵机构。踏板与制动器之间用一系列杠杆和连杆连接起来。该机构有左、右两个制动踏板，在田间作业时，可单独使用以协助转向。在运输时，用锁片将踏板连成一体使两驱动轮同时制动，以保证安全行驶。踏板上设有定位齿板和定位爪，以便在坡地长时间停车时，锁定制动器踏板。

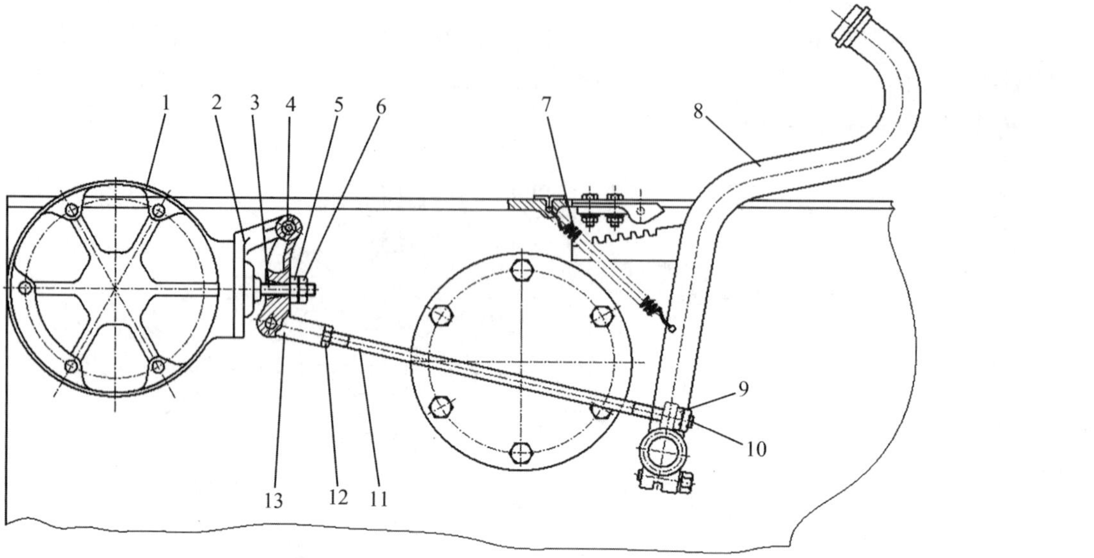

1. 制动鼓　2. 支座　3. 内拉杆调节叉　4、11. 拉杆　5、9. 调整螺母　6、10. 锁定螺母
7. 回位弹簧　8. 制动踏板　12. 拉杆螺母　13. 调节叉

图 4-12　铁牛-654 型拖拉机制动系统操纵机构

2. 液压式操纵机构

如图 4-13 所示为 FIAT90 系列拖拉机的液压式制动操纵机构，主要由制动踏板、制动油箱、制动油管、制动泵等组成。

如图 4-14 所示为该机液压制动操纵机构的制动泵结构图，主要由油缸体、活塞、活塞回位弹簧、补偿阀、平衡阀、分流阀等组成。制动总泵由制动踏板操纵，用于产生压力油推动制动器活塞使半轴制动。

(1)左右制动踏板连锁制动过程　如图 4-13(a)所示，当踩下踏板制动时，主油缸制动连杆(L_1、L_2)压动制动泵活塞(1、2)，活塞移动使补偿阀(3、4)关闭，切断了通往制动器油箱(S)的油路，同时打开平衡阀(5、6)以保证油压在整个回路中一致，在活塞的行程中，活塞压缩主油缸中的油，压力油通过分流阀(7、8)作用在制动器活塞上。完全制动时，系统的压力大约为 1.76 MPa。当制动器踏板放开时，压力油从制动器油缸的环状油腔中通过节流阀的节流，返回制动泵油缸，导致踏板缓慢回位。当活塞回到自由位置时，补偿阀打开，通往油箱的油路接通，平衡阀关闭。

(2)左右制动踏板独立制动过程　如图 4-13(b)所示，当踩下一侧制动器踏板时，活塞(1)在连杆(L_1)的作用下移动，补偿阀(3)关闭，从而关闭通往油箱的油路，平衡阀(5)打开，在相应的油缸建立起压力，在这些条件下，平衡阀(6)仍保持闭合，防止压力油与另一个油缸贯通。

注意：SNH800 型拖拉机制动器油箱的两个油腔对两个制动泵油缸分别供油，以保证即使一根制动油管失效，制动器也能有效地正常工作。

SNH 型拖拉机和纽荷兰 M 系列拖拉机采用的是另一种形式的制动泵，结构类似于汽车上用的制动泵。如图 4-15 所示。

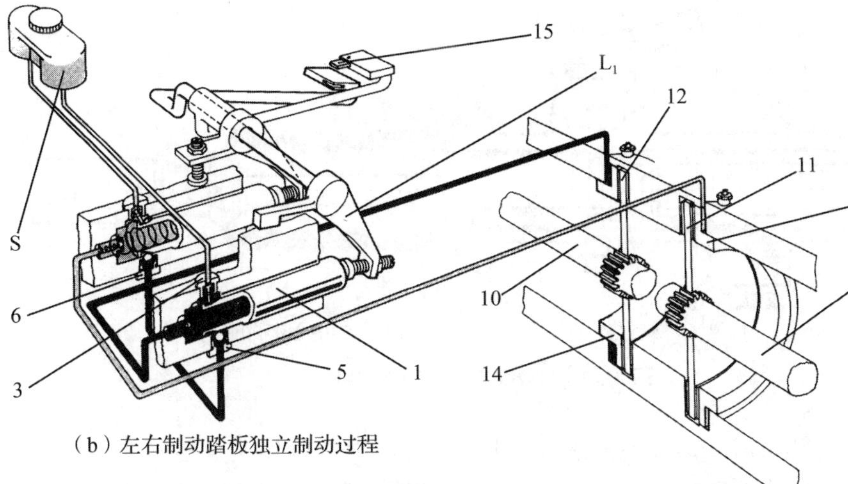

（b）左右制动踏板独立制动过程

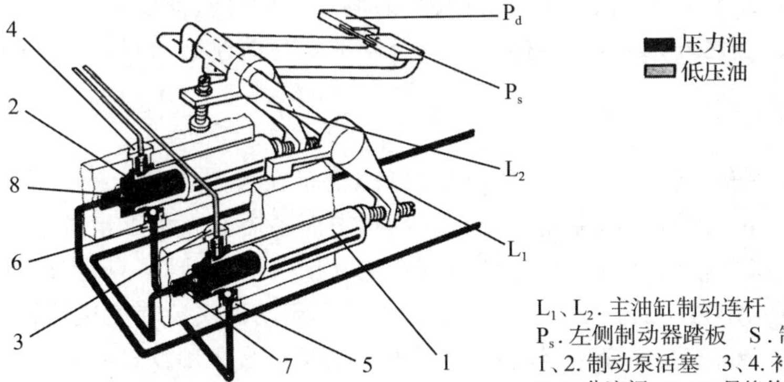

（a）左右制动踏板连锁制动过程

L_1、L_2. 主油缸制动连杆　P_d. 右侧制动器踏板　P_s. 左侧制动器踏板　S. 制动器油箱　1、2. 制动泵活塞　3、4. 补偿阀　5、6. 平衡阀　7、8. 分流阀　9、10. 最终传动半轴　11、12. 制动摩擦盘　13、14. 制动活塞　15. 联锁板

图 4-13　FIAT90 系列拖拉机液压式制动操纵机构

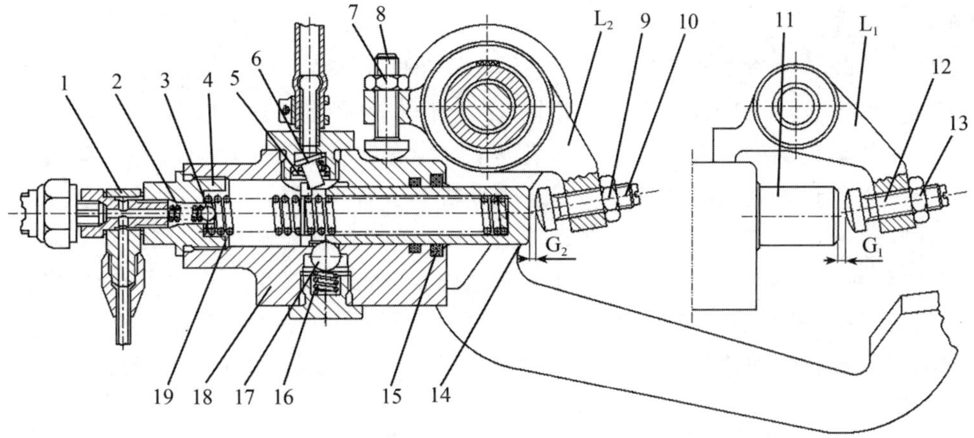

G_1、G_2. 左右活塞与调整螺钉之间的间隙，0.1~0.2 mm　L_1、L_2. 左、右操纵连杆
1. 出油口接头　2. 分流阀弹簧　3. 分流阀钢球　4. 分流阀罩　5. 补偿阀弹簧　6. 补偿阀板
7、9、13. 锁定螺母　8、10、12. 调整螺钉　11. 左制动泵活塞　14. 右制动泵活塞　15. 油封
16. 平衡阀弹簧　17. 平衡阀钢球　18. 主油缸壳体 19. 活塞回位弹簧

图 4-14　FIAT90 系列拖拉机制动泵

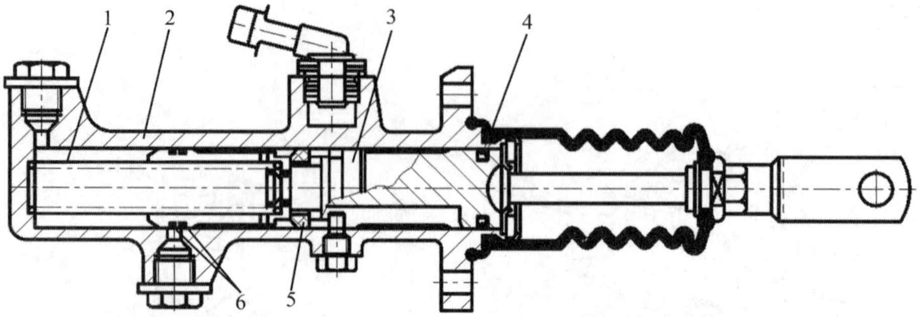

1. 弹簧　2. 缸体　3. 活塞　4. 后密封圈　5. 中心密封圈　6. 前密封圈

图 4-15　SNH800 型拖拉机制动泵

其前端的连接叉与活塞推杆通过螺纹连接，并由锁紧螺母锁定。连接叉另一端与制动踏板操纵推杆连接。制动器踏板高度（或踏板自由行程）的调整是通过改变连接叉与活塞推杆的距离来完成的。除这些区别之外，其他液压操纵部分及制动器与前述制动系完全相同。

四、驻车制动系统

驻车制动系统（俗称手刹）用于使机车驻留原地，以防机车在坡路或其他外力作用下自动滑溜。驻车制动系统通常由手动操纵，并能锁定在制动状态而不需要人为干预（行车制动需要脚一直踏下）。有的拖拉机驻车制动系统与行车制动系统共用一套制动器，只是分设两套操纵机构；而大多数拖拉机则采用独立的驻车制动系统。一般驻车制动器安装在变速器输出位置与传动轴相连处，有外置和内置（安装在变速器内）两种。驻车制动器多采用盘式或蹄式制动器。

如图 4-16 所示为 FIAT90 系列拖拉机的驻车制动系统，由制动器、操纵手柄、锁定机构、操纵传动杆件（或远程操纵拉索）等组成。

该系列拖拉机采用内置于变速器的多片盘式制动器，安装于变速器底部（参见“学习情境2”的图 2-8）或侧面（适用于东方红-1004/1204 型拖拉机）。现以 SNH800 型拖拉机为例说明其结构和工作过程。

从动齿轮轴（24）通过螺钉（C_2）固定在制动器壳体上，其上通过滚针轴承套装着从动齿轮，从动齿轮与变速器输出轴（即小锥齿轮轴）上的中速挡从动齿轮常啮合（参见“学习情境 2”的图 2-8）。在从动齿轮的轮毂外表面制有花键，3 个（或 4 个）制动盘（17）与从动齿轮轮毂外花键配合。在 3 个制动盘之间分别安装了 5 个摩擦衬片（16）（注：其中一片安装在从动齿轮与壳体之间），并通过导向螺栓（26）固定在壳体上（即摩擦衬片不能转动）。当操纵制动手柄至制动位置时，远程操纵拉索（6）拉动制动器外连接叉（11），外连接叉带动内摇臂转动，内摇臂上的凸轮压下制动压盘，将制动盘与摩擦衬片相互压紧，从而通过从动齿轮将变速器输出轴制动。变速器输出轴又是后驱动桥的小锥齿轮轴，因此，又通过后驱动桥使机车制动。

知识链接

1. 制动液的类型

按原料、工艺和使用要求不同，品种分为醇型、矿油型、合成型三种类型。

醇型制动液是以精制蓖麻油和醇配置而成的，其沸点低，工作温度范围窄，对温度变化适应性差，高温时产生气阻，低温至－30℃即凝冻，制动失灵。因此在严寒和炎热地区不宜使用。

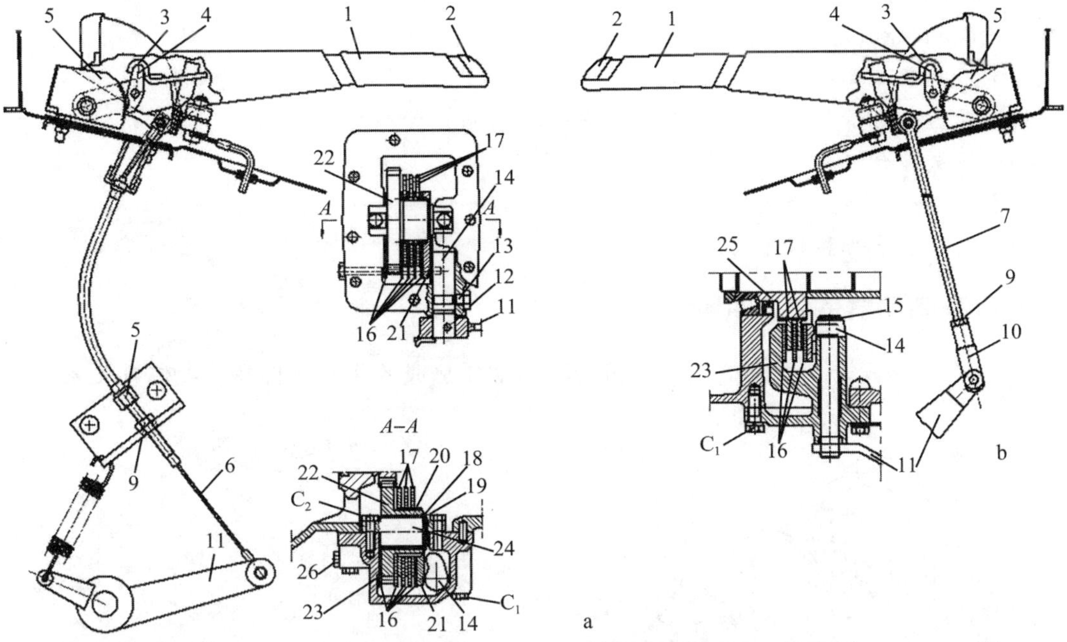

a. 纽荷兰 55-90、60-90、70-90、80-90 和 SNH800 型　b. 纽荷兰 90-90、100-90 和东方红 -1004/1204 型

C_1. 壳体连接螺钉　C_2. 从动齿轮轴固定螺钉

1. 操纵手柄　2. 手柄位置锁定按钮　3. 限位爪控制杆　4. 限位爪　5. 扇形齿板　6. 远程操纵拉索　7. 拉杆　8. 手柄行程调整螺母　9. 锁定螺母　10. 传动杆调节叉　11. 制动器外连接叉　12. 圆柱销　13. 内摇臂轴定位螺钉　14. 内摇臂轴　15. 卡环　16. 摩擦衬片　17. 制动盘　18. 止推垫圈　19. 卡环　20. 滚针轴承　21. 制动压盘　22. 从动齿轮　23. 壳体　24. 从动齿轮轴　25. 轮毂　26. 导向螺栓

图 4-16　FIAT90 系列拖拉机的驻车制动系统

矿油型制动液以精制的轻柴油馏分，经深度脱蜡后，加入增黏剂、抗氧化剂、防锈剂、染色剂调配而成。其润滑性能好，腐蚀作用小，换油期长，使用不受地区、季节的限制。

合成型制动液由醚、醇、酯等物质加入添加剂调配而成。性能优良，沸点高，高温下使用不会产生气阻；凝点低，低温下使用时能顺利供油。黏温性好。

2. 使用制动液应注意的问题

(1)制动液使用前必须检查，如发现白色沉淀，应过滤后再用。

(2)各种制动液不能混存，以免分层，失去制动作用。

(3)换制动液时，必须将制动系洗净擦干，严禁将杂质加入制动阀贮油室内。

4-2　实操训练　制动系的拆装与检修

课程导入

通过拆装实训，使学生了解液压制动系的组成、工作原理及调整方法。掌握 SNH800 拖拉机盘式制动器、制动泵的构造和工作原理。掌握制动器和制动泵的拆装方法以及制动器踏板自由行程的控制。

1. 拆装拖拉机制动器应注意哪些事项？

2. 查阅相关资料，确定 SNH800 型拖拉机制动器的拆装专用工具和扭紧力矩数据。

3. 实训前需准备以下材料用具：

(1)待修拖拉机(本书以 SNH800 型拖拉机为例)；

(2)常用拆装工具；

(3)制动器专用拆装工具(按厂家维修手册要求制作或购买)；

(4)专用支撑台架；

(5)零件摆放台和盛油盆；

(6)厂家维修手册和零件图册。

一、行车制动器的拆卸和检修

如图 4-17 所示，为 SNH800 型拖拉机行车制动器总成的所有零件及装配位置关系。

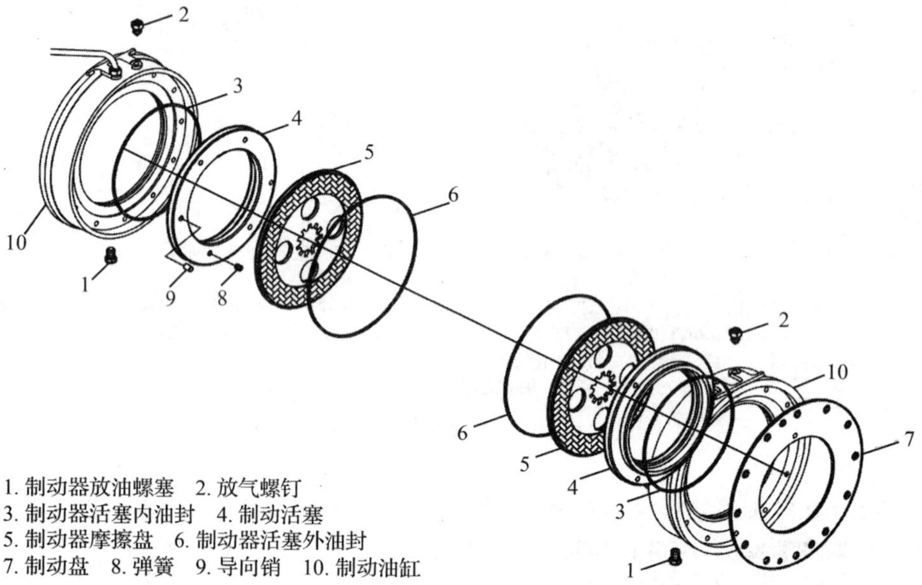

1. 制动器放油螺塞　2. 放气螺钉
3. 制动器活塞内油封　4. 制动活塞
5. 制动器摩擦盘　6. 制动器活塞外油封
7. 制动盘　8. 弹簧　9. 导向销　10. 制动油缸

图 4-17　SNH800 型拖拉机行车制动器分解轴测图

(一)从车上拆卸制动器

拆卸步骤如下：

(1)拆下最终传动总成(参见“学习情境 2”有关从车上拆下变速器的相关内容)。

(2)断开制动器油管。

(3)从后驱动桥壳体上拆下制动器壳体、制动器摩擦盘、最终传动半轴和制动器衬盘。

(二)行车制动器总成的拆装与检修

如图 4-18 所示，拆卸与检修制动器总成注意以下几点：

(1)拆制动器活塞(2)之前，在活塞和壳体(1)上都要做好标记，以保证定位销(5)和销座(6)在装配时能对准。

(2)如果需要更换密封圈，在装配前要涂润滑脂，并确保安装位置正确以防止装活塞时损坏密封圈。

(3)在往传动箱壳体上安装前，应彻底清理制动器衬盘和制动器壳体结合面，去除油污并涂以密封胶。

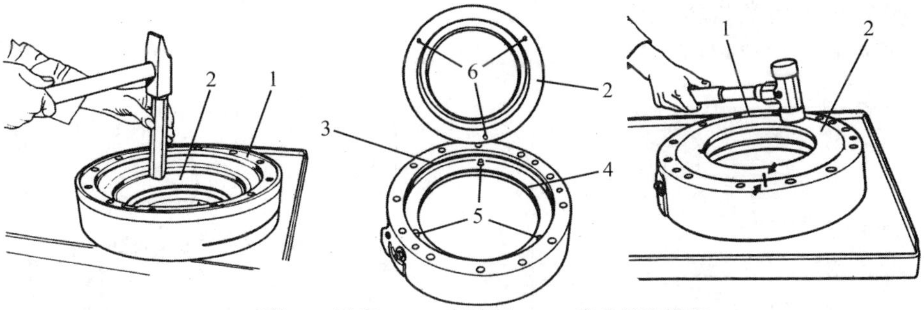

1. 壳体　2. 活塞　3、4. 密封圈　5、6. 定位销和销座
注：箭头所指标志是为便于正确装配所做的参照标记。

图 4-18　制动器油缸活塞的拆卸(装配)

(4)检查行车制动器从动盘和制动器衬盘的磨损情况，如果超出厂家规定的磨损极限，应更换。

二、行驶制动器制动泵的拆装

如图 4-19 所示为 FIAT90 系列拖拉机制动泵的所有零件及其装配关系，拆装制动泵时可参考此图。

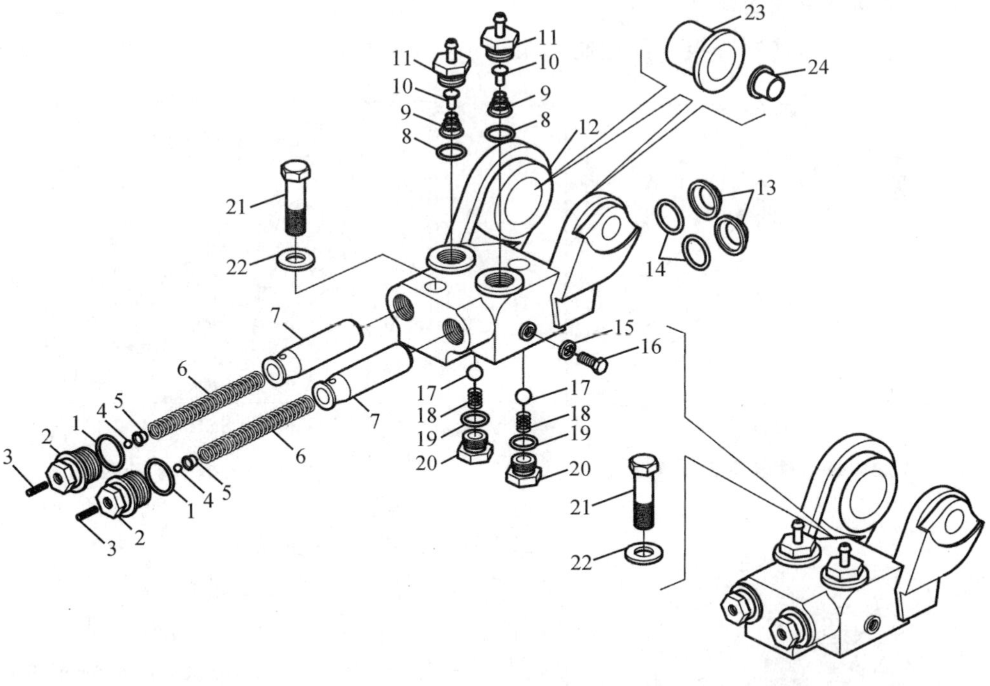

1、8、14、19."O"形密封圈　2. 节流阀螺塞　3. 节流阀弹簧　4. 钢球　5. 节滚阀球座　6. 活塞和踏板回位弹簧　7. 主油缸活塞　9. 止回阀弹簧　10. 止回阀　11. 止回阀螺塞　12. 制动液压泵壳体　13. 密封环　15. 矩形截面密封圈　16. 油管堵头　17. 钢球　18. 补偿阀弹簧　20. 补偿阀螺塞　21. 螺栓　22. 垫圈　23. 右制动器踏板轴衬套　24. 左制动器踏板轴衬套

图 4-19　FIAT90 系列拖拉机行车制动器制动泵所有零件及装配关系

(一)从拖拉机上拆下制动泵

拆下制动泵的步骤如下：

(1)断开蓄电池的负极搭铁线(图 4-20)。

(2)拆下右侧防护机罩(1),见图 4-21。

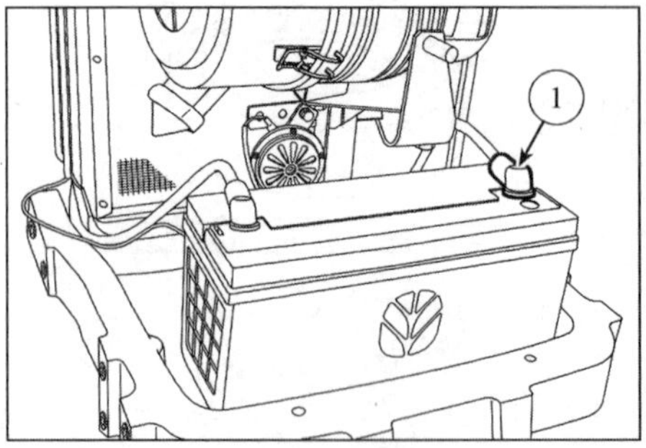

1. 负极连接桩

图 4-20　拆下蓄电池负极电缆

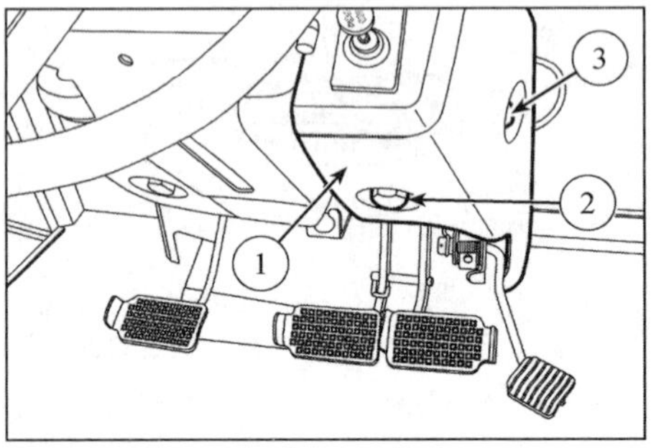

1. 机罩　2、3. 捏手

图 4-21　拆下右侧防护机罩

(3)排出制动油路中的油。

(4)拆下仪表板。

(5)断开制动泵进油管(2),拆下制动压力传感器连接插头(1),见图 4-22。

(6)拆下制动泵出油管接头。

(7)拆下螺栓(2),连同踏板一起把制动泵拆下(图 4-23)。

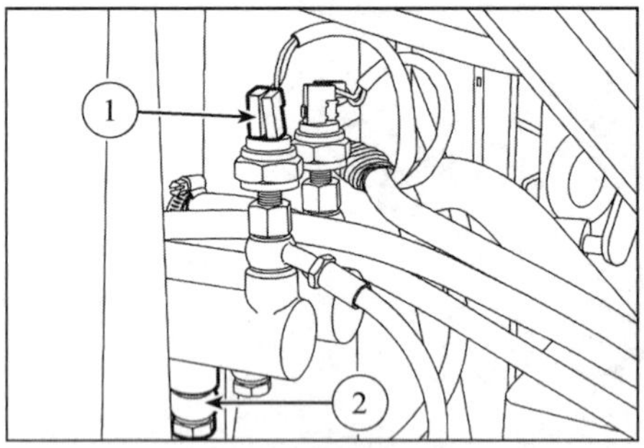

1.负极连接桩

图 4-22　拆下蓄电池负极电缆

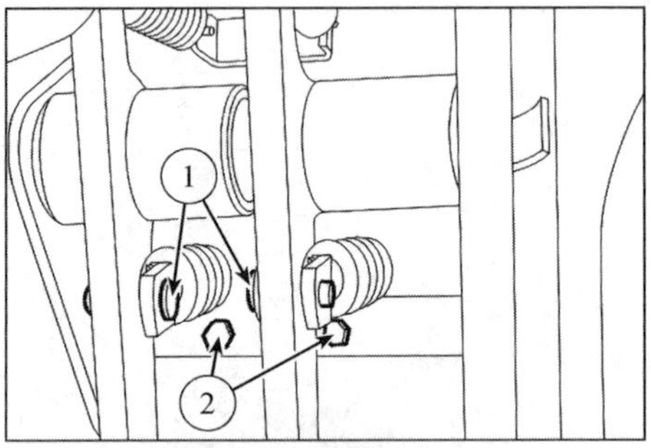

1. 油缸活塞推杆(SNH800)　2. 固定螺栓

图 4-23　拆下制动泵

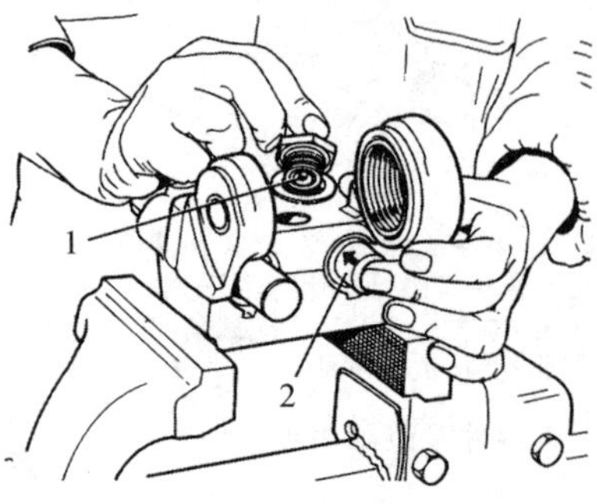

1. 阀片　2. 主油缸活塞

图 4-24　主油缸上单向阀的安装

(二)制动泵的拆装注意事项

(1)拆卸制动泵时,注意主油缸活塞(7,见图 4-19)要从出油管的一端抽出,检查主油缸孔和活塞工作表面的氧化和粗糙度状况以及磨损情况;活塞与主油缸孔的配合间隙应符合厂家维修手册中的规定。

(2)检查密封圈,必要时更换。

(3)装配时,在装活塞之前,应先把单向阀装上,以防止活塞卡住单向阀(图 4-24)。

注意:装单向阀时,如果活塞已经在主油缸内,应把活塞向前推,以防止单向阀损坏。

三、行车制动器踏板的调整与安装

(一)制动器踏板的调整

(1)如图 4-25 所示，把带衬套的左制动器踏板(P_s)装在制动泵壳体(1)上，装上带调整螺钉的操纵连杆(L_2)，用卡环(2)锁紧定位，把右踏板(P_d)装在操纵连杆(L_1)上，使得杆的前端支承在制动泵壳体上，操纵杠杆(L_1)上的标记要与右踏板轴上的标记对准。

(2)按图 4-26 所示，调整螺钉，保证间隙 G_1＝0.1～0.2 mm 后(图 4-14)，用螺母锁定，用踏板上的联锁板把两个踏板并齐。

(3)调整螺钉，直到螺钉与制动泵壳体接触为止，用螺母锁紧。

(4)调整螺钉，保证间隙 G_2＝0.1～0.2 mm 后(图 4-14)，用螺母锁定。

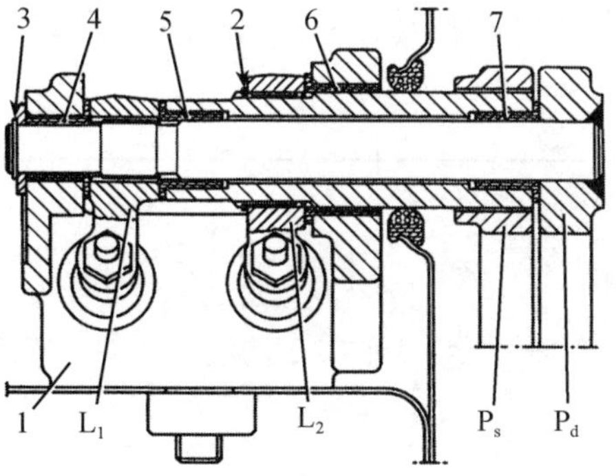

L_1、L_2. 左、右操纵连杆　P_s、P_d. 左、右制动器踏板
1. 制动液压泵壳体　2、3. 卡环　4、5、6、7. 轴套

图 4-25　制动器踏板轴与制动液压泵操纵杆件的装配图

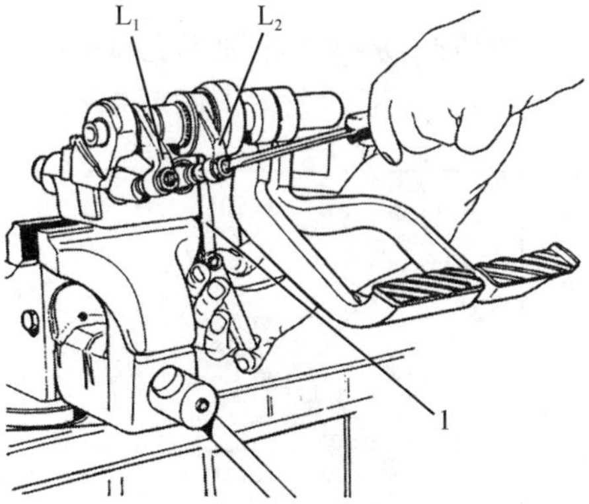

1. 塞规　L_1、L_2. 操纵连杆

图 4-26　在台架上调整踏板

注意：制动器踏板的调整可在将制动泵装在拖拉机上后或在台架上进行。

(二)制动器踏板的安装

装配时，应使踏板轴的花键与相关的操纵杠杆上的花键配合，以保证制动器踏板离驾驶平台地板的高度尺寸 H＝150 mm，如图 4-27 所示。

四、驻车制动器的拆装

(一)驻车制动器的拆卸

将驻车制动器从车上拆下和分解的步骤如下：

(1)断开电池负极引线(图 4-22)的连接。

(2)用楔块楔住前轮。

(3)排净变速器内的润滑油。

(4)断开操纵拉筋线(1)和回位弹簧(2)的连接(图 4-28)。

(5)拧下驻车制动器壳体固定螺栓，拆下驻车制动器总成(图 4-29)。

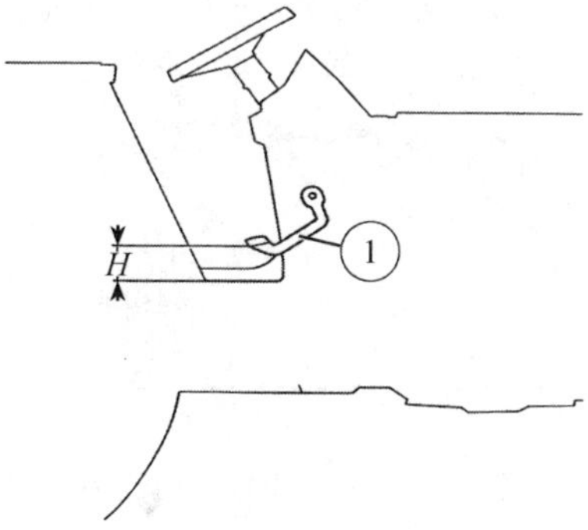

1. 制动器踏板

图 4-27　制动器踏板的安装

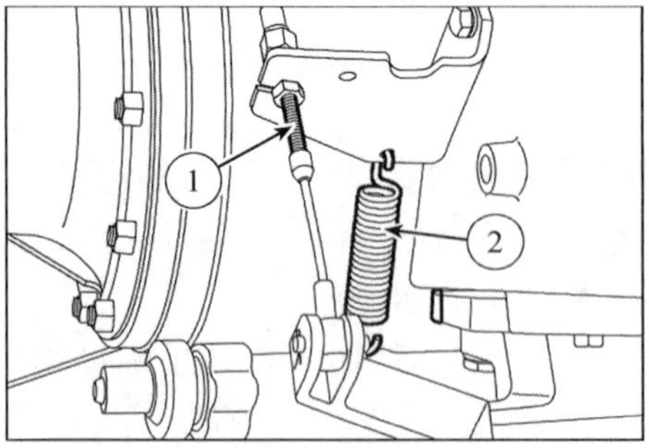

1. 拉筋线　2. 回位弹簧

图 4-28　断开拉筋线和回位弹簧的连接

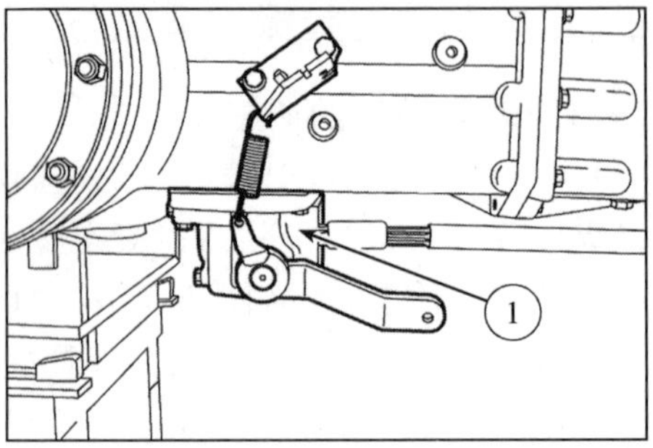

1. 驻车制动器总成

图 4-29　拆下驻车制动器总成

(6)拧下从动齿轮轴固定螺栓(1)并将从动齿轮轴(2)连同制动盘和齿轮一同拆下(图 4-30)。

(7)拧下制动壳体上的摩擦衬片导向螺栓(1),见图 4-31。

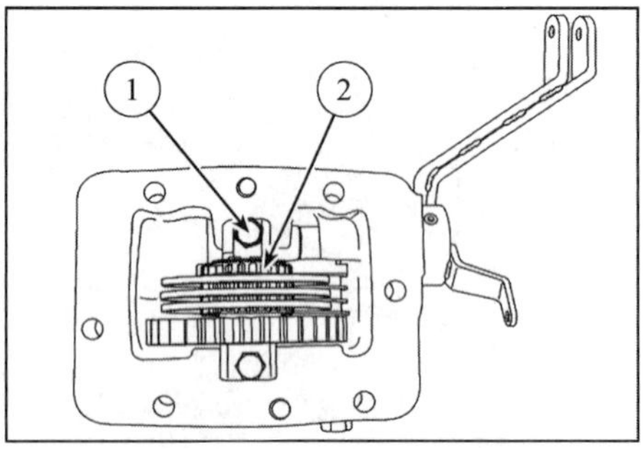

1. 固定螺栓　2. 从动齿轮轴

图 4-30　拆下从动齿轮轴及制动盘和齿轮

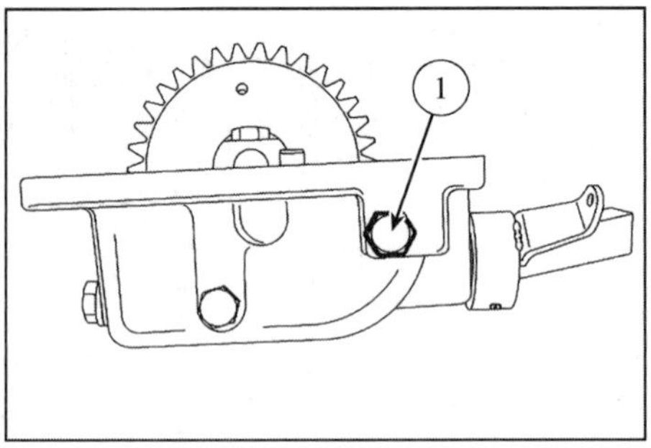

1. 导向螺栓

图 4-31　拆下摩擦衬片的导向螺栓

(8)拔出固定销(1)并拆下驻车制动器的外部操纵杆(图 4-32)。

(9)拆下定位销钉(1)并拔出驻车制动器的内部操纵杆(2),见图 4-33。

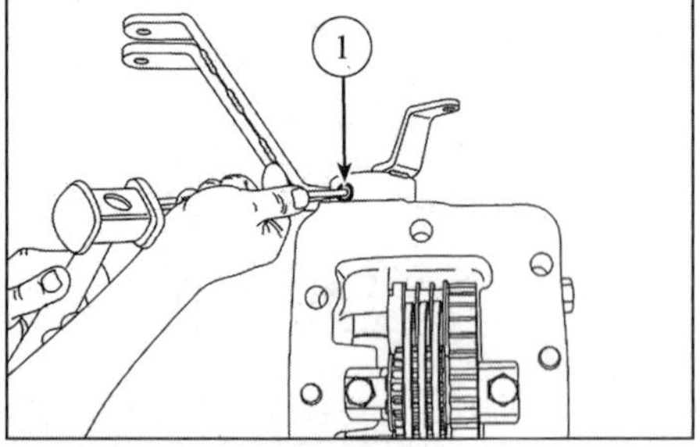

1. 固定销

图 4-32　拆下驻车制动器外部操纵杆

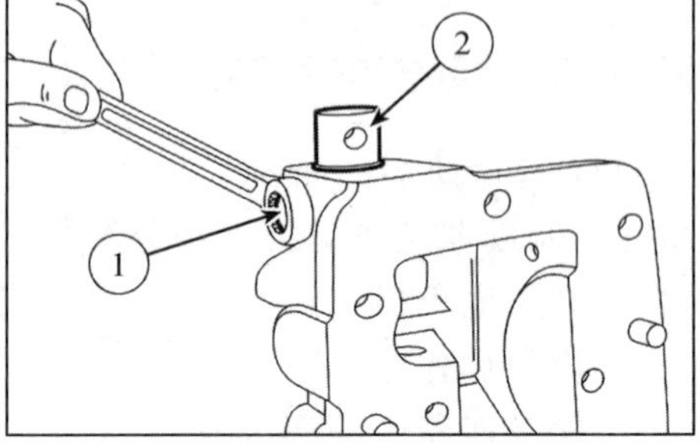

1. 定位销钉　2. 内部操纵杆

图 4-33　拆下驻车制动器内部操纵杆

(二)驻车制动器的安装

(1)按图 4-34 所示正确定位各个零件,并按与拆卸相反的顺序进行装配。

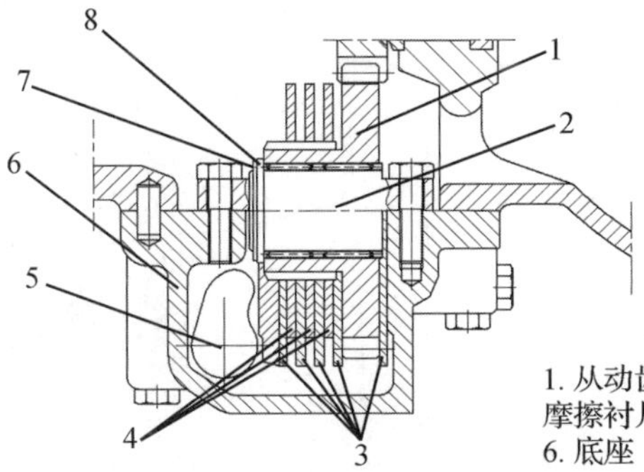

1. 从动齿轮　2. 从动齿轮销　3. 扇形摩擦衬片　4. 制动盘　5. 内部操纵杆　6. 底座　7. 卡环　8. 止推垫圈

图 4-34　SNH800 型拖拉机驻车制动器结构

(2)重新将驻车制动器装配到后变速器之前，仔细清洗配合表面并除去油污，然后按照图 4-35 所示，沿着标记线涂上密封剂(直径约 2 mm)。

(3)将带“O”形密封圈(2)的内部操纵杆(1)推入到位，并用螺丝固定(图 4-36)。

(4)装配驻车制动外控制杆。

(5)安装摩擦衬片、导向螺栓、制动盘和齿轮装置。

(6)将装配好的驻车制动器总成安装到后变速器底座上，并按规定扭矩拧紧固定螺栓。

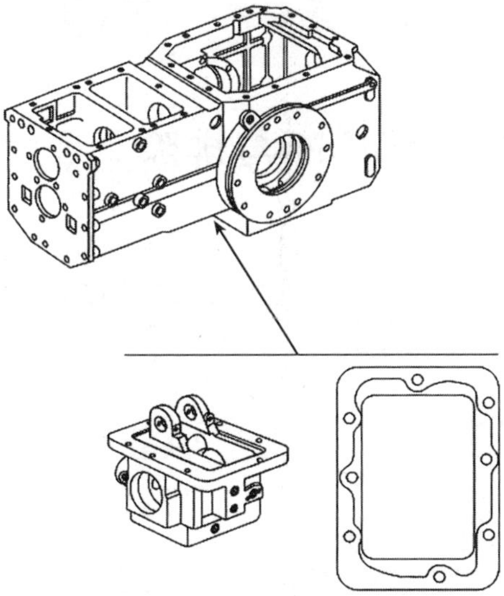

图 4-35　驻车制动器壳体密封部位

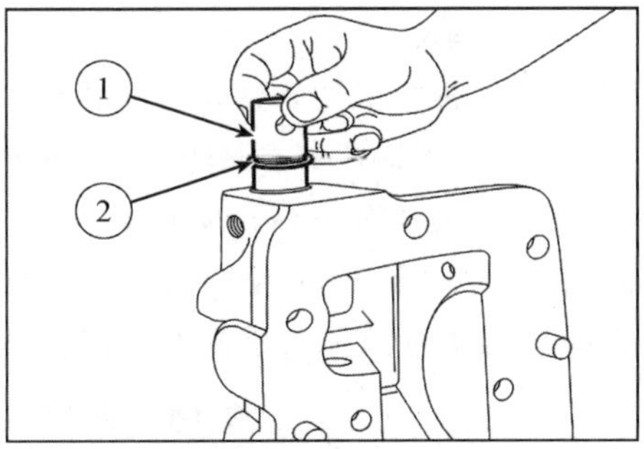

1. 内部操纵杆　2.“O” 形密封圈

图 4-36　安装内部操纵杆上的密封圈

五、制动系统排气

在制动器液压管路被拆卸过或检修制动器后，制动系统必须排气。制动系统排气的注意事项及步骤如下：

(1)彻底清理放气螺钉和制动油箱周围(图 4-37)。

(2)在排气之前和排气期间，都要保证制动器油箱中的油液在上限位置。

(3)慢慢地将左制动器踏板踩到底，以使油液形成压力。

微课：液压制动系统排气

(4)保持制动器踏板在踩下位置,松开放气螺钉半圈(图 4-38),让空气排出。

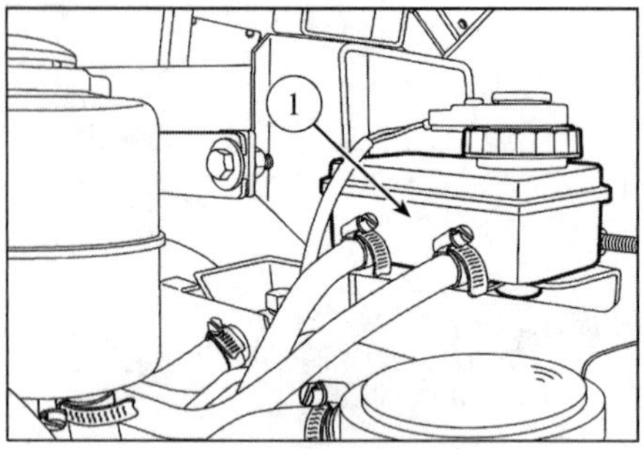

1.制动油箱

图 4-37　清理制动油箱周围

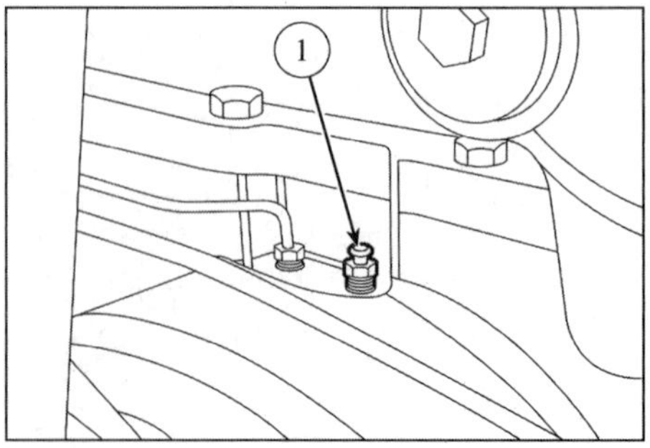

1. 放气螺钉

图 4-38　制动器放气螺钉的位置

(5)拧紧放气螺钉,重复上述步骤,直到从排气孔内冒出的油没有气泡时为止。

(6)再次踩下制动器踏板,检查在踏板正常运动时能否建立起油压。

(7)按上述步骤再排放右制动器油路中的空气。

(8)最后,将制动器油箱加满液压油。

注意:对于装有拖车制动遥控阀(多路阀)的拖拉机,应先从放气螺钉处排气,再通过装在阀上的放气螺钉排气。

4-3　实操训练　制动系的故障诊断与排除

课程导入

制动器在使用过程中经常出现的故障有制动不灵、制动复位不灵造成刹车卡死、制动时发出响声、液压制动装置制动无力、液压制动器发热、制动跑偏等。

1. 拆装转向油缸应注意哪些事项?

2. 查阅相关资料,找到一些拖拉机制动系的故障案例与大家分享。

拖拉机制动系故障的诊断及排除方法见表 4-1。

表 4-1　拖拉机制动系故障的诊断及排除方法

故障	故障现象	可能的原因	排除方法
机械式制动系失灵	踩下制动器踏板后,不能将拖拉机刹住,且路面无刹车印痕	1. 摩擦片磨损严重	用制动器盖上的垫片调整制动压盘与摩擦片、摩擦片与制动器盖及制动器壳体之间的间隙
		2. 制动器内部进油或泥水,从而降低了摩擦系数	应更换油封和橡胶密封圈,并用汽油清洗制动器内各零件,晾干后装复
		3. 制动踏板自由行程过大	松开制动器踏板联锁片,分别调整左、右制动踏板的自由行程

续表 4-1

故障	故障现象	可能的原因	排除方法
机械式制动系失灵	踩下制动器踏板后，不能将拖拉机刹住，且路面无刹车印痕	4. 制动压盘内回位弹簧失效或钢球卡死	拆开制动器，更换回位弹簧，用砂布磨光制动压盘凹槽及钢球，用油布擦净再装复制动器
		5. 制动器摩擦片的装配是有方向的，若装反，将降低制动效果	应拆卸后重新进行安装
液压式制动系失灵	踩下制动踏板时，拖拉机不能明显减速，制动距离长	1. 制动总泵顶杆调整过短，使总泵工作行程减小，造成供油量不足	调整制动总泵顶杆，使总泵顶杆与活塞被顶处有 1.5～2 mm 的间隙
		2. 由于制动频繁，制动器温度过高，使油液蒸发成气体	停止使用制动，使制动器降温
		3. 分泵皮碗翻边，使分泵漏油	处理分泵皮碗，将其调整为正常状态
		4. 快速接头的密封面密封不严或密封圈损坏而漏油	检查密封，必要时更换密封圈
		5. 压盘与制动盘磨损严重，使制动间隙变大	检查其磨损情况，必要时更换，或调节制动间隙
		6. 制动器液压管路中有空气	排出制动系中的空气
制动复位不灵，刹车卡死	松开制动时忽然“自动刹车”，在路面上可能出现侧滑痕，引起制动器发热，严重时摩擦片烧毁	1. 制动踏板自由行程过小，导致制动间隙过小	调整制动踏板自由行程
		2. 制动压盘回位弹簧失效（太软、脱落或失效），钢球锈蚀，使制动压盘不能复位	更换回位弹簧或用砂布磨光钢球，必要时更换钢球
		3. 轮毂花键孔与花键轴配合太紧	修锉花键，使两者配合松动，直到摩擦盘能在花键上自由地轴向移动为止
		4. 球面斜槽磨损变形以及摩擦面间有杂物堵塞	修复斜槽，清除杂物
		5. 液压制动活塞卡死	清除油缸中卡滞物，必要时更换活塞或油缸
制动器发出响声	制动时发出响声	1. 摩擦衬片松脱或铆钉头外露 2. 制动鼓或压盘变形、破裂 3. 回位弹簧折断或脱落 4. 盘式制动器压盘的凸耳与制动壳体内的凸肩的间隙过大	酌情修复或更换，注意正确操纵拖拉机

续表 4-1

故障	故障现象	可能的原因	排除方法
制动跑偏	非单边制动时，拖拉机跑偏	1. 左、右踏板自由行程不一致	应重新调整，使左、右制动踏板自由行程基本一致
		2. 某一侧制动器打滑	应查明原因，清洗制动器内各零件，或更换油封
		3. 田间作业使用单边制动后，制动器内摩擦片磨损严重或有油污	可更换摩擦片或去除摩擦片上的油污
		4. 两驱动轮轮胎气压不一致	应按规定充气
快速踩下时无制动效果	拖拉机液压制动装置慢踩制动踏板时有制动效果，而快速踩下时无制动效果	液压制动装置快速接头具有方向性，如果装反或两个压簧压力调整不当，紧急制动时，油压的作用会使接头顶珠产生油路自锁，使快速踩下时无制动效果，而慢踩制动踏板时却有制动作用	将快速接头拆下，确认正确方向以后再行装上，调整两顶珠的弹簧压力，使前方（来油方）顶珠的弹簧压力小于后方顶珠的弹簧压力

维修案例

故障一：一台拖拉机的制动器为蹄式制动器，踏下制动踏板，车辆不能立即减速或停车。

诊断与排除：起初怀疑制动器间隙过大，但调整制动间隙到规定值后，情况未得到缓解，遂拆检制动器，发现两后轮的蹄式制动器摩擦片铆钉外露，并且制动鼓内表面形成严重沟槽，修理制动鼓和更换摩擦片后，故障消除。

故障二：一台拖拉机的制动器为蹄式制动器，时常发生车辆行驶无力，且行驶时间稍长，即发现制动鼓发热烫手。

诊断与排除：发现此情况后，首先怀疑制动器间隙过小，经检查发现制动器间隙完全符合要求。于是对制动器进行拆检，发现制动器回位弹簧部分折断，更换回位弹簧后，该故障消除。

故障三：一台拖拉机的制动器为盘式制动器，踏下制动踏板，车辆左后侧车轮不能立即减速，造成车辆制动跑偏。

诊断与排除：经现场检查，发现制动器间隙和摩擦片状况均正常；经仔细检查，发现该车轮的制动器制动分泵进油管处，有渗漏油液的痕迹，检查发现是该处进油管接头空心螺栓密封铜垫密封不良所致，更换密封铜垫，重新加注制动液并排气后，故障消除。

故障四：一台拖拉机的制动器为盘式制动器，进行制动操作后，发现车辆行驶无力。

诊断与排除：怀疑其制动解除不彻底，发生了制动拖滞的现象，经初步检查排除了制动器间隙过小的可能性。通过对制动器进行仔细拆检，发现该故障是制动分泵不能回位所致，更换部分制动器分泵的活塞和密封件后，该故障消除。

学习情境5　转向系的拆装与维护

学习目标

- 能描述轮式拖拉机转向系的组成和类型；
- 能描述机械式转向器和全液压式转向器的工作原理；
- 能选择适当的工具拆装转向器；
- 能正确检查和调整方向盘自由行程；
- 能正确检查和调整转向角；
- 会诊断和排除转向系的故障。

5-1　必备知识　轮式拖拉机转向系的认知

课程导入

本单元的理论学习任务以轮式拖拉机转向系为主，重点学习机械式偏转车轮转向系和全液压式转向系。有关履带式拖拉机转向系和液压助力式转向系请参阅相关书籍。

1. 转向系的功用、基本要求和分类。
2. 机械式偏车轮转向系的基本组成和工作原理。
3. 全液压式转向器的基本组成和工作原理。

一、转向系的功用

拖拉机在行驶或作业中，根据需要改变其行驶方向，称为转向。控制拖拉机转向的一整套机构，称为拖拉机的转向系。

转向系的功用是使拖拉机按照需要保持稳定的直线行驶或准确灵活地改变行驶方向(即转向)。

转向系对拖拉机的使用性能影响很大，保障转向系性能，对于保证拖拉机的行驶安全、减轻驾驶人员的劳动强度和提高作业生产率具有重要的意义。

二、转向系的基本要求

尽管转向系有很多种类，结构上也各有特点，但都应尽量满足以下基本要求。

(一)各车轮形成统一的转向中心

车轮转向时，各车轮应处于纯滚动而无侧向滑移的运动状态，否则将会增加转向阻力以及加剧轮胎磨损。为此，转向时各车轮要绕统一的转向中心转动。

如图5-1所示为偏转车轮转向时的情形，可知，两个偏转的前轮从各自的轴线与驱动轮(后轮)轴线交于一点(O)，称该点为转向中心。

由图5-1中的几何关系，很容易求得形成一个转向中心的两前轮偏转角α和β的关系：

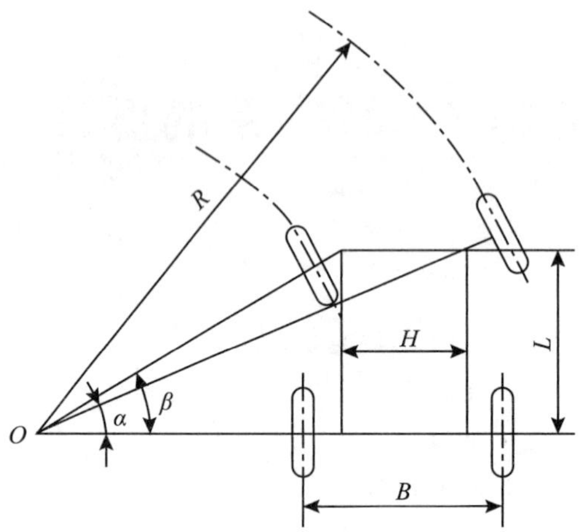

图 5-1 偏转车轮转向示意图

$$\cot\alpha - \cot\beta = \frac{H}{L}$$

式中，H——左右转向主销之间的距离；

L——前后轴轴距。

此外，两驱动轮应各有不同的转速，这样在驱动轮绕转向中心转动时，才不致产生滑移而是纯滚动。

（二）工作可靠

转向系在工作中要避免出故障，这对整机性能的充分发挥和安全工作关系重大。因此，对所选用材料和具体结构等都要求工作可靠。

（三）操纵轻便

转向时，操纵方向盘的力要尽可能小，路面对车轮的冲击力应尽量小地反传到方向盘上。这对减轻驾驶员的劳动强度、保证安全是很重要的。

（四）转向灵敏

方向盘的转动角度与车轮偏转角大小应配合好。一般来说，方向盘转过一定的角度，车轮偏转角越大，则转向越灵敏；反之，灵敏性就越低。但过于灵敏也不好，那样会使操纵沉重。另外，方向盘至转向轮间应有一定的传动可逆性，使转向轮能自动回正，驾驶有一定的“路感”，又不至于“打手”造成驾驶的疲劳感和不安全感。

三、转向系的分类

（一）根据转向方式分类

根据转向方式的不同可分为五种：偏转前轮式转向、偏转后轮式转向、偏转前后轮式转向、铰接式转向和差速式转向。如图 5-2 所示。

拖拉机大多采用偏转前轮式转向；部分大马力拖拉机采用铰接式转向；履带拖拉机和部分手扶拖拉机采用差速式转向。

（二）根据操纵方式分类

根据转向系的操纵方式不同可分为三类：机械式转向（又称人力转向）、液压助力式转向和

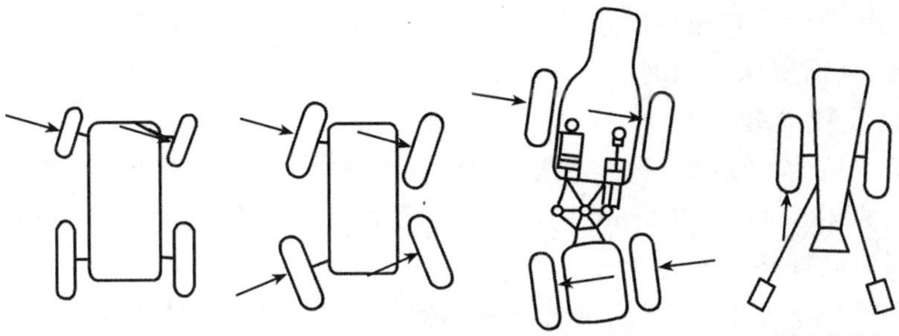

图 5-2 按转向方式分类的转向形式

全液压式转向。

机械式转向适合于中小型轮式拖拉机，而大型轮式拖拉机多采用液压助力式转向和全液压式转向。

四、机械式偏转车轮式转向

微课：机械式转向

（一）组成和工作原理

1. 组成

机械式偏转车轮式转向的组成如图 5-3 所示，主要包括方向盘、转向器和转向传动机构。方向盘通过转向轴与转向器相连，转向垂臂、转向纵拉杆、转向臂、转向节臂和转向横拉杆组成转向传动机构。其中转向横拉杆、前轴和两个转向节臂组成转向梯形机构。

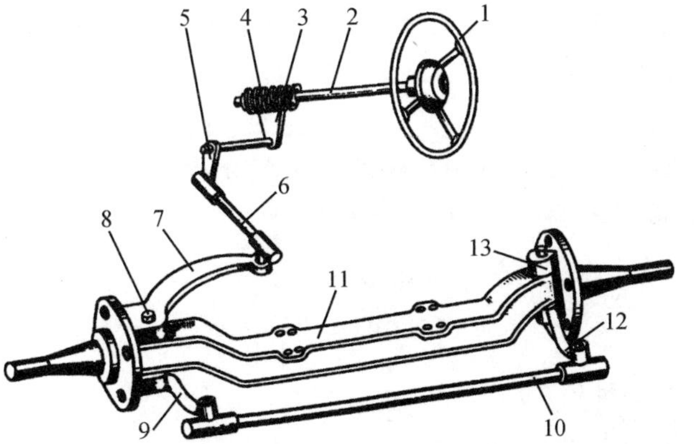

1. 方向盘 2. 转向轴 3. 蜗轮 4. 蜗杆 5. 转向垂臂 6. 转向纵拉杆 7. 转向臂 8. 主销 9. 左转向节臂 10. 转向横拉杆 11. 前轴 12. 右转向节臂 13. 右转向节

图 5-3 机械式偏转车轮式转向

2. 工作原理

转向时，驾驶员转动方向盘，通过转向轴带动转向器的蜗杆转动，通过和蜗杆啮合的滚轮（或曲柄指销等）带动转向垂臂轴及转向垂臂，使之产生摆动，再通过转向纵拉杆和转向臂，使左转向节及左转向轮绕转向主销偏转。与此同时，左转向节臂通过转向横拉杆和右转向节臂，使右转向节及右转向轮绕右侧转向主销向同一方向偏转。转向梯形机构则可使左、右转向轮偏转不同的角度,从而确保转向时各车轮绕统一的转向中心转动。

(二)方向盘及转向轴

轮式拖拉机上用的方向盘一般与汽车上使用的方向盘相同。其尺寸有标准规定,常用方向盘的外缘直径为425、480、500 mm。方向盘的尺寸大小,直接影响到机车操纵的轻便性,故不同车型应选用不同规格的方向盘。

转向轴通常是一整根无缝钢管,下端和转向器的主动部分(蜗杆或螺杆)连接,上端通过平键和方向盘中心的轴套连接。为了整车的布置和操纵方便,有的机车在转向轴上安装了万向节传动。

(三)转向器

1. 功用及工作原理

转向器的功用是将驾驶员施加于方向盘上的作用力矩放大,降低转角,同时改变转动方向,通过转向传动机构,使机车准确转向。

转向器对力矩的放大主要是通过具有一定传动比的传动副来实现的。其传动比等于方向盘转角与转向垂臂相应的摆动角之比,称为转向器的角传动比(i_1),在16～32;转向垂臂摆角与转向轮偏转角之比(i_2),在0.85～1.3。则转向系的角传动比(i)为:

$$i=i_1\times i_2$$

显然,转向系角传动比的大小取决于转向器的角传动比。

2. 类型

(1)根据转向器传动的可逆性可分为不可逆式、极限可逆式和可逆式三种。所谓可逆性指路面作用在转向轮上的力能不能以及能有多少反传到方向盘上。

(2)根据传动副的结构形式,可分为球面蜗杆滚轮式、蜗杆曲柄指销式和循环球式三种。下面着重介绍这三种形式的转向器。

知识链接

机械转向器的可逆性可通过螺旋副传动原理进行分析。设方向盘到转向轮为正传动,反之为逆传动,此时螺旋副的正、逆传动效率分别为:

$$\eta_{正}=\tan\alpha/\tan(\alpha+\theta)$$
$$\eta_{逆}=\tan(\alpha-\theta)/\tan\alpha$$

式中,α ——螺旋副的螺旋角;

θ ——螺旋副的摩擦角。

1. 当$\alpha\leqslant\theta$,$\eta_{逆}=0$时,即转向器螺旋副的螺旋角不大于摩擦角,逆传动效率为零。作用力只能由方向盘传到转向轮,而路面对转向轮的作用力不能传到方向盘,称为不可逆式。

2. 当α略大于θ时,$\eta_{逆}$很小,转向轮仅在受到路面的较大冲击时才能传到方向盘,称为极限可逆式。

3. 当$\alpha>\theta$,正、逆传动的效率都较高,路面对转向轮的冲击力会很容易传到方向盘,称为可逆式。

(四)典型机械式转向器的结构

1.球面蜗杆滚轮极限可逆式转向器

老式轮式推土机采用的均是球面蜗杆滚轮极限可逆式转向器,下面以轮式推土机为例对其结构和原理进行分析。

(1)结构 轮式推土机转向器主要由球面蜗杆、滚轮、滚轮架、转向器壳体等组成,如图5-4所示。

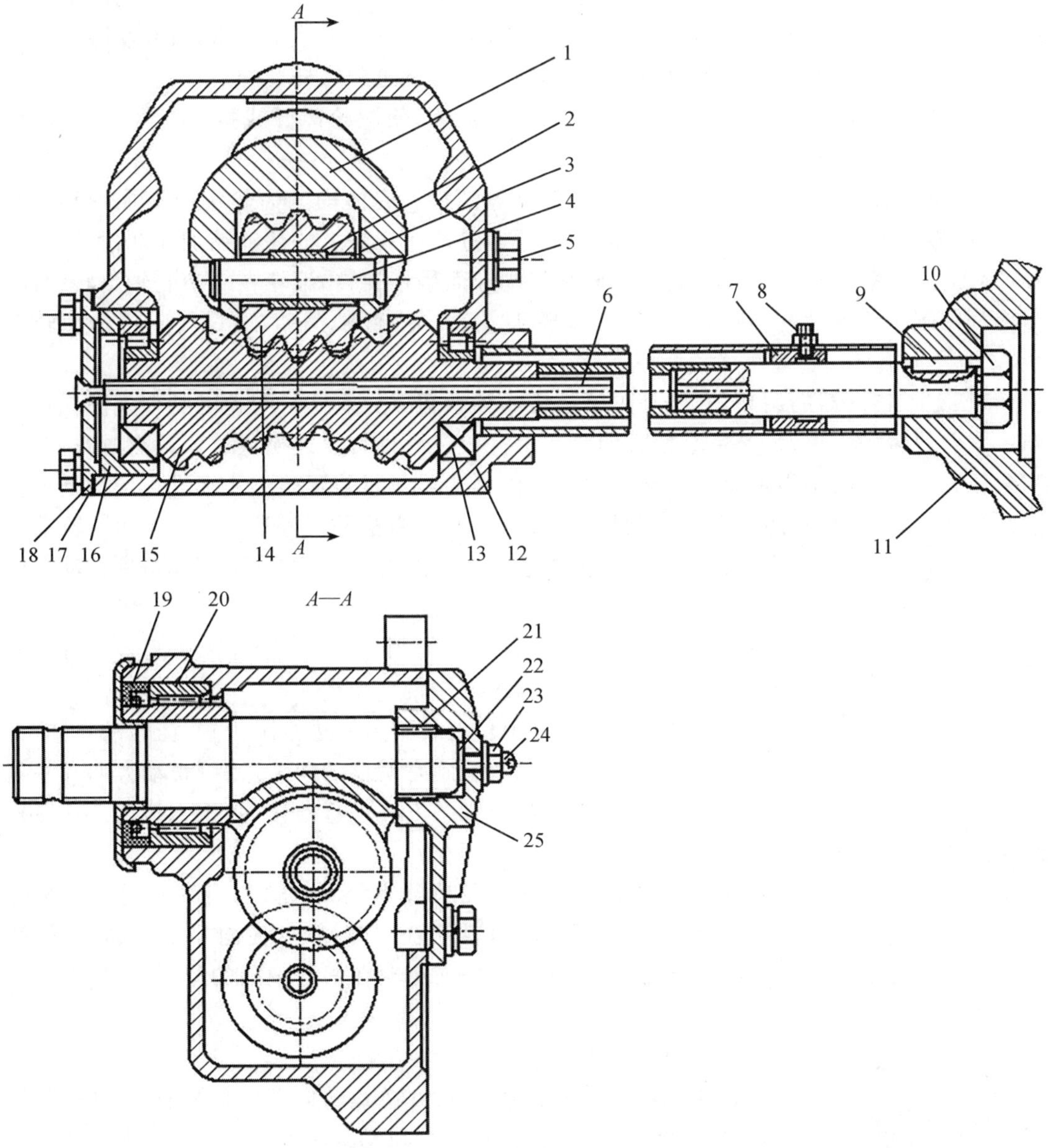

1. 滚轮架 2. 隔套 3. 滚针 4. 滚轮轴 5. 螺塞 6. 导线管 7. 衬套 8. 油杯 9. 平键 10. 螺母 11. 方向盘 12. 转向器壳体 13. 滚动轴承 14. 滚轮 15. 蜗杆 16. 轴承套 17. 调整垫片 18. 端盖 19. 油封 20、21. 滚动轴承 22. 挡圈 23. 锁紧螺母 24. 调整螺钉 25. 侧盖

图5-4 球面蜗杆滚轮式转向器

球面蜗杆与空心的转向轴焊接在一起，蜗杆两端通过滚锥轴承支承，壳体底部通过螺钉固定有端盖，在端盖与壳体间装有调整垫片，轴承间隙可通过增减垫片来调整。

滚轮通过两滚针轴承支承在滚轮轴上，滚轮轴装于滚轮架上。两滚针轴承间有隔套，滚轮与滚轮架间装有耐磨垫圈。滚轮的球面表面上制有3道环状齿，并与蜗杆齿相啮合，组成啮合传动副。其优点是同时啮合工作的齿数多、承载能力大、传动效率高。

滚轮架与转向垂臂轴制成一体。垂臂轴通过滚针轴支承在转向器壳体和侧盖上。垂臂轴的一端伸出壳体外和转向垂臂相连接，轴承外端装有油封和护罩。侧盖上装有调整螺钉和固定螺母，调整螺钉拧入侧盖孔中，其端部伸入垂臂轴端部内孔中，并用挡圈和卡环限位。旋入或旋出调整螺钉，可调整滚轮与蜗杆的啮合间隙。因为滚轮和蜗杆装配后，在转向垂臂的轴线方向上有一定的偏心距，故只要改变垂臂轴的转向位置，使滚轮离开或接近蜗杆，就可以增加或减少它们之间的间隙。

壳体通过螺钉固定在车架左纵梁上，其上有加油口。壳体内的齿轮油应该加到和加油口相平齐，由螺塞封闭。转向轴与衬套间的润滑是通过拧在套筒上的注油嘴加注润滑油。

(2)工作原理　转动方向盘，通过转向轴带动球面蜗杆旋转，滚轮在绕滚轮轴自转的同时，又沿蜗杆的螺旋线转动(公转)，从而带动滚轮架及转向垂臂轴摆动，通过转向机构使转向轮偏转。

(3)调整　转向器的调整，主要是调整蜗杆的轴承间隙和蜗杆与滚轮的啮合间隙。这两个间隙过紧会使转向沉重；过松又会使方向盘自由行程过大，因此，过松或过紧都需进行调整。

蜗杆轴承间隙的调整是通过增减转向器壳体和端盖之间的调整垫片来进行的。增加垫片轴承间隙变大，减少垫片间隙变小。调整好后进行检查，方法是用手转动方向盘时，转动应灵活。用手推拉方向盘时，没有轴向移动则为调整合适。在有弹簧秤时，可用弹簧秤拉动方向盘边缘，其拉力应为3～8 N。

蜗杆与滚轮啮合间隙的调整。首先拧松侧盖上面的固定螺母，然后转动调整螺钉。旋进螺钉啮合间隙减小，反之则增大。调整好把锁紧螺母拧紧。

调整好后应进行检查。将方向盘从一边极限位置转到另一边极限位置，应转动自如，无沉重的感觉。装上转向垂臂后，用手扳动垂臂应感觉不到有明显的间隙，并可带动方向盘左右转动即为合适。同样，也可以用弹簧秤拉动方向盘边缘的方法进行检查，其拉力应为10～30 N，否则应重调。

调整时必须注意，因为蜗杆侧面节圆半径比滚轮节圆半径大，所以，当滚轮处于与蜗杆不同位置啮合时，间隙也不同。滚轮位于蜗杆中间时其啮合间隙最小，而向左右转动时，间隙均随之增大。因此在检查和调整啮合间隙时，必须首先使滚轮在蜗杆中间的位置，然后再进行检查调整。

2.蜗杆曲柄销式转向器

微课：蜗杆曲柄指销式转向器

蜗杆曲柄销式转向器属极限可逆式转向器。此转向器用曲柄代替蜗轮，用锥形指销代替蜗轮齿，可分单销式和双销式两种。如图5-5所示为EQ1090型汽车双销式转向器，它主要由转向蜗杆(2)、曲柄(7)、曲柄指销(6)、转向器壳体等组成。

(1)结构　蜗杆两端通过推力轴承(1)支承在壳体的两侧座孔内，用端盖将其轴向定位。右端圆螺母用螺钉固定在壳体上，内拧有轴承调整

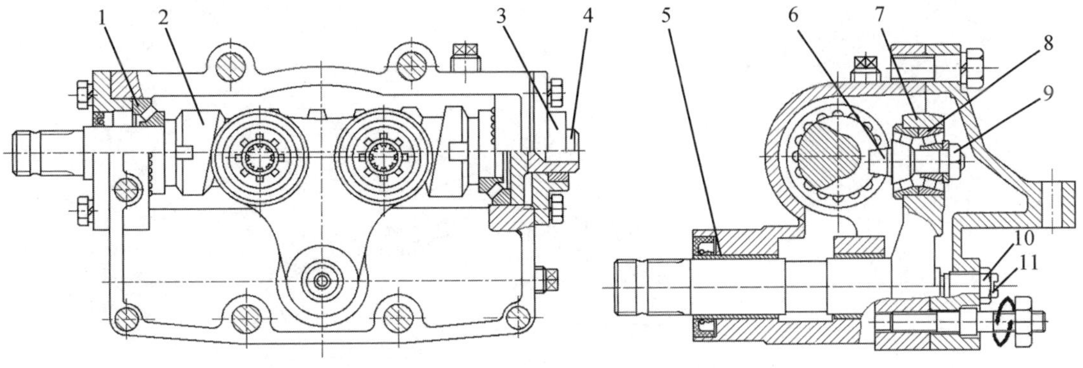

1. 推力轴承　2. 转向蜗杆　3. 圆螺母　4. 轴承调整螺塞　5. 衬套　6. 曲柄指销　7. 曲柄　8. 销轴承　9. 调整螺母　10. 锁紧螺母　11. 调整螺钉

图 5-5　蜗杆曲柄指销式转向器

螺塞(4),转动螺塞可以调整两轴承的间隙。两个锥型曲柄销均用双列锥型滚子轴承支承在曲柄的座孔中,使之可以绕自身轴线转动,以减轻销和曲柄的磨损。并提高传动效率,使转向灵活。调整螺母(9)用来调整轴承的预紧度,以使曲柄销能自由转动而无明显的轴向间隙。

曲柄和转向垂臂轴制成一体,垂臂轴通过衬套支承在转向器壳体上。伸出壳体的一端通过花键和固定螺母与转向垂臂连接。为防止漏油,垂臂轴与壳体之间装有油封。

转向器壳体固定在车架上,壳体上有加油口,用螺塞封闭。

曲柄销和蜗杆的啮合间隙可用拧在转向器侧盖上的调整螺钉(11)调整。顺时针旋转调整螺钉,间隙减小,逆时针旋转则变大,调好后用螺母锁紧。

(2)工作原理　转向时,方向盘带动蜗杆转动,使曲柄销在自转的同时,绕着与曲柄制成一体的转向垂臂的轴线进行圆弧运动,从而使转向垂臂轴转动,通过转向传动机构使机械转向。

曲柄单销式与双销式的区别在于传动副是由蜗杆与带有曲柄的一个锥形销相啮合组成的。因此,双销式结构能保证曲柄转到两端位置时,总有一个销能与蜗杆啮合,较之单销式有更大的转角,并避免因曲柄销在转到极限位置时脱出蜗杆而使转向失灵。

(3)调整　蜗杆曲柄销式转向器的调整主要是指蜗杆推力轴承、曲柄销滚锥轴承间隙的调整和曲柄销与蜗杆啮合间隙的调整。

①蜗杆轴承间隙的调整。通过拧动轴承调整螺塞进行,往里拧间隙变小,往外拧间隙变大。

②曲柄销轴承间隙的调整。通过曲柄销端部的调整螺母进行,螺母拧紧间隙变小,螺母拧松间隙变大。

③蜗杆与曲柄销间隙的啮合间隙的调整。通过拧动侧盖上的螺钉进行,螺钉拧紧则间隙变小,螺钉拧松则间隙变大。

3. 循环球式转向器

循环球式转向器属可逆式转向器,常用于轻型汽车。上海 SH500 型拖拉机就采用此种转向器。其构造如图 5-6 所示,主要由转向轴带螺杆总成、转向螺母、钢球、转向扇形齿轴、转向器壳体等组成。下面以上海 SH500 型拖拉机转向器为例,介绍循环球式转向器的结构和工作原理。

(1)结构　循环球式转向器的传动副有两对,一对是螺杆和螺母,另一对是齿条和齿扇。

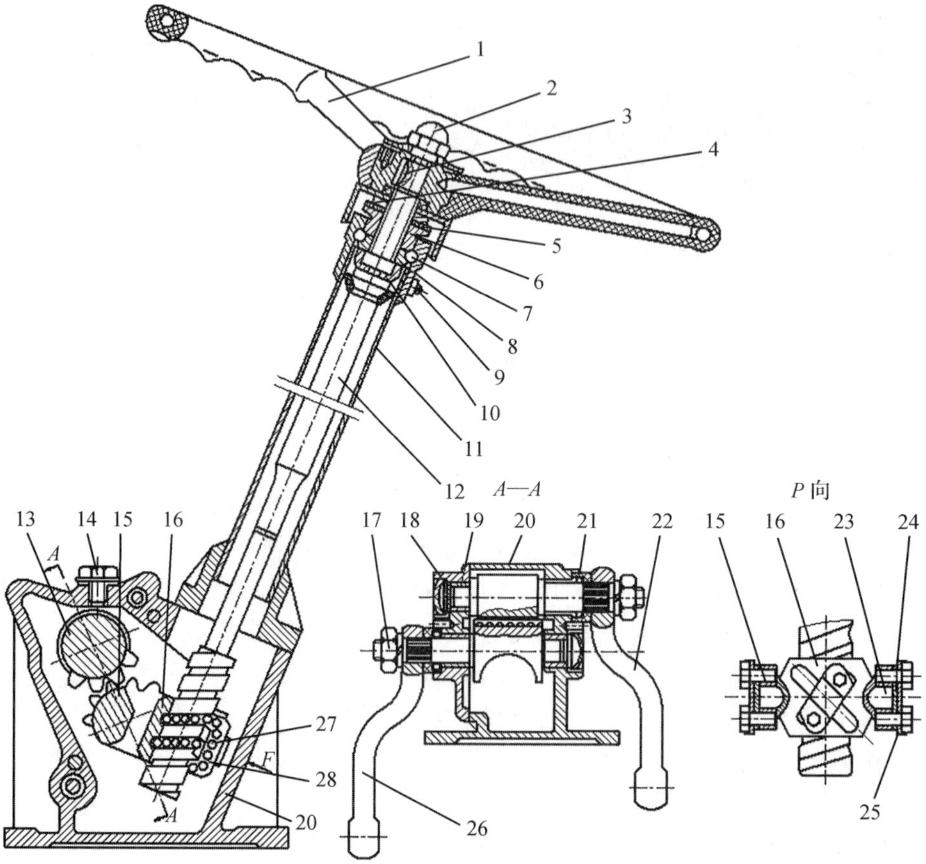

1. 转向盘 2. 螺母 3. 半月键 4. 螺母 5. 转向轴锁紧垫圈 6. 转向轴钢球上座 7. 钢球 3/8″ 8. 转向轴钢球下座 9. 油杯 10. 转向轴钢球下座垫 11. 转向管柱总成 12. 转向轴带螺杆总成 13. 转向扇形齿轴 14. 加油螺塞 15. 转向扇形齿传动轴 16. 转向螺母 17. 螺母 18. 油封 19. 扇形齿轴衬套 20. 转向器壳体 21. 油封 22. 右摇臂 23. 固定销 24. 调整垫片 25. 锁片 26. 左摇臂 27. 钢球 5/16″ 28. 转向螺杆钢球导轨

图 5-6 循环球式转向器

在转向轴带螺杆总成(12)下端的螺杆和转向螺母(16)上都加工有断面近似为半圆形螺旋槽，螺母的内径略大于螺杆的外径，二者的槽配合便形成近似为圆形断面的螺旋形滚道，如图 5-7 所示。螺母侧面制有圆孔，钢球由此孔装入滚道内，两根钢球导管装在螺母上。两根导管的两端分别插入螺母侧面的圆形孔内，导管内装有 28 粒钢球，留出一粒钢球的间隙。这样，两导管和螺母内的螺旋形滚道形成了两个各自独立封闭的钢球“流道”。

转向螺母(16)由两个固定销(23)和螺栓(26)固定在转向扇形齿传动轴的叉子内，并用锁片(25)锁住螺栓(26)。调整垫片(24)用来调整固定销和转向螺母锥孔之间的配合间隙，此间隙为 0.1～0.2 mm。转向壳体(20)两侧孔内装有扇形齿轴衬套(19)，互相啮合的两个扇形齿轴(13、15)分别装在衬套内，它们的伸出端制成锥形，并铣有三角形花键，分别与左摇臂(26)和右摇臂(22)锥形三角花键孔相配合，并用螺母(17)紧固。为保证两转向轮的转角关系，左、右摇臂与扇形齿轴之间都有装配记号(盲键)，安装时不要将左、右摇臂装错。

(2)工作原理　当转动方向盘时，转向轴带动螺杆转动，通过钢球将力传给螺母，螺母就产

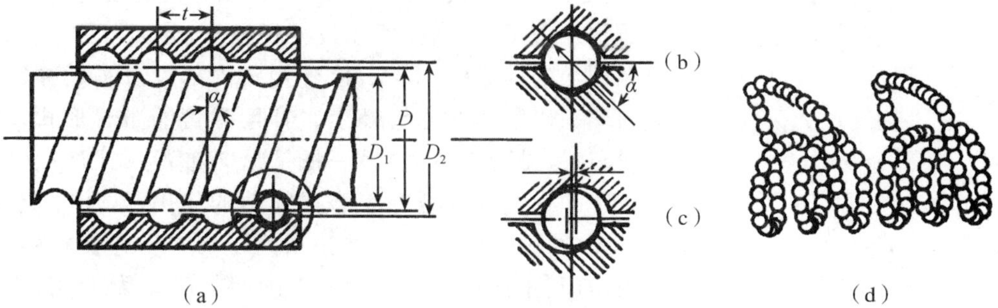

D. 中径　D_1. 螺杆外径　D_2. 螺母内径　t. 滚道螺距　α. 螺旋升角

图 5-7　滚道断面图

生轴向移动。又通过固定销带动转向扇形齿传动轴转动，使转向扇形齿轴反向转动，从而使左、右摇臂一前一后摆动，通过纵拉杆带动两前轮偏转。转向螺母上下移动，实际是绕轴做弧线位移，因而转向螺杆必须相应摆动，所以螺杆下端无支承。由于摩擦力的作用，所有钢球便在螺杆与螺母之间流动，形成“球流”。钢球在螺母内绕行两周后，流出螺母而进入导管，再由导管流回螺母内球道始端，如此循环流动，故称为循环球式转动器。

因螺杆和螺母间装有钢球，使滑动摩擦变为滚动摩擦，所以此转向器传动效率高（可达90%～95%）、操纵轻便灵活、磨损小、寿命长。此外，循环球式转向器在结构上便于和液压转向助力器的设计为一个整体，故应用日益广泛。

(3)调整　循环球式转向器的调整有两方面：

①螺杆轴承间隙的调整：通过增减端盖与壳体间的调整垫片来调整，增加垫片，间隙变大，减少垫片，间隙变小。

②齿条与齿扇啮合间隙的调整：通过拧动侧盖上的调整螺钉进行调整，往里拧进间隙变小，往外拧出间隙变大，调整完毕将锁紧螺母锁紧。

(五)转向传动机构

1. 功用与组成

转向传动机构的功用包括：

(1)将经过转向器放大了的转向力矩传给转向车轮，使车轮偏转，达到转向的目的。

(2)承受转向轮在不平的道路上行驶所造成的振动和冲击，并把这一冲击传到转向器。

所以，转向传动机构除应具有足够的强度外，还应具有减振和缓冲的作用，并能自动补偿各连接处磨损后造成的间隙。

转向传动机构主要由转向垂臂、转向纵拉杆、转向臂、转向节臂等组成。机车转向时，各部件的相对运动不在同一平面内，故它们之间的连接均采用球铰连接，以防产生运动干涉。

2. 结构与工作过程

(1)转向垂臂　转向垂臂与转向垂臂轴一般采用锥形花键连接，并用螺母锁紧，如图 5-8 所示。为保证转向垂臂从中间（与地面垂直）向两边有相同的摆动范围，常在转向垂臂及其轴上刻有安装标记。垂臂与纵拉杆相连的一端一般做成锥孔，孔中装入球头销，并用螺母锁紧。

(2)转向纵拉杆　纵拉杆主要由球头销、球头销座、补偿弹簧、弹簧座、螺塞、杆身等组成。纵拉杆在转向时既受拉又受压，通常用钢管制成并尽量呈直线形，其结构如图 5-9 所示。

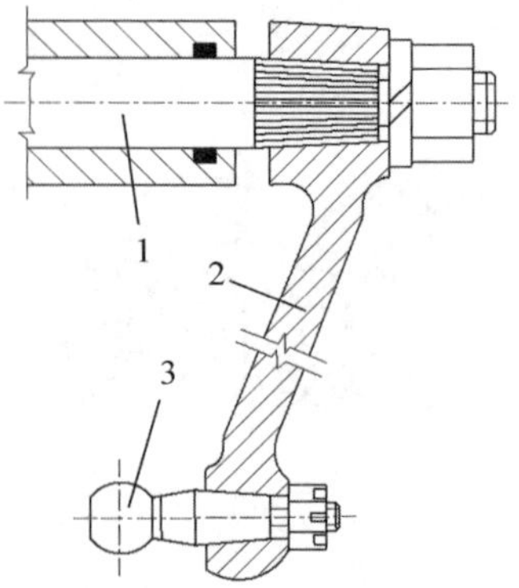

1. 转向垂臂轴 2. 转向垂臂 3. 球头销

图 5-8 转向垂臂

纵拉杆是连接转向垂臂和转向节臂的传动杆件。它的本体通常是一根空心管,两端设拉杆接头,分别与转向垂臂和转向节臂上的球头销配合。拉杆接头内部设有补偿弹簧,将活动的球头座紧压在球头销上。补偿弹簧的布置形式,一种是横向布置,见图 5-9(a);另一种是纵向布置,见图 5-9(b)。横向布置的弹簧仅起到补偿磨损间隙的作用,常用在双拉杆转向机构中,因为它工作中球头销间距离不受弹簧转向机构的影响,有利于保持两导向轮的正确偏转角关系;后者除消除间隙作用外,还对导向轮传来的冲击起缓冲作用,常用在转向梯形形式的转向机构中。

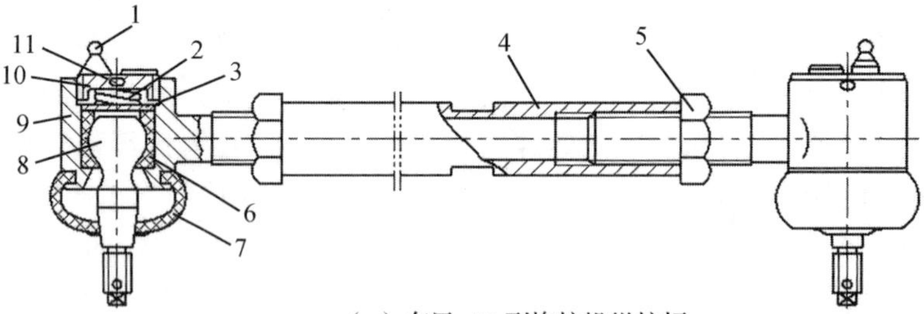

(a) 东风 -50 型拖拉机纵拉杆

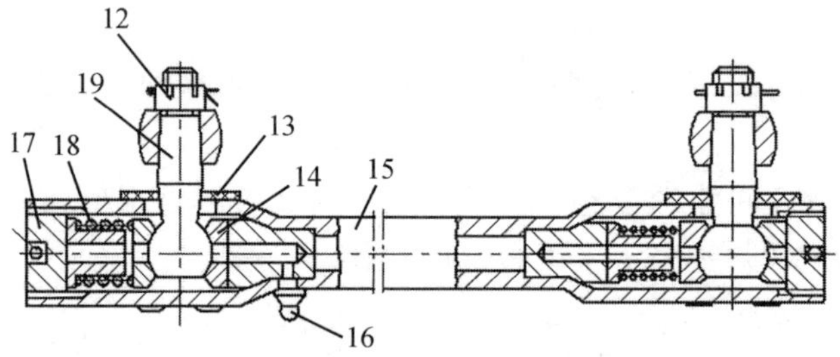

(b) 铁牛 -55 型拖拉机纵拉杆

1. 注油嘴 2. 补偿弹簧 3. 球头销盖 4. 转向纵拉杆 5. 锁紧螺母 6. 球头销座
7. 防尘罩 8. 球头销 9. 接头 10. 密封盖 11. 开口销 12. 锁紧螺母
13. 防尘罩 14. 球头销座 15. 转向纵拉杆 16. 注油嘴 17. 密封盖
18. 补偿弹簧 19. 球头销

图 5-9 转向纵拉杆

(3)转向梯形　由左右转向节臂、转向横拉杆及前轴所形成的四边形是一梯形,称为转向梯形。转向梯形的作用是使两导向轮的偏转角尽可能地满足导向轮纯滚动所要求的两侧轮偏转角度之间的关系。转向梯形的布置方案如图 5-10 所示,有前置梯形、后置梯形和前置梯形横拉杆分段式三种。

(4)横拉杆　在转向梯形转向机构中设有转向横拉杆,其结构类似于转向纵拉杆。如图 5-11 所示,它的两端也采用球头销连接,并且补偿弹簧横向布置,以保证工作长度不变。纵、横拉杆接头一般都设有注油嘴,加注润滑脂润滑。

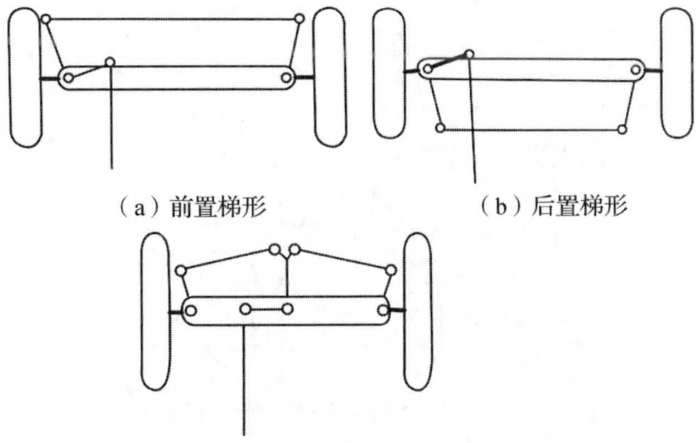

(a) 前置梯形　(b) 后置梯形　(c) 前置梯形横拉杆分段式

图 5-10　转向梯形的布置方案

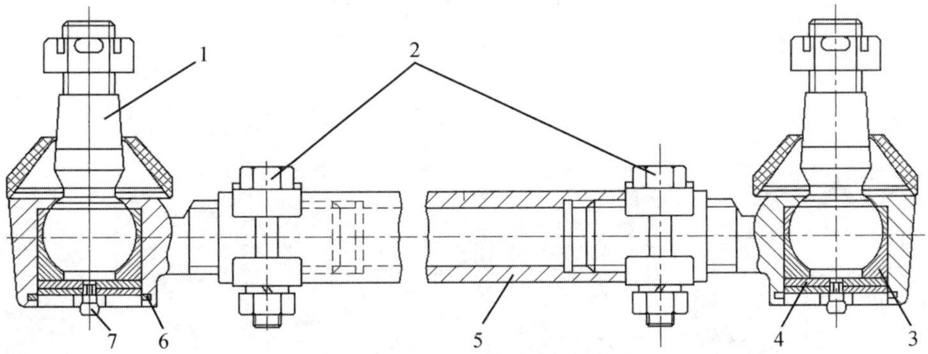

1. 球头销　2. 夹紧螺栓　3. 球头销座　4. 挡板　5. 杆身　6. 卡环　7. 油杯

图 5-11　转向横拉杆

五、全液压式偏转车轮转向

全液压式偏转车轮转向操纵轻便、部件布置方便、转向可靠，广泛应用在大中型轮式拖拉机上。如铁牛-654、东方红-1004/1204、上海纽荷兰 SNH800/804 等拖拉机都采用此种转向方式。

(一)基本组成

如图 5-12 所示为 SNH800 拖拉机的全液压偏转车轮转向系，主要由转向油缸、转向器(转向控制阀)、方向盘、储油罐、滤清器等组成。方向盘与液压转向器连接在一起，转向器通过两根油管按转向要求与转向油缸相应的油腔相连。转向油缸与转向臂相连。根据工作的需要，一般在两后轮驱动拖拉机上多采用单油缸形式，而在四轮驱动拖拉机上多采用双油缸形式。

(二)液压转向器的结构及转向原理

1. 液压转向器的结构

液压转向器用于控制转向油缸的动作，实现液压转向；当转向油泵停止供油时，实现手动转向。液压转向器通过螺钉固定在转向支架上，由转向阀和摆线齿轮马达组成，其结构如图 5-13、图 5-14 所示。

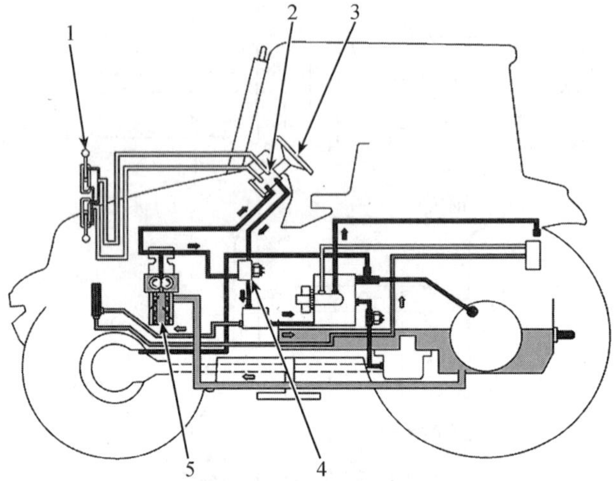

1. 转向油缸　2. 液压转向器　3. 方向盘　4. 储油罐　5. 滤清器

图 5-12　全液压式偏转车轮转向系统组成

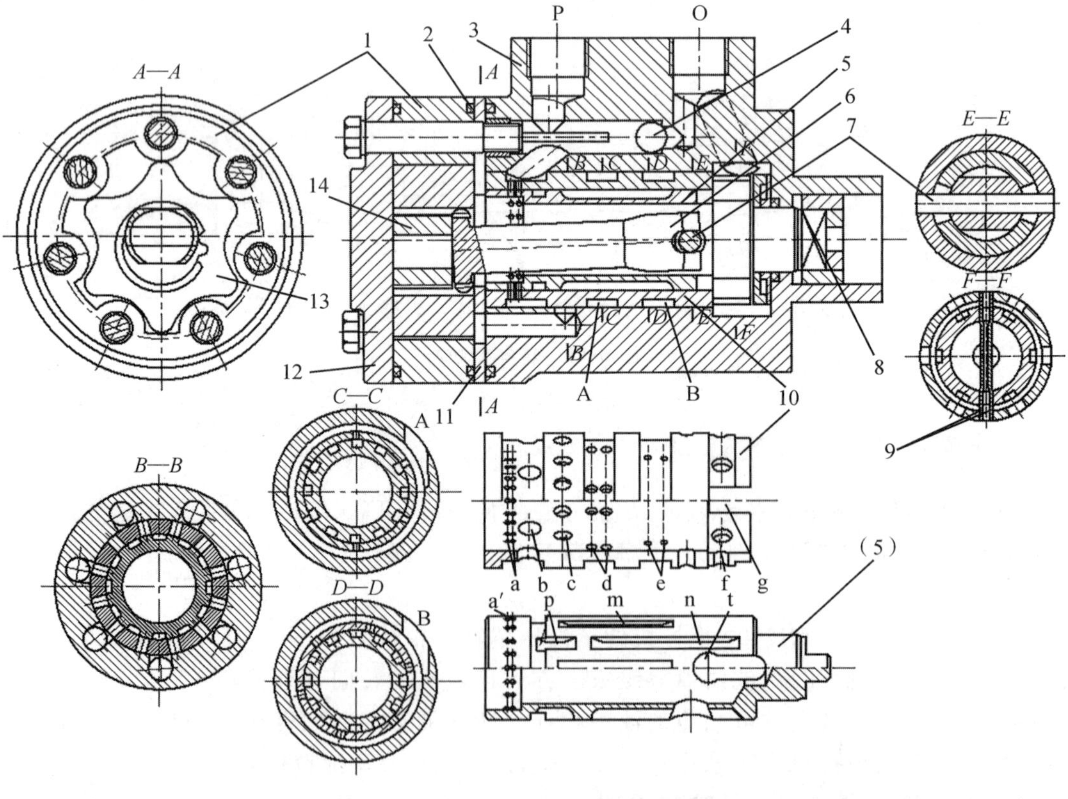

1. 定子　2."O" 形密封圈　3. 阀体　4. 单向阀　5. 阀芯　6. 传动轴　7. 轴销　8. 连接块　9. 钢片回位弹簧　10. 阀套　11. 配油盘　12. 端盖　13. 转子　14. 支承套

a. 阀套双排小孔　a′. 阀芯双排小孔　b. 阀套 6 个大孔与阀体 P 孔相通　c. 阀套 12 个孔　d. 阀套 6 个双排孔与 c 的双号孔对应　e. 阀套 6 个双排孔与 c 的单号孔对应　f. 阀套 6 个孔与阀体上回油口相通　g. 阀套横向切槽　p. 阀芯 6 个短轴向切槽　m. 阀芯 6 个中间轴向切槽　n. 阀芯 6 个长轴向切槽　t. 阀芯轴销孔

图 5-13　液压转向器结构

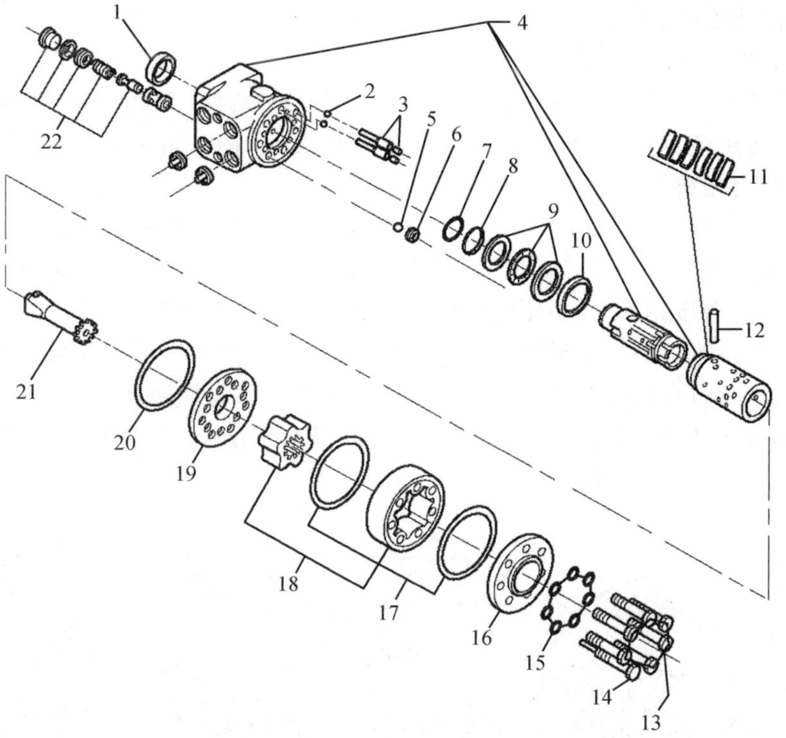

1. 防尘圈　2. 回流阀球　3. 回流阀销　4. 阀体、阀芯和阀套　5. 单向阀球　6. 单向阀螺塞
7."O" 形密封圈　8. 密封支撑环　9. 止推轴承零部件　10. 钢片回位弹簧固定环
11. 钢片回位弹簧　12. 轴销　13. 端盖固定螺栓　14. 单向阀定位螺钉　15. 垫圈
16. 端盖　17."O" 形密封圈　18. 定子和转子　19. 配油盘
20."O" 形密封圈　21. 传动轴　22. 安全阀组件

图 5-14　液压转向器零件分解轴测图

(1)转向阀　转向阀由阀体、阀套、阀芯、钢片式回位弹簧等组成。阀体上有 4 个油口,P 口和油泵相通,O 口和油箱相通,A 口和 B 口分别和转向油缸的左右两腔相通。在进油口 P 和回油口 O 之间装有单向阀。阀体内圆沿圆周均布 7 个油孔($B-B$,见图 5-13)并分别通往摆线马达的 7 个工作腔。

阀套外表面上有 4 个凸肩和 4 个环槽。环槽($F-F$,见图 5-13)上 6 个 f 孔与阀体上回油口相通。环槽($B-B$,见图 5-13)上有两排(每排 6 个)12 个 e 孔,始终与阀体上 B 孔相通。环槽($C-C$,见图 5-13)上有两排(每排 6 个)12 个 d 孔,始终与阀体上 A 口相通。最下面环槽上有 6 个 b 孔和两排密集小孔 a,始终与阀体上的进油口 P 相通。凸肩上的 12 个 c 孔按排列顺序可分为单数与双数,如果单数孔中与摆线马达的进油腔相通,则双数孔中将有几个孔与摆线马达的排油腔相通。

阀芯上有 p、m、n 三种轴向切槽,每种切槽各有 6 条。端部圆周上有两排密集小孔 a′与阀芯内腔相通。

当阀芯处于中间位置时,其上的三种切槽均被阀套封闭,端部两排小孔 a′孔与阀套上两排小孔 a 对应重合。当阀芯处于左或右转向工作时,p 槽将阀套的 b 孔和 c 孔的单数或双数孔沟通;m 槽将阀套的双排 d 孔或 e 孔与 c 孔的双数或单数孔沟通;n 槽将阀套的双排 e 孔或 d 孔与 f 孔沟通。t 孔将其中心孔与回路油口沟通。

阀套与阀芯相配合装在阀体内，两者用轴销连接，用钢片回位弹簧组穿入阀芯的长孔和阀套的横向切槽中保证中间位置。

(2)摆线齿轮马达　摆线齿轮马达包括定子、转子、配油盘、端盖、传动轴等(图 5-14)。定子、配油盘及端盖用螺钉固定在转向阀体上，转子装在定子内。传动轴一端和转子相连，另一端通过轴销和阀套相连。

定子内缘有 7 个内齿，转子外缘有 6 个外齿，转子以偏心距为半径围绕定子中心转动。由于两者相差 1 齿，由图 5-15 可以看出，当转子以如图所示位置为始点，绕着定子的轴线，顺时针方向沿定子的各个齿转动一周，则转子同时绕自身轴线以逆时针方向转过 1 个齿(见图 5-15 中带黑点的齿的运动规律)。如果转子绕定子轴线转 6 周，则转子绕自身轴线以相反的方向转过 6 个齿，即转子绕自身轴线旋转 1 周。把转子围绕定子轴线的转动称为公转，绕自身轴线转动称为自转，则其运动规律是：转子自转一周的同时绕定子公转 6 周，即转子的公转转速是其自转转速的 6 倍，且两者的旋转方向相反。

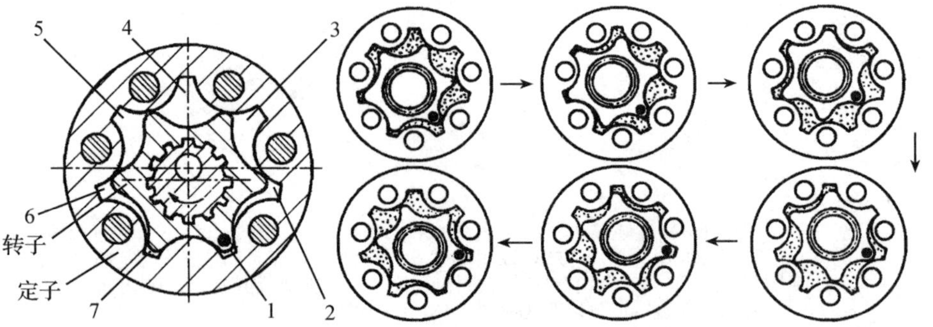

1~7. 马达的 7 个油腔，分别与阀体上的 7 个油道相通

图 5-15　摆线齿轮马达工作原理

摆线齿轮马达的齿面形状保证了转子轴线上的每一点均可成啮合点，因此定子与转子之间在任何时候都形成 7 个相互隔开的油腔。这 7 个油腔的容积随着转子的转动而变化。转子公转一周从 7 个油腔中各排出油一次，转子自转一周，则油从 42(6×7)个油腔中排出。因此这种马达单位体积排量大，能适应手动转向的供油。

摆线齿轮马达的配油是通过配油盘和阀体上均布的 7 个油孔及阀套上的油孔 c 来实现的。当压力油通过配油盘进入摆线电机 7 个油腔中的某几个油腔时，另外几个油腔向外排油。

摆线齿轮马达转子的自转轴线是不固定的，所以和它相连接的传动轴一端制为圆弧形渐开线花键，插在转子的花键孔中，另一端以缺口和轴销相连。当转子转动时，通过传动轴和轴销带动阀套一起转动。

(3)转向原理

①中立位置：方向盘不动，阀芯和阀套在钢片弹簧的作用下处于如图 5-16 所示的相对位置。由转向泵来的压力油从阀体上 P 口→阀套和阀芯相互重合的 a 和 a′孔→阀芯中心→阀芯 t 孔和阀套 f 孔和槽 g→阀体 O 孔→回油箱。此时阀套上的 12 个 c 孔均被封闭，亦无工作油流动，因而转向油缸不动作，转向轮保持直线行驶或某个转弯半径的行驶状态。

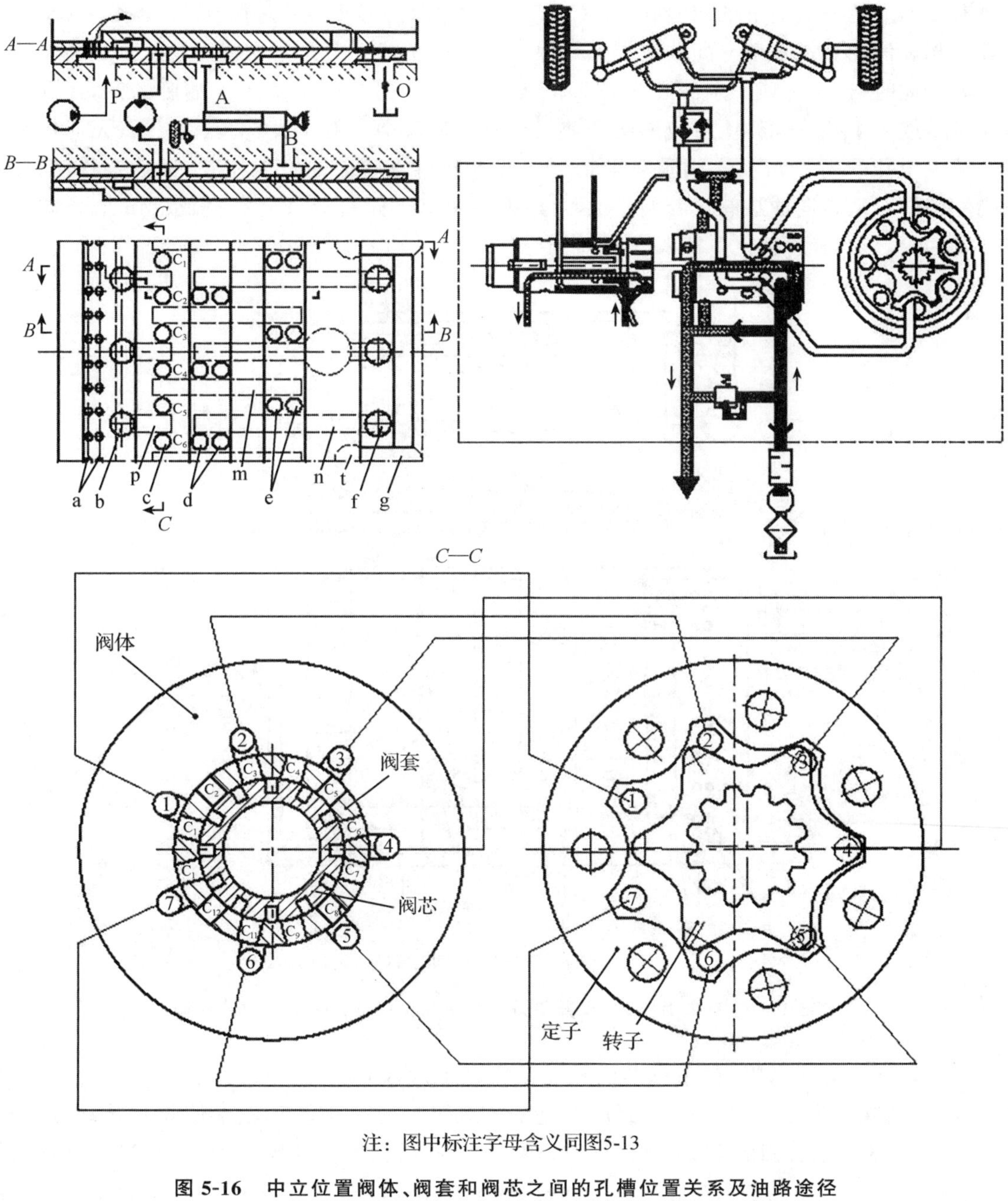

注：图中标注字母含义同图5-13

图 5-16　中立位置阀体、阀套和阀芯之间的孔槽位置关系及油路途径

②左转向　方向盘向左转动，阀芯随方向盘做逆时针旋转，阀套因和摆线马达转子相连而暂时不转。此时，阀体、阀套和阀芯之间的孔槽位置关系如图 5-17 所示。及阀套和阀芯的孔 a 和 a′错开，截断通往阀芯中心的压力油。由转向泵来的压力油从阀体上 P 口→阀套上的 b 孔和阀芯上的 p 槽→阀套上的双号孔 C_2、C_4、C_6、C_8、C_{10}、C_{12} 中相邻的两个或三个孔→阀体上 7 个孔中相邻的两个或三个→配油盘上与阀体对应的两个或三个孔→摆线马达相邻的两个或三个油腔。此时，这两个或三个油腔为进油腔；摆线马达的另外两个或三个油腔的油，经配油盘对应两个或三个孔→阀体上对应的两个或三个孔→阀套单号孔 C_1、C_3、C_5、C_7、C_9、C_{11} 中相邻两个或三个孔→阀芯 m 槽→阀套双排 e 孔→阀体 B 口→转向油缸无杆腔，推活塞移动，使车轮向左偏转。从转向油缸有杆腔回来的油经阀体 A 口→阀套双排 d 孔→阀芯 n 槽→阀体 O 口回到油箱。

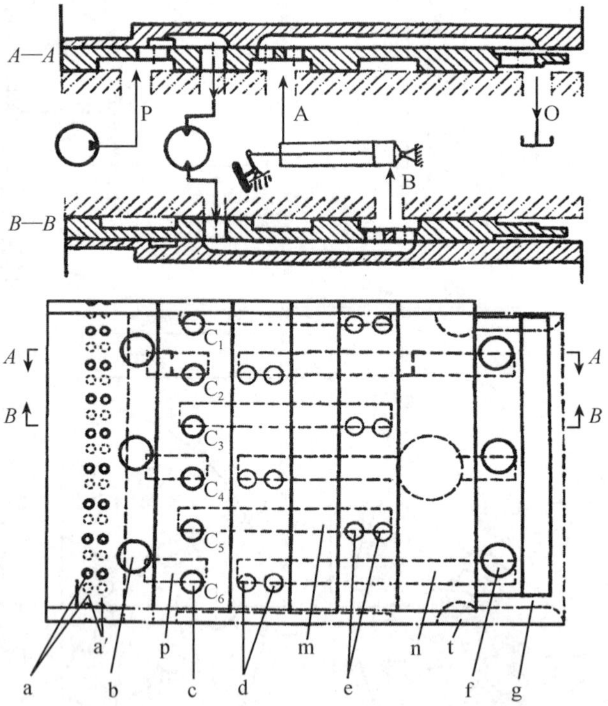

注：图中标注字母含义同图5-13

图 5-17　左转向时阀体、阀套和阀芯之间的孔槽位置关系及油路途径

在向左转动方向盘时，由于阀芯的转动使阀套上的双号孔 C_2、C_4、C_6、C_8、C_{10}、C_{12} 通高压油，摆线马达在此高压油的作用下转动，马达的转动又通过传动轴和轴销使阀套转动，其转动情况如图 5-18 所示。图的上部为阀套上 C_1～C_{12} 各孔所在剖面的展开图，下部摆线马达的轴向投影图。上部Ⅰ～Ⅶ表示当方向盘（或马达转子）在连续不同的转动角度下，阀体上（与摆线马达各腔相通）的 7 个孔与阀套上 C_1～C_{12} 各孔的连通情况，上部阀体 7 个孔的号码与下部马达各腔号码一一对应；阀套上 C_1～C_{12} 孔中带横剖面线者与阀体的进油口 P 相通，带点状剖面者与油缸相通。

在位置Ⅰ时，向左转动阀芯(因方向盘转动轴与阀芯相连)使得阀套上双号孔 C_2～C_{12} 通高压油，但只能经阀套上的双号孔 C_8、C_{10}、C_{12} 进入马达的工作腔 5、6、7。马达转子便在 5、6、7 腔中高压油作用下带动阀套向左转动，直至阀芯与阀套又回到中立状态时(如前所述，中立位置时高压油不能进入 C 孔)的位置Ⅱ。此时若继续向左转动阀芯，仍会使阀套上双号孔 C_2～C_{12} 通高压油，并只能经 C_6、C_8、C_{10} 进入马达的工作 4、5、6。马达转子在 4、5、6 腔中高压油的作用下继续带动阀套转至位置Ⅲ。如此连续转动，从位置Ⅰ→Ⅱ→Ⅲ→……再转至位置Ⅰ时，马达转子转过一个齿即 1/6 周，阀套转过两个孔，也是 1/6 周。在马达的转动过程中，排油腔(图中点状剖面的油腔)的油经单号孔 C_1～C_{11} 排进油缸。方向盘每转过一个角度，转子、阀套都转过一个相应的角度，进入马达和从马达排出的油的体积也是一定的，从而保证了流进转向油缸的流量与方向盘转角成正比。

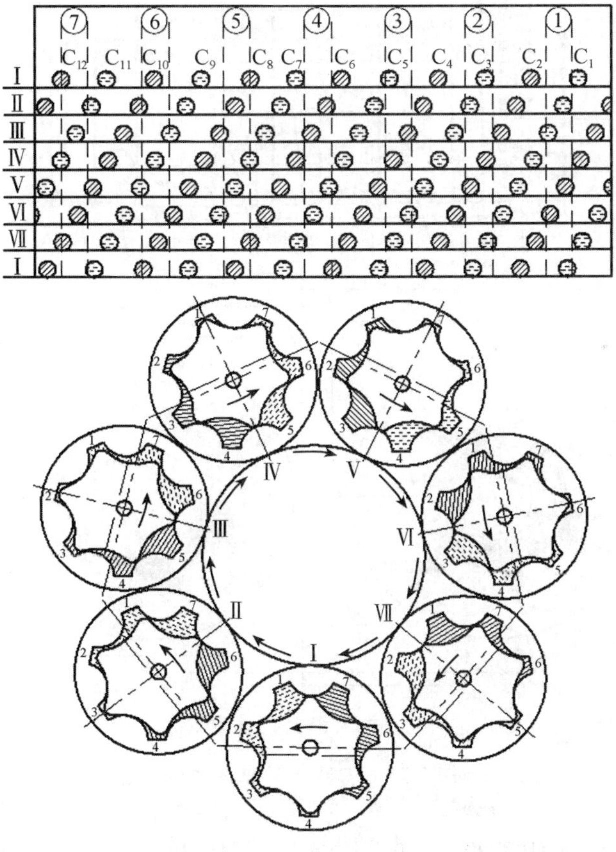

图 5-18　摆线马达进回油及带动阀套转动情况

③右转向　方向盘向右转动，阀芯与阀套的相对位置如图 5-19 所示。转向过程与上述左转向时的情形相同，只是液流的方向不同。转向油缸与马达进出口液流方向正好与如图 5-17 所示方向相反，其油路途径不再叙述。

④手动转向(紧急转向)　当发动机因故不能工作或转向泵损坏时，因转向系未设辅助油泵，没有了压力油源，这时可实现手动转向。其过程是：转动方向盘时通过连接块使阀芯转动，阀芯通过轴销、阀套、传动轴直接带动摆线马达旋转，从其排油腔排油回到转向阀再到转向油

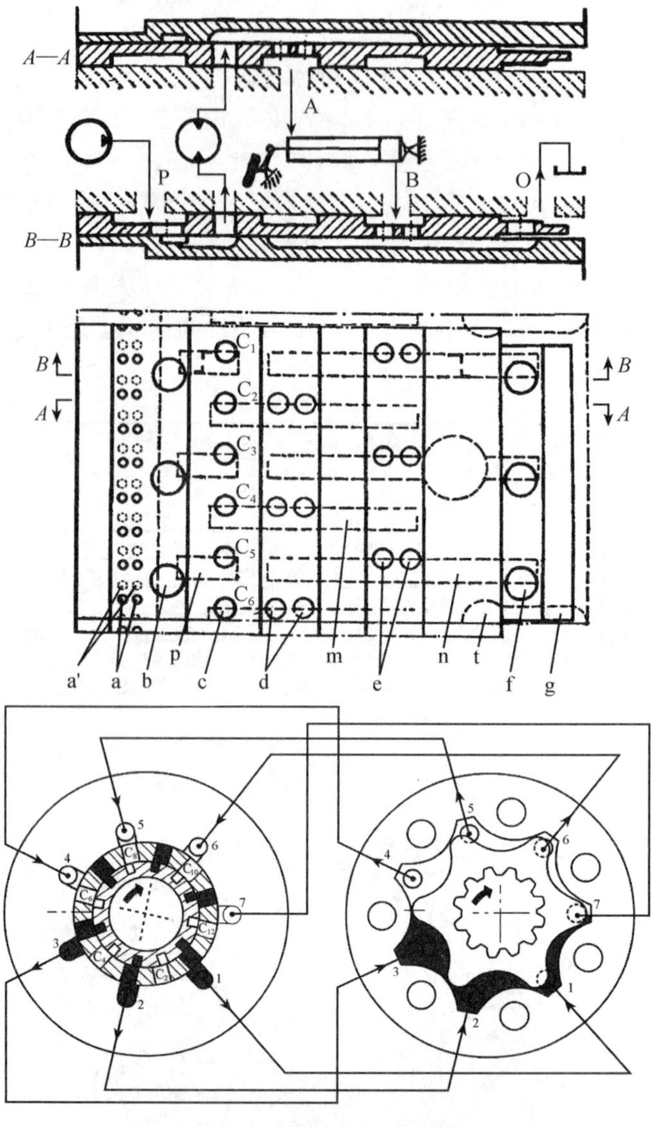

注：图中标注字母含义同图 5-13

图 5-19　右转向时油路途径

缸，其液流流动途径如图 5-20 所示，只是此时马达进油腔的油不是从油泵来的，而是从回油口 O 经单向阀补来的，显然这时摆线齿轮马达实际起泵的作用，相当于手动转子泵。

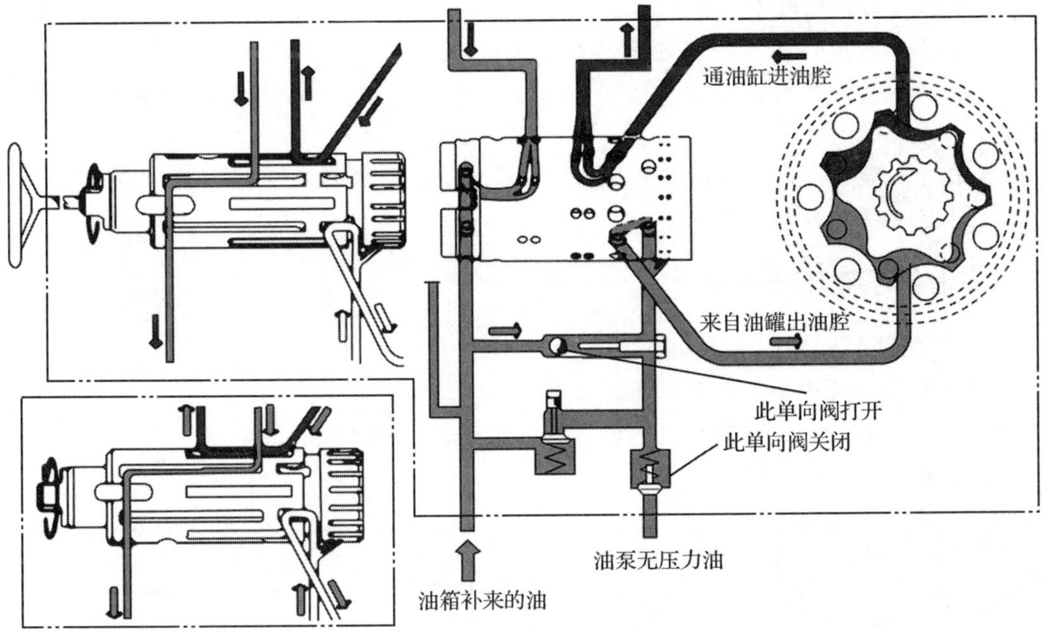

图 5-20　手动转向时油路途径

5-2　实操训练　液压转向器的拆装

课程导入

液压转向器出现故障时，须从车上拆卸进行解体检修。通过液压转向器的拆装，训练学生拆装精密液压元件的方法和技巧，同时培养学生严谨细致的工作作风。

1. 拆装转向油缸应注意哪些事项？

2. 查阅相关资料，确定SNH800型拖拉机转向油缸的技术数据。

3. 实训前需准备以下材料用具：

(1)待修拖拉机(本书以SNH800拖拉机为例)；

(2)常用拆装工具；

(3)零件清洗剂；

(4)外径千分尺等测量工具；

(5)吊装设备及吊索；

(6)专用支撑台架；

(7)零件摆放台和盛油盆；

(8)厂家维修手册和零件图册。

技术提示

液压转向器属精密的液压元件，拆装时须注意以下几点：

1. 将液压转向器分解时，不得使用铁锤等硬金属物件硬性敲击，应使用铜棒或橡胶锤轻轻敲击。

2. 密封面或精密配合面不得用起子等硬金属撬开，以免划伤表面。

3. 拆装时要格外小心，避免弄丢或损伤小的物件。

4. 装配前应彻底清洗所有零件，装配时密封件应涂上润滑油，精密配合件可用手直接推入，不得硬性敲击。

5. 装配时不得戴易落毛渣的棉线手套等，不得使用棉纱抹布等擦拭密封或精密配合表面，不得在灰尘密布的环境下装配。

一、车上拆下液压转向器

车上拆下液压转向器的步骤如下：

(1)将工具箱与其相关的支架分开。

(2)拆下仪表板上的左侧板和右侧板(1)，见图 5-21。

(3)拆下转向柱筒(1)，见图 5-22。

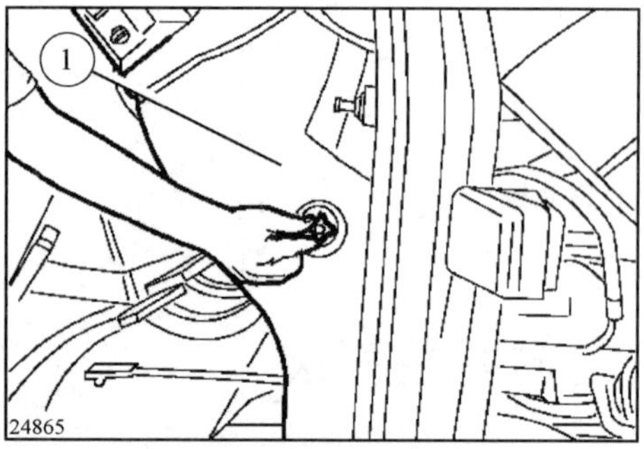

1. 左侧板和右侧板

图 5-21　拆下仪表板上的左侧板和右侧板

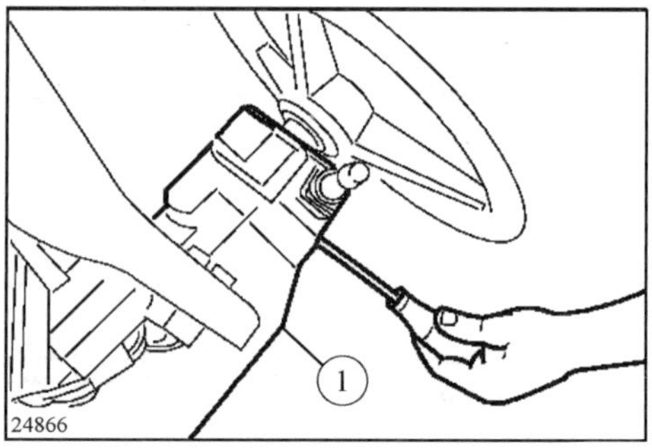

1.左转向柱

图 5-22　拆下转向柱

(4)旋开将灯组固定到转向柱上的固定螺栓(1)，见图 5-23。

(5)断开拖拉机起动装置上的线束插头(1)，见图 5-24。

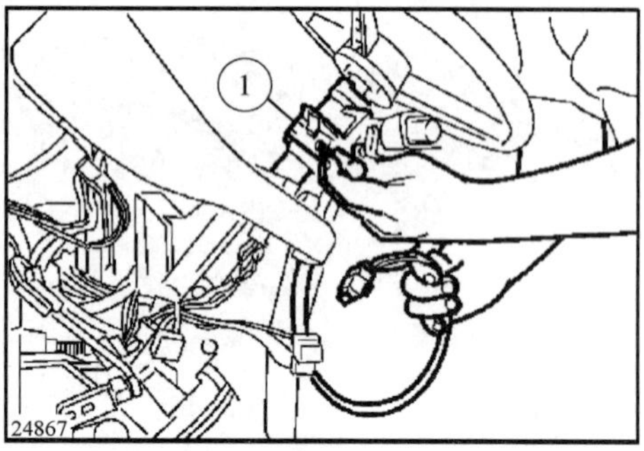

1.固定螺栓

图 5-23　旋开灯组固定螺栓

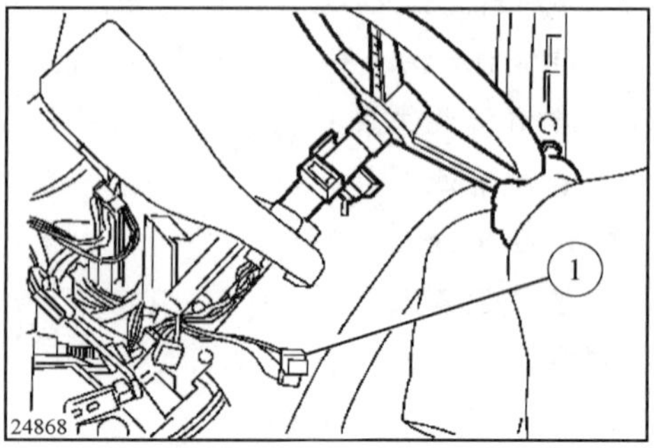

1.线束插头

图 5-24　断开线束插头

(6)从液压转向器内拔出转向机柱轴锁定销，并旋开 4 个控制阀固定螺栓(图 5-25)。

(7)旋开转向机柱固定螺栓(1)，见图 5-26。

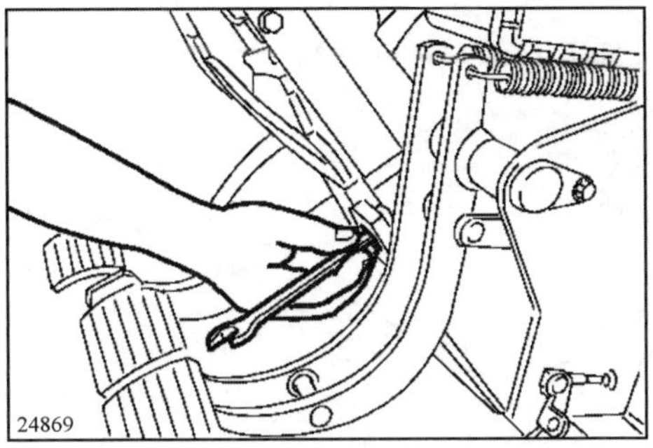

图 5-25　旋开四个控制阀固定螺栓

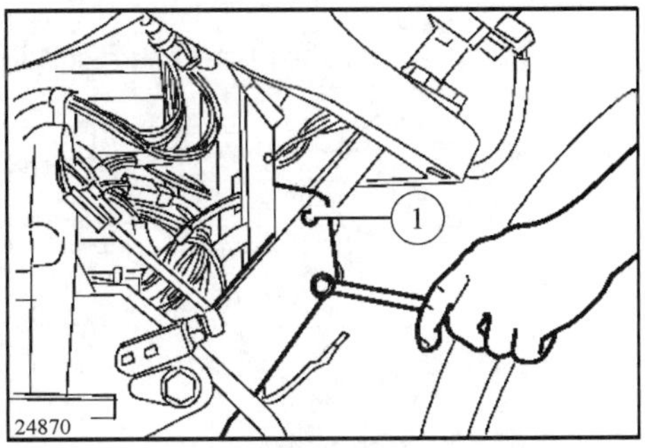

1.转向机柱固定螺栓

图 5-26　旋开转向机柱固定螺栓

(8)拆下转向机柱(1),为拆除液压转向器创造更多的空间(图 5-27)。

(9)拆下排气管,抬起机盖并断开前大灯(2)的线束插头(1),见图 5-28。

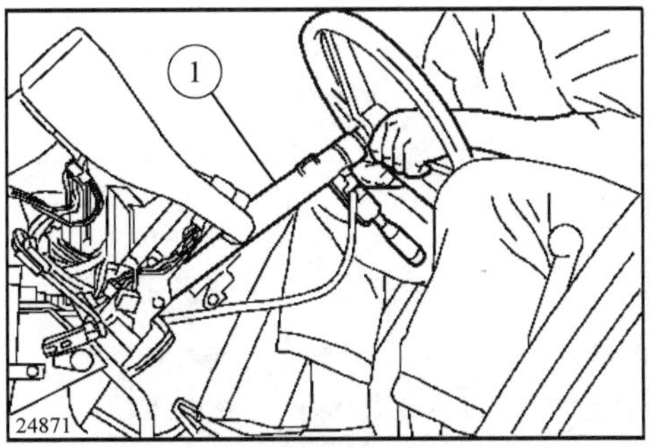

1.转向机柱

图 5-27　拆下转向机柱

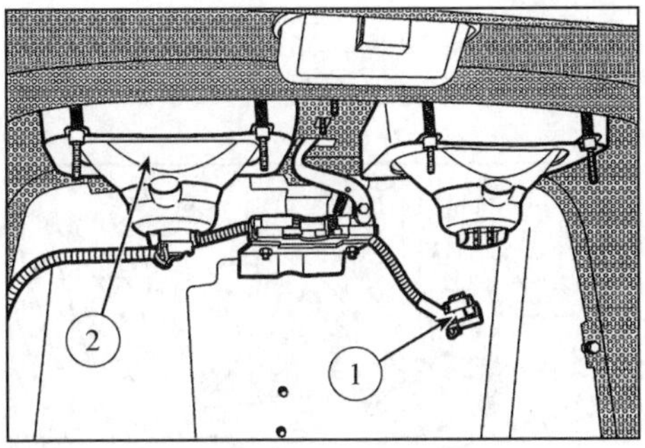

1.线束插头　2.前大灯

图 5-28　断开前大灯的线束插头

(10)将气弹簧(1)从机盖上分离(图 5-29)。

(11)旋开四个枢轴螺栓(1)并拆下机盖(图 5-30)。

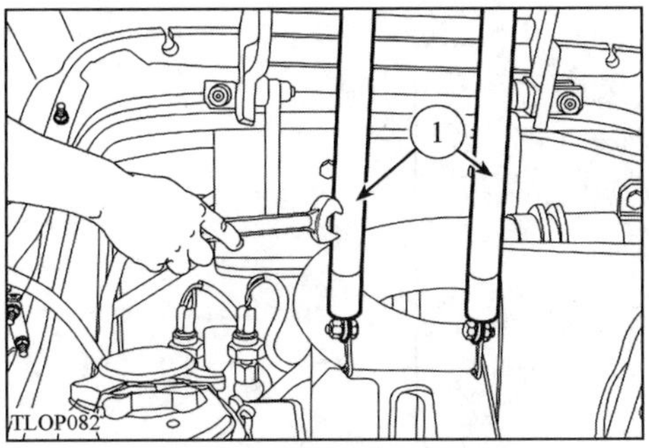

1.气弹簧

图 5-29　将气弹簧从机盖上分离

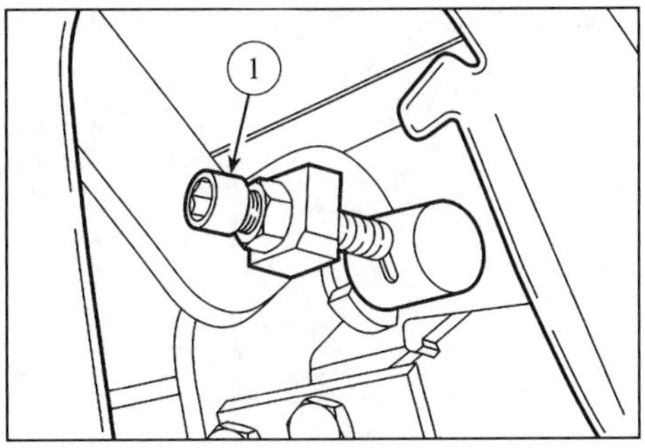

1.枢轴螺栓

图 5-30　拆下机盖

（12）分离机盖底座后支架（1），见图 5-31。

（13）断开进、回油管（1）与液压转向油缸的连接，分离夹钳（图 5-32）。

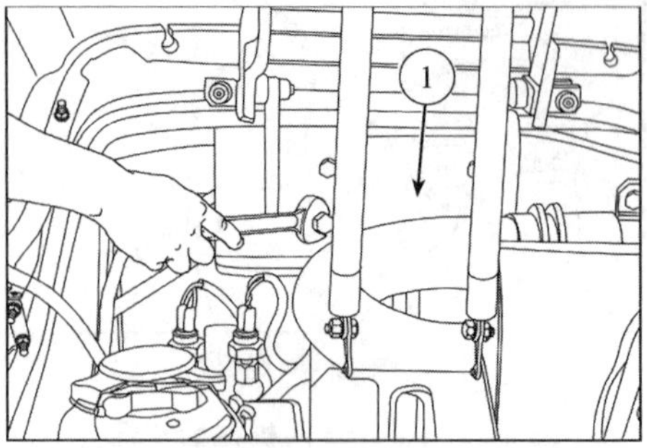

1. 后支架

图 5-31 分离机盖底座后支架

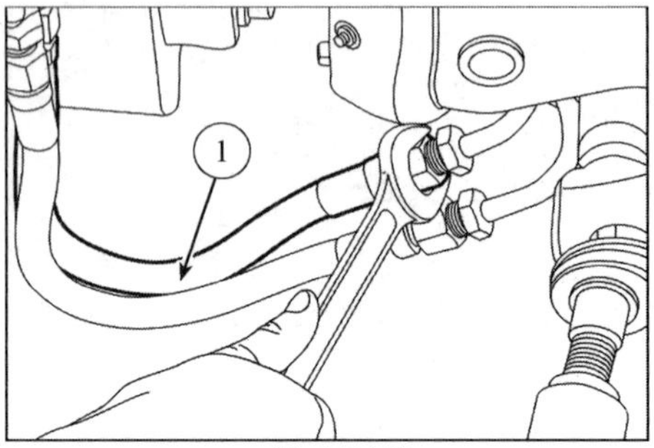

1. 进、回油管

图 5-32 断开液压转向油缸的连接油管

（14）抬起驾驶室地板（1），旋开两个将驾驶室固定到相应底座的连接螺栓（2，一边一个），见图 5-33。

（15）从前面抬起驾驶室大约 6 cm（图 5-34）。

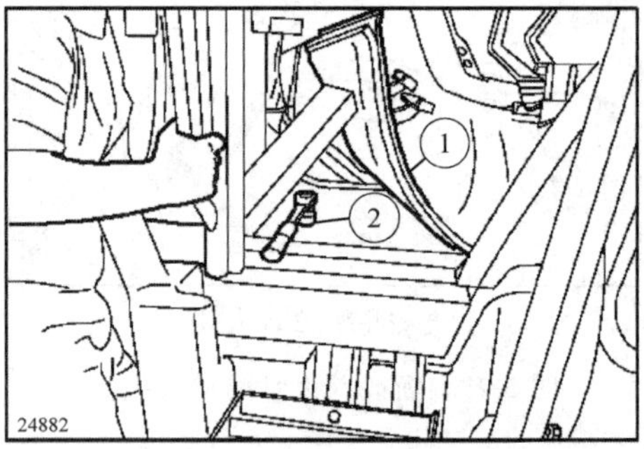

1.驾驶室地板 2.连接螺栓

图 5-33 旋开驾驶室与底座的连接螺栓

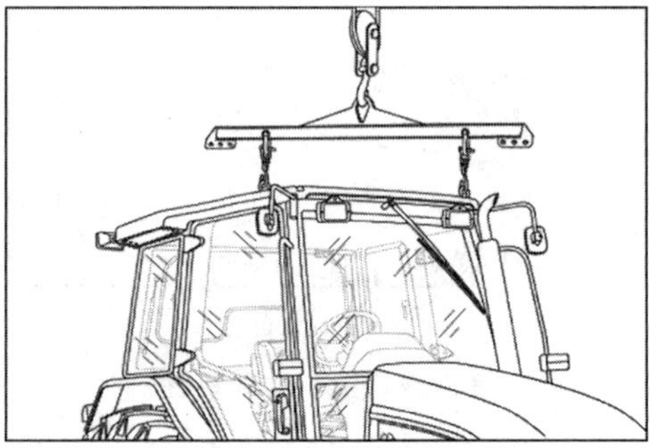

图 5-34 吊起驾驶室

（16）从前面拆下液压转向器总成（1），见图 5-35。

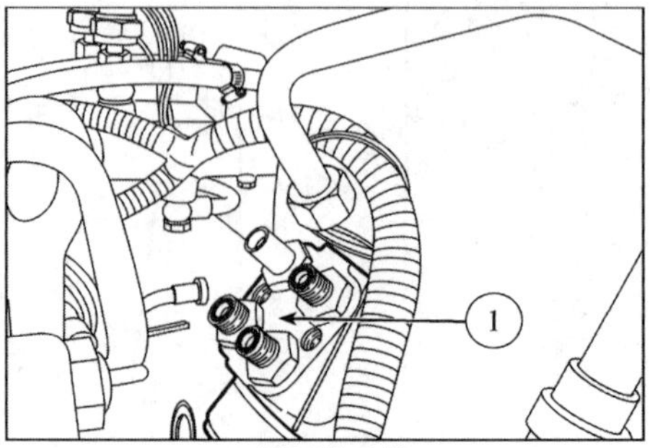

1. 液压传动器

图 5-35 拆下液压转向器总成

二、液压转向器的拆装

(一)液压转向器拆卸

拆卸液压转向器的步骤如下：

(1)拆下盖固定螺栓(图5-36)。

(2)将盖滑向一侧取下(图5-37)。

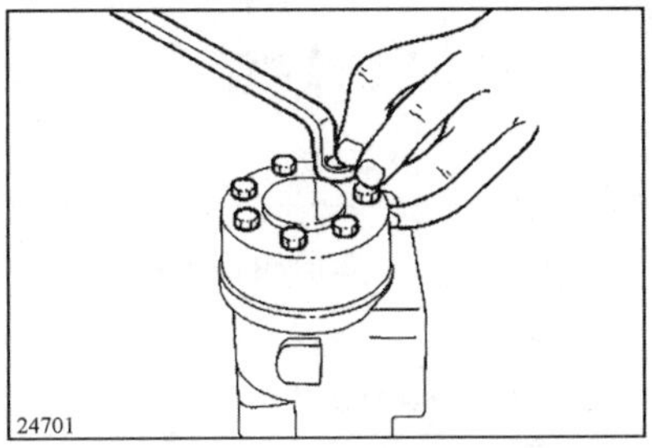

图5-36　拆下盖固定螺栓

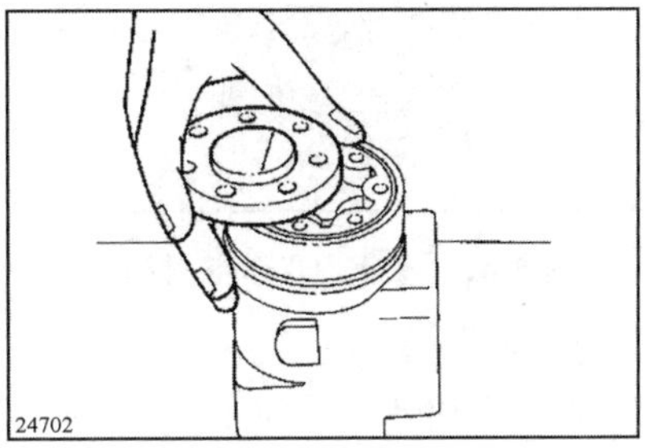

图5-37　将盖取下

(3)拆下定子、转子和内垫片(图5-38)。

(4)拆下转子固定环上的两个“O”形密封圈。

(5)拔出转子传动轴(图5-39)。

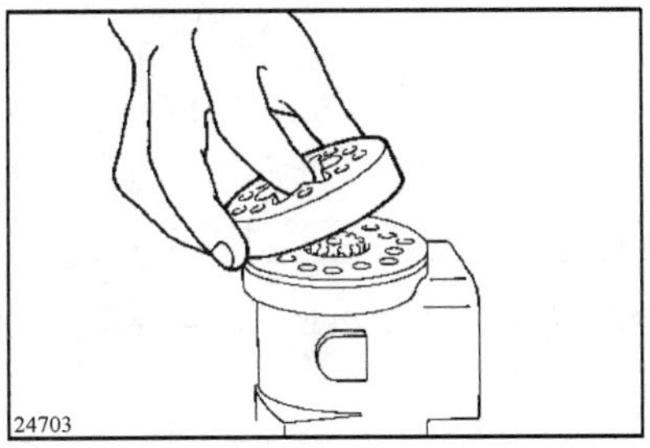

图5-38　拆下定子、转子和内垫片

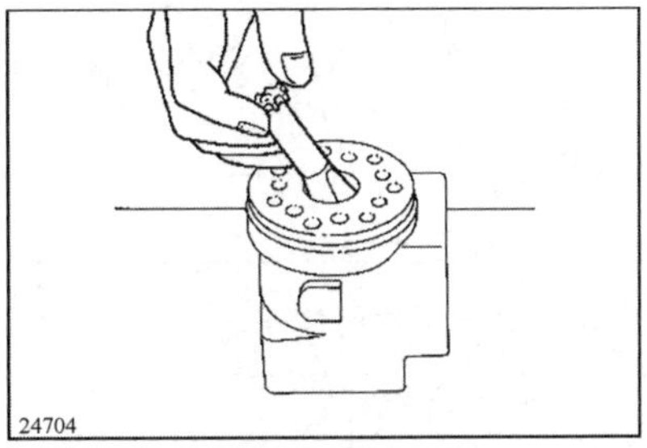

图5-39　拔出转子传动轴

(6)取下配油盘(图5-40)。

(7)用起子拆下单向阀座上的螺塞(图5-41)

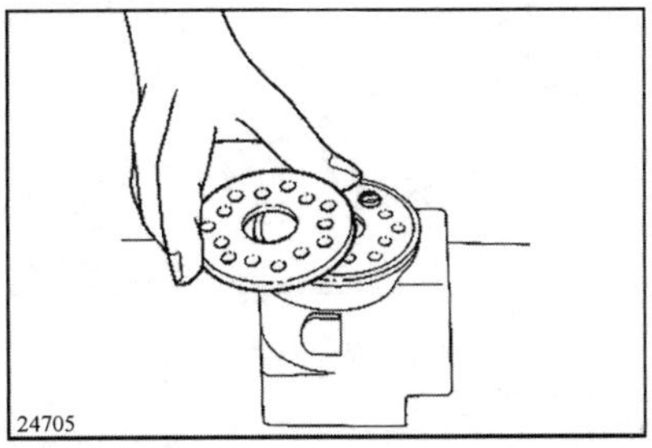

图5-40　取下配油盘

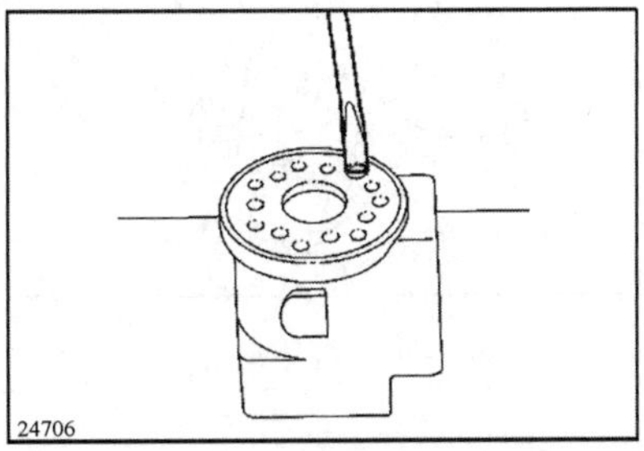

图5-41　拆下单向阀座上的螺塞

(8)从阀体上拔出“O”形密封圈(图 5-42)。

(9)旋转控制阀体,并取出单向阀钢球和两个带有相应销、钢球、弹簧的回流阀(图 5-43)。

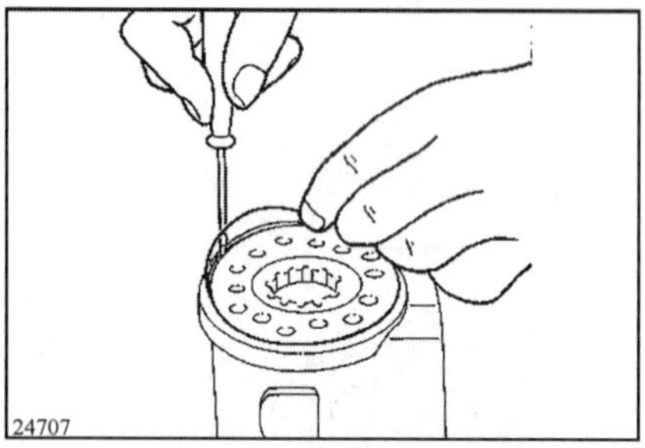

图 5-42　取下“O”形密封圈

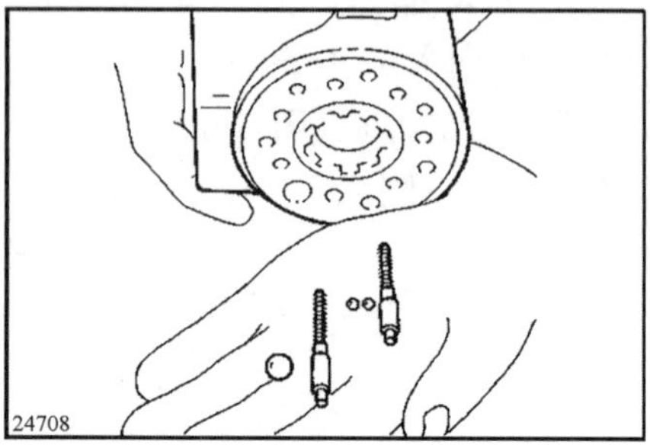

图 5-43　取出单向阀钢球和回流阀

(10)定位阀体和转子传动轴,以使阀套和轴销位于水平位置(图 5-44)。

(11)向内推动转阀,以使阀芯、阀套和止推轴承可以从阀体中拔出(图 5-45)。

(12)从转阀中拔出止推轴承连同两个外部环,从阀套上拆下钢片弹簧固定环。

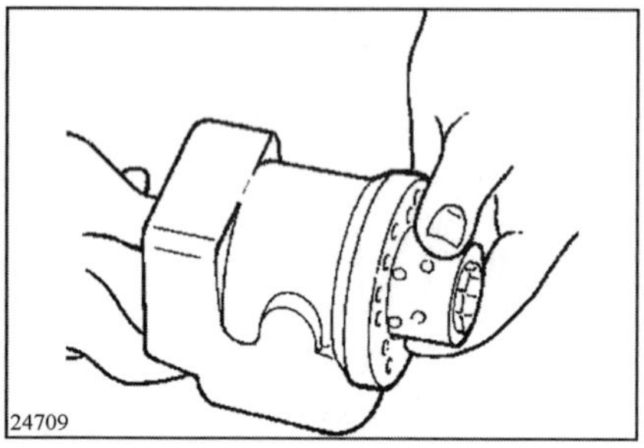

图 5-44　定位阀体于水平位置

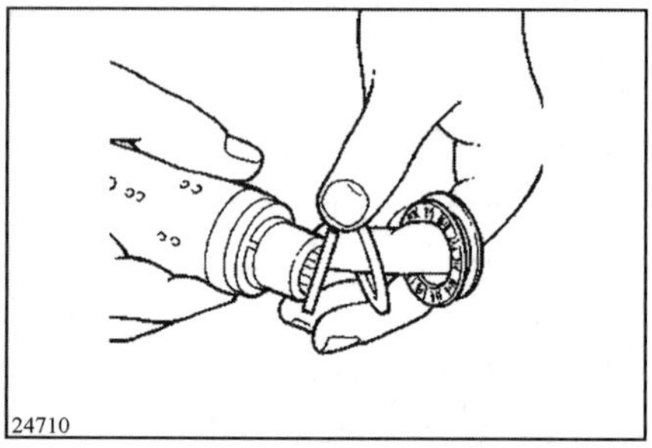

图 5-45　从转阀中拔出止推轴承连同两个外部环

(13)从阀套上拆下轴销(图 5-46)。

(14)从阀套上拔出阀芯(图 5-47)。

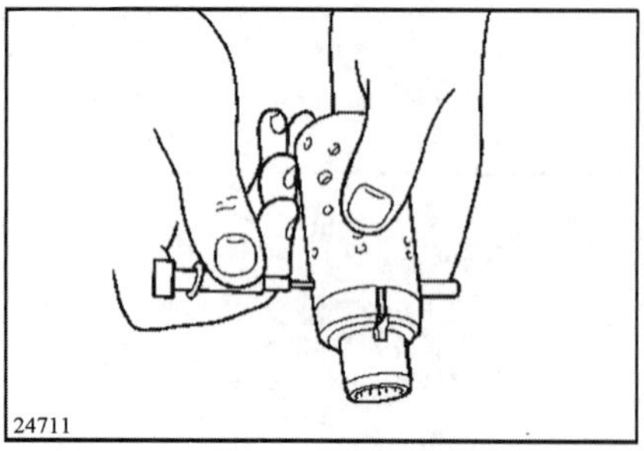

图 5-46　拆下轴销

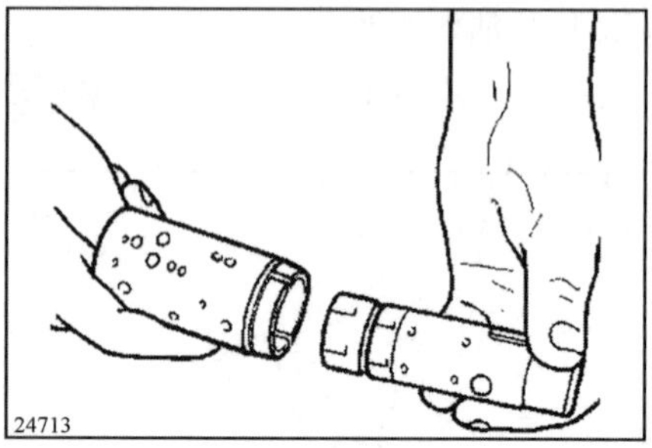

图 5-47　拔出阀芯

(15)在拆下弹簧,并从其底座上拔出(图 5-48)。

(16)在阀体的底座上拆下防尘密封圈和“O”形密封圈(图 5-49)。

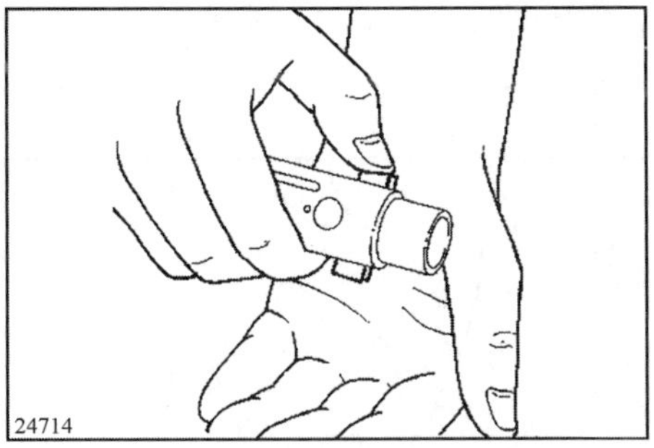

图 5-48　拆下钢片弹簧

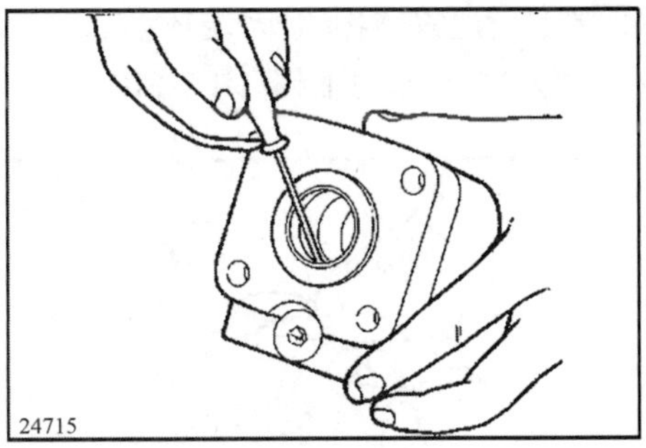

图 5-49　拆下防尘密封圈和“O”形密封圈

(17)拆下安全阀上的螺塞,并拔出密封垫圈(图 5-50)。

(18)拆下安全阀调节螺钉,取出安全阀组件(图 5-51)。

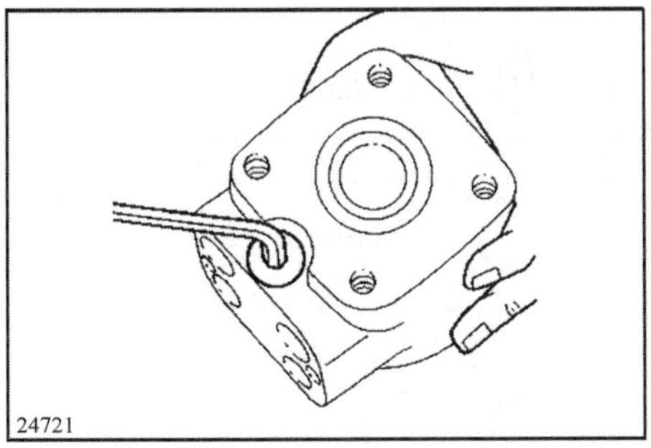

图 5-50　拆下安全阀上的螺塞

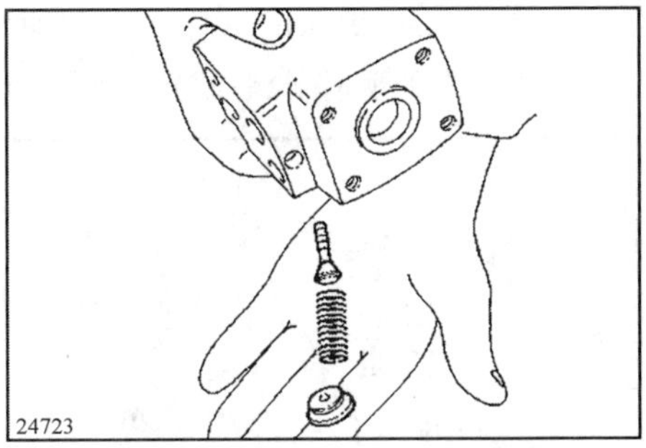

图 5-51　取出安装阀组件

(二)液压转向器的装配

注意:①装配前应完全清洁所有的转向器零部件;②更换垫圈和密封;③仔细检查所有的机械零件,更换磨损的零部件;④装配时用液压油润滑零部件。

装配液压转向器的步骤如下:

(1)将阀芯安装到阀套内,检查与如图 5-52 中所示一样的参照标记。

(2)在底座内插入弹簧后,排列并居中(图 5-53)。

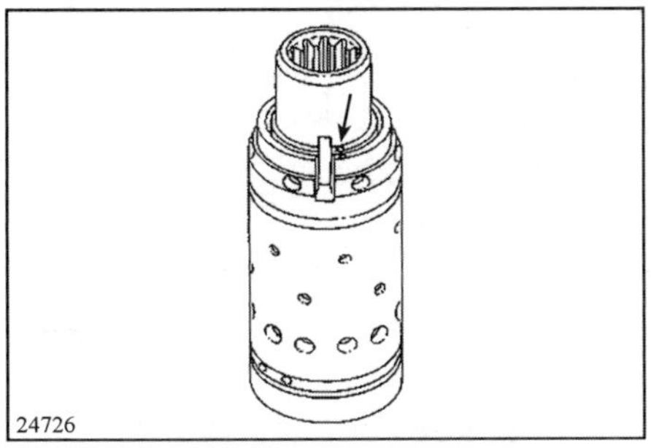

图 5-52　将阀芯安装到阀套内

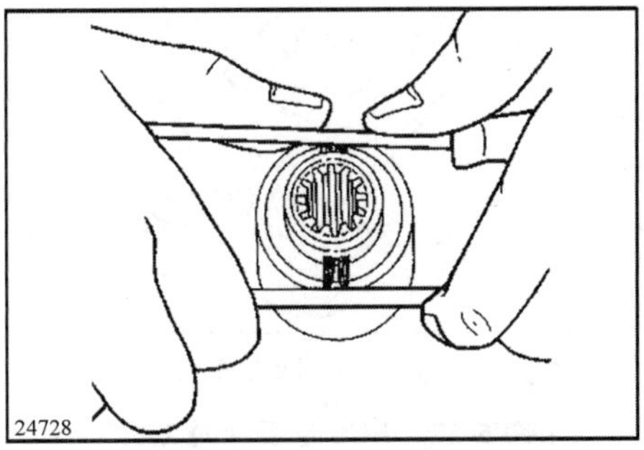

图 5-53　安装钢片弹簧

(3)在阀套上安装弹簧固定环,固定环须在不被弹簧阻止的情况下可以自由旋转(图5-54)。

(4)插入转子传动轴销(图5-55)。

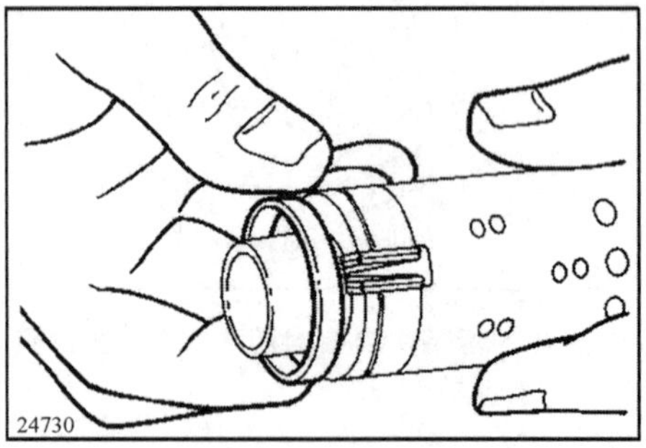

图 5-54　安装钢片弹簧固定环

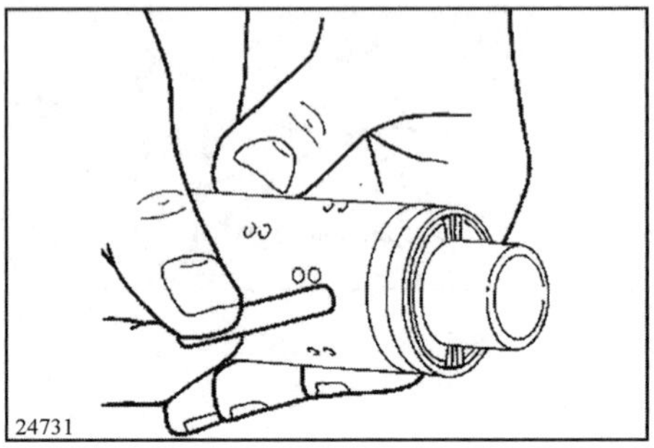

图 5-55　插入转子传动轴销

(5)按如图5-56所示的顺序装止推轴承。

(6)使阀套上的底座水平放置,然后利用专用导向工具安装"O"形密封圈。

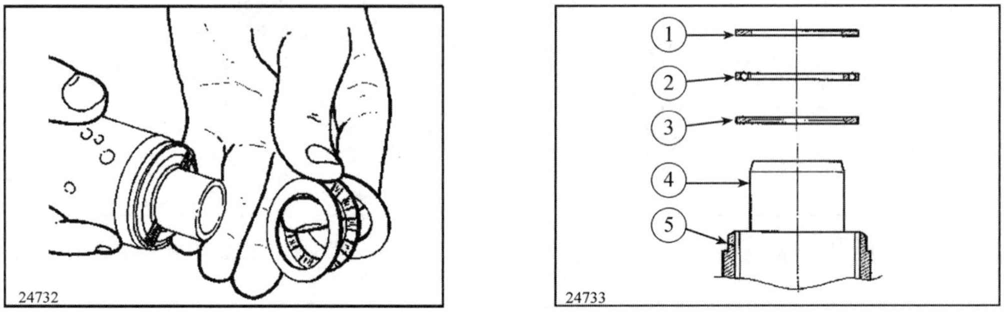

1. 轴承外环　2. 止推轴承　3. 轴承内环　4. 阀芯　5. 阀套

图 5-56　安装止推轴承

(7)压住转阀以使止推轴承与阀体接触,同时挤出专用导向工具(1),见图5-57。

(8)旋转阀体,如箭头所示,将单向阀球放入底座(图5-58)。

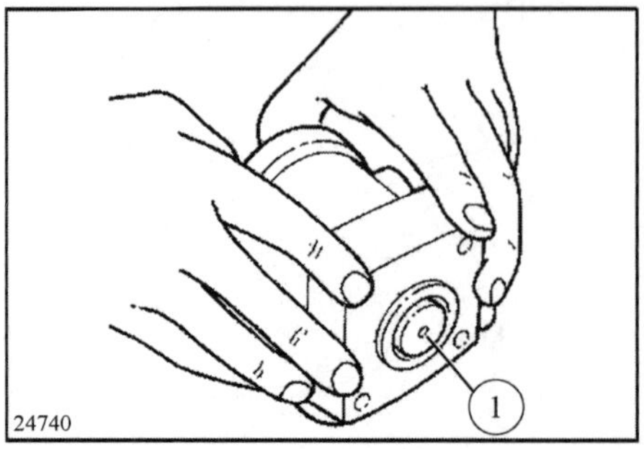

1. 专用导向工具

图 5-57　挤出专用导向工具

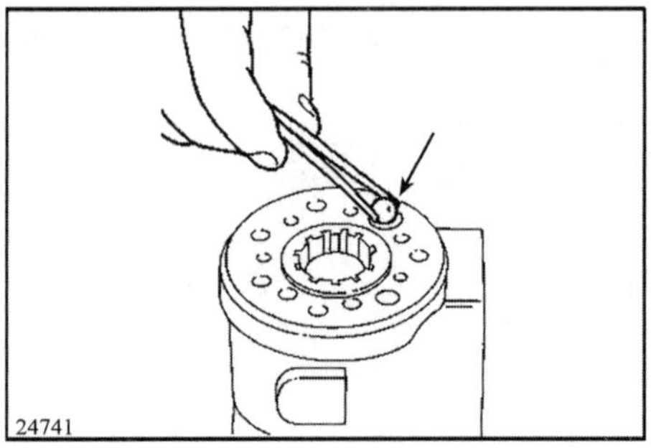

图 5-58　放入单向阀钢球

(9)将螺塞拧在单向阀座上,直到上表面在阀体表面之下(图 5-59)。

(10)如箭头所示,将回流阀球放入两个阀座(图 5-60)。

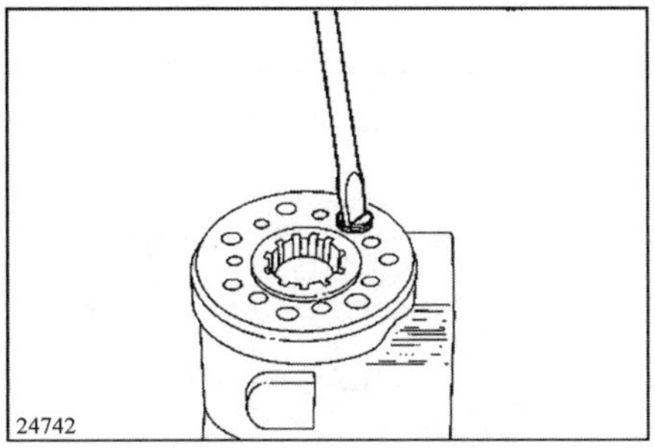

图 5-59 拧入单向阀螺塞

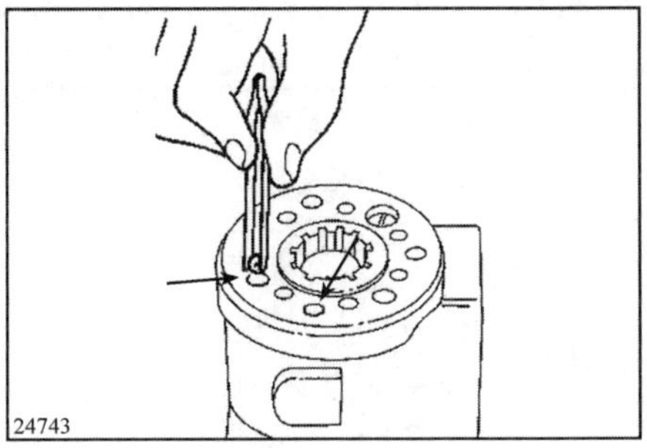

图 5-60 放入回流阀钢球

(11)如箭头所示,将回流阀销和弹簧装入回流阀座内(图 5-61)。

(12)润滑"O"形密封圈,并放入阀体上的阀座内(图 5-62)。

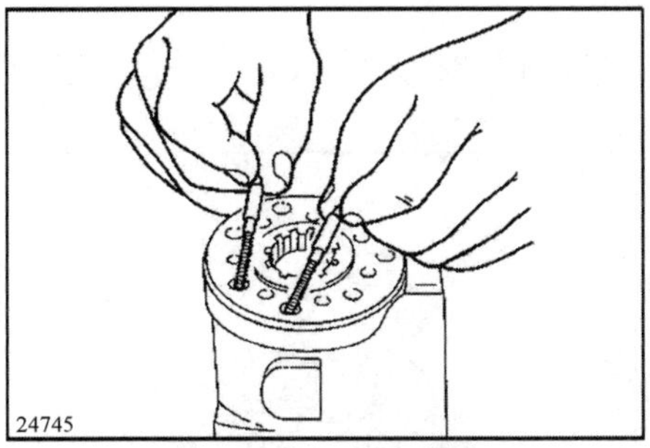

图 5-61 安装回流阀

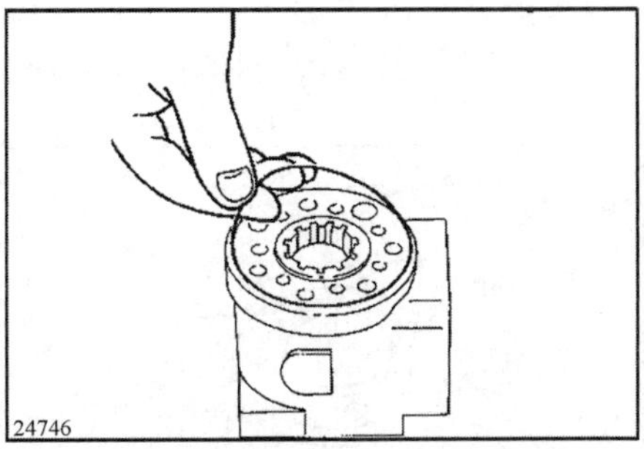

图 5-62 安装"O"形密封圈

(13)安装配油盘,应使孔与阀体上的孔对正。

(14)按齿(1)与底槽(2)上的参照标记,确定传动轴与阀套轴销的连接位置(图 5-63)。

(15)在控制阀体上安装转子传动轴,在转子传动轴和配油盘间插入专用工具,固定并将转子传动轴对准中心,旋转轴以使底座(2)和安装在阀套上的轴销间容易配合(图 5-64)。

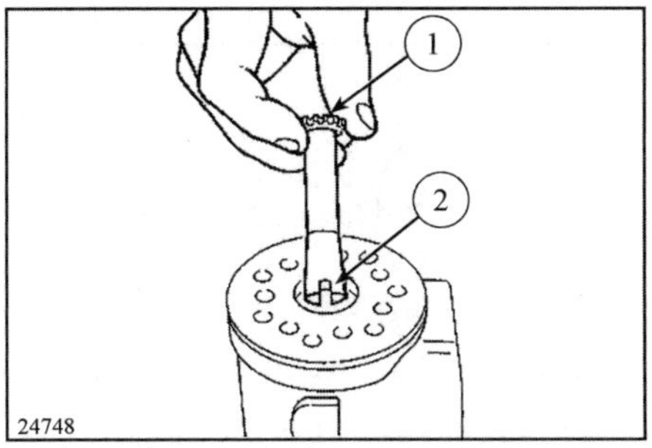

1. 齿上所做的参照标记 2. 底槽对应位置

图 5-63 安装传动轴

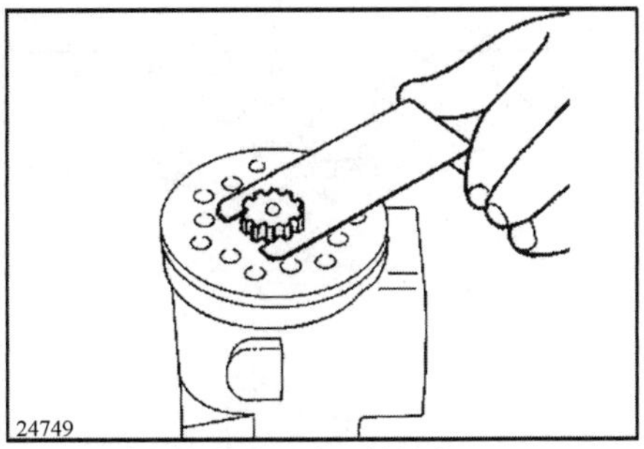

注:专用工具的厂家工具号为380000307

图 5-64 用专用工具定位传动轴

(16)在传动轴上安装转子，记住正确的正时是由对准传动轴底槽切边平面上的齿(1)获得的，应与转子上一个室的中心线对齐(图 5-65)。

(17)将两个“O”形密封圈(1)安装在底座上，并对准配油盘上的固定孔(2)，见图 5-66。

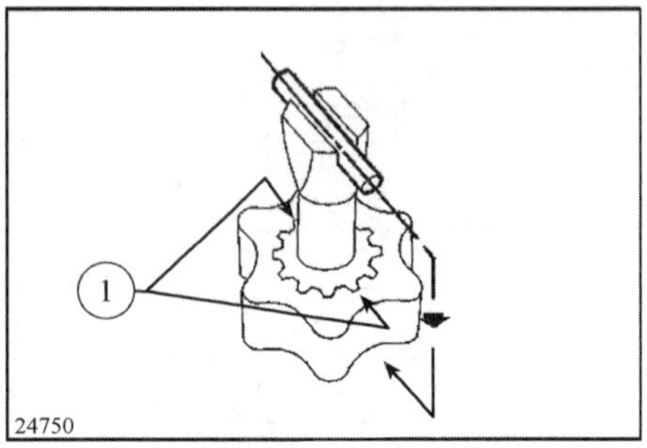

1. 传动轴齿上的对正记号

图 5-65　将传动轴安装到转子上

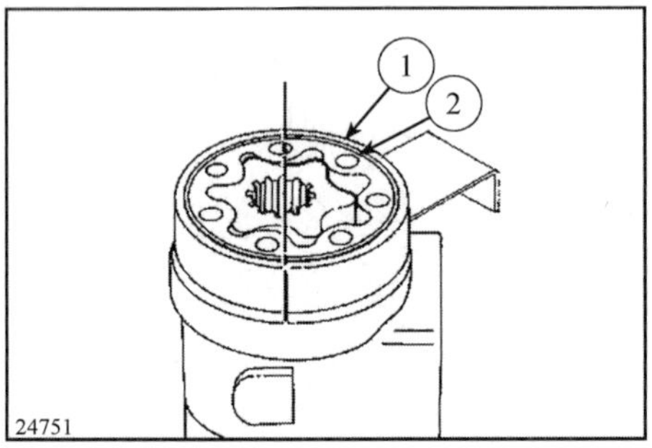

1.“O” 形密封圈　2. 配油盘上的固定孔

图 5-66　安装两个“O”形密封圈

(18)安装盖对准转子固定环上的固定孔(图 5-67)。

(19)拆下固定工具，在回流阀座上安装螺钉和垫圈(图 5-68)。

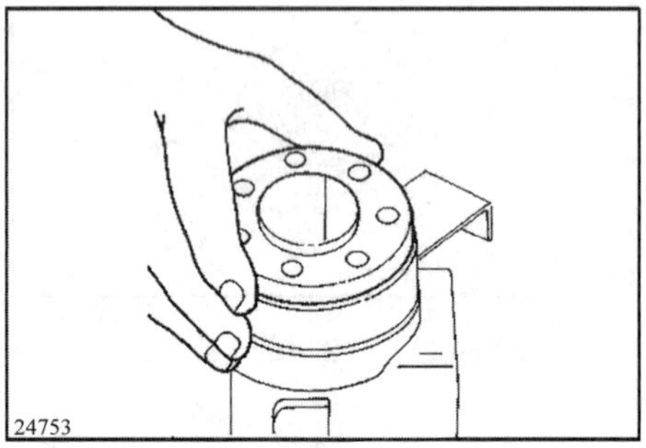

图 5-67　安装转向器底盖

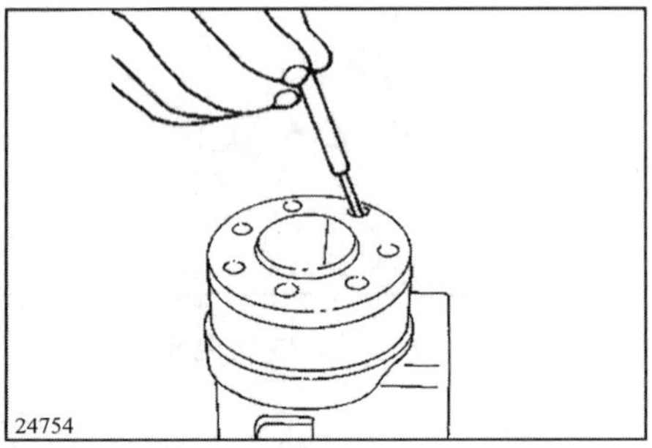

图 5-68　安装回流阀螺钉和垫圈

(20)安装其他 6 个盖的带有垫圈的固定螺栓，以对角顺序拧紧至规定扭矩值(图 5-69)。

(21)翻转阀体并在阀座内插入安全阀活塞(图 5-70)。

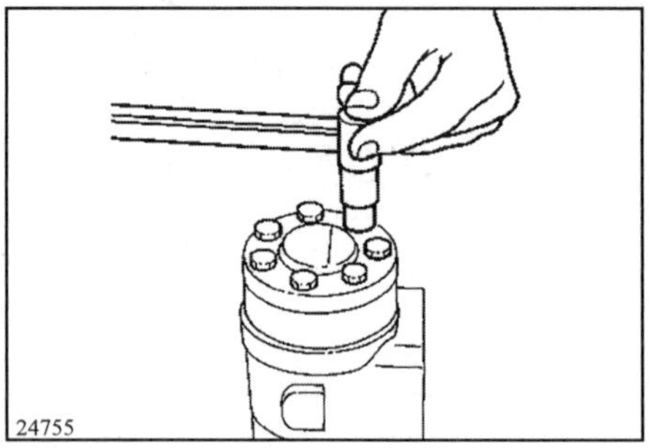

图 5-69　安装底盖的固定螺栓

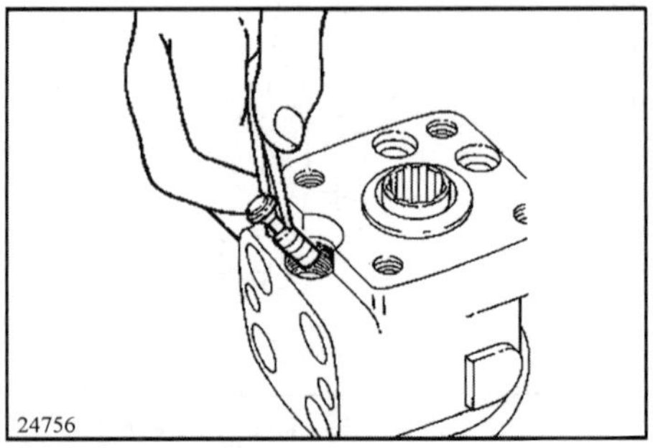

图 5-70　安装安全阀活塞

(22)插入安全阀弹簧(图 5-71)。

(23)安装安全阀校准螺钉(图 5-72)。

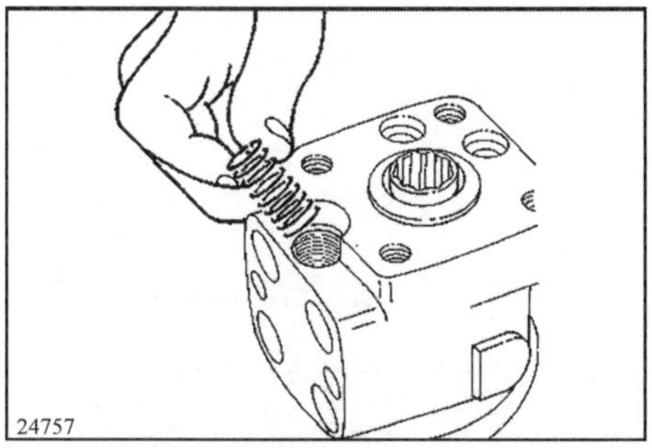

图 5-71　安装底盖的固定螺栓

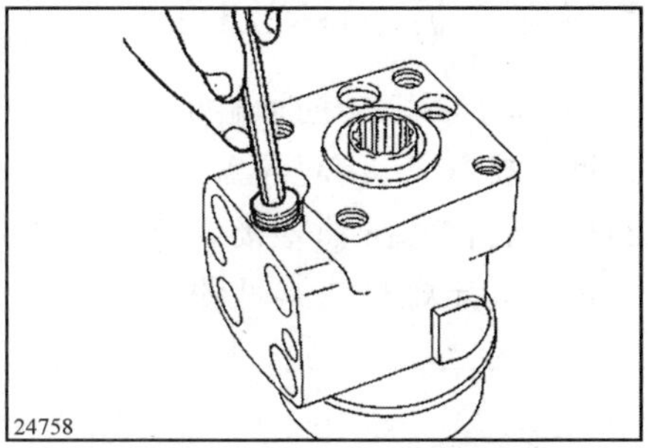

图 5-72　安装安全阀活塞

(24)拧紧螺塞(1)及其相关密封,并将其拧紧至规定的力矩值 40～60 N·m(图 5-73)。

(25)安装油封(2)和试验工具(1)。在工作台或者拖拉机上进行校准试验(图 5-74)。

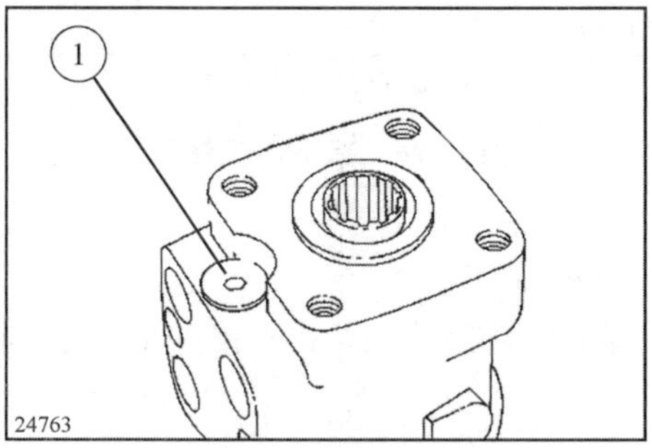

1. 安全阀螺塞

图 5-73　拧紧安全阀螺塞

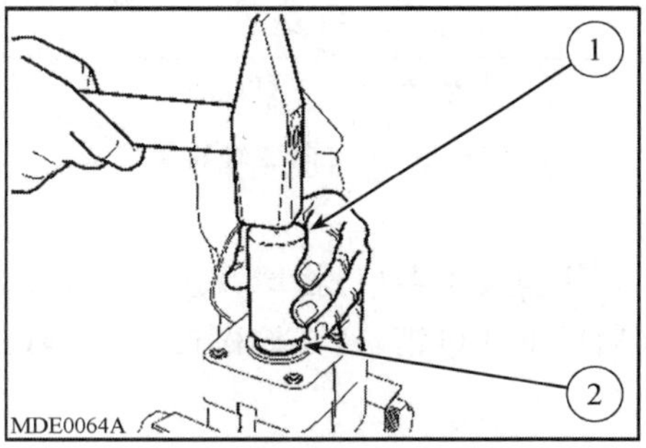

1. 试验工具 380000210　2. 防尘盖密封

图 5-74　安装试验工具

5-3　实操训练　液压转向油缸的车上拆装

课程导入

拆卸转向桥或液压转向油缸出现故障时,须从车上拆下转向油缸。通过拆装转向油缸,训练学生拆装球头连接的方法和技巧,同时使学生更深入地了解液压传动机构的工作原理。

1. 拆装转向油缸应注意哪些事项?

2. 查阅相关资料,确定 SNH800 型拖拉机转向油缸的技术数据。

3. 实训前需准备以下材料用具:

(1)待修拖拉机(本书以 SNH800 拖拉机为例);

(2)常用拆装工具;

(3)零件清洗剂;

(4)专用支撑台架;

(5)零件摆放台和盛油盆；

(6)厂家维修手册和零件图册。

一、从车上拆下转向油缸

从转向桥上拆下转向油缸的步骤如下：

(1)拆下排气管，抬起阀盖。

(2)拆下转向油缸油管接头(1)，见图 5-75。

(3)拆下固定螺母(1)，见图 5-76。

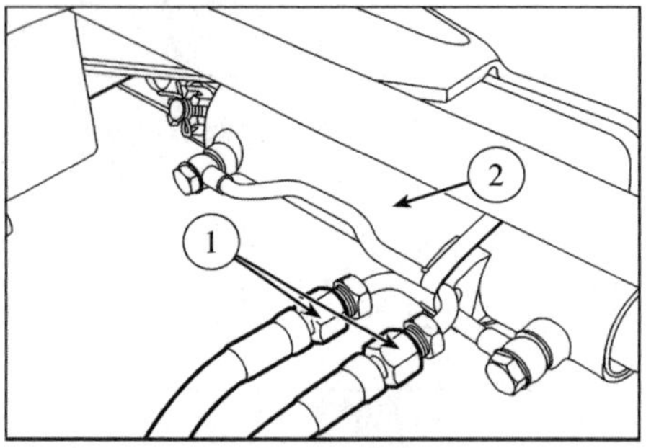

1. 油管接头　2. 转向油缸

图 5-75　拆下转向油缸油管接头

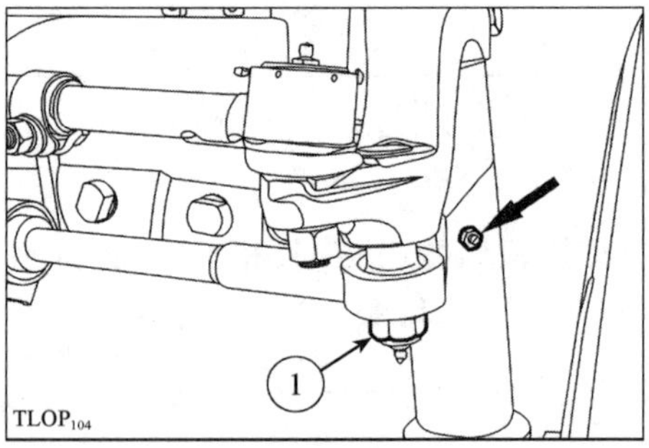

1. 带开口销的槽螺母

图 5-76　拆下固定螺母

(4)使用拔出器(1)将球铰接头从活塞杆分离出来(图 5-77)。

(5)拆下开口销(1)并拧松锁紧螺母(2)，拆下将油缸固定到轴体上的销并取出转向油缸(图 5-78)。

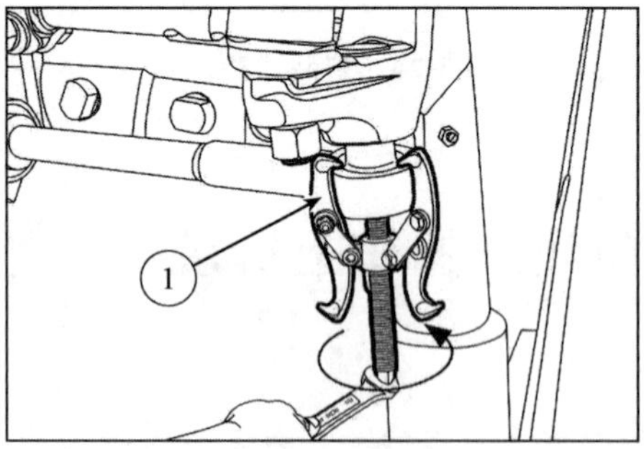

1. 拔出器

图 5-77　从活塞杆分离球铰接头

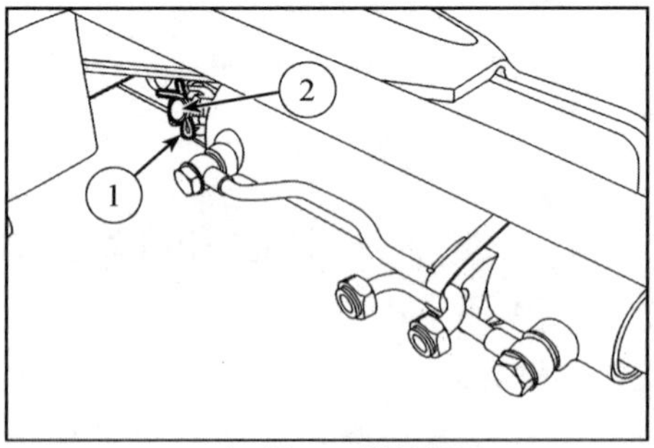

1. 开口销　2. 锁紧螺母

图 5-78　拆下转向油缸

二、转向油缸的车上安装

转向油缸向车上安装前应将转向轮支起并使车体稳固，转向轮应能自由摆动。其安装步骤与拆卸时相反，主要步骤如下：

(1)安装将油缸固定到轴体上的销。

(2)用拔出器安装油缸球铰接头。

(3)拧上固定活塞杆的固定螺母。

(4)拧上油缸油管接头。

(5)安装排气管。

5-4　实操训练　全液压转向系的故障诊断与排除

课程导入

全液压转向系的故障多数为液压系统的故障，因此维修此类故障时应按液压系统故障的诊断与排查方法进行。这些技术和方法在“液压技术”课程中会有更为专业和详尽的介绍。维修过程中，请同学们参阅液压技术方面的书籍。

常见的全液压转向系故障主要有泄漏、转向沉重等。其故障诊断及排除方法见表 5-1（注：表中零部件标号参见图 5-14）。

表 5-1　全液压转向系的故障诊断与排除

故障现象		产生原因	解决方法
油泄漏自液压转向装置	控制侧	1. 密封(7、8)故障	使用工具 380000281 或者工具 380000305 更换密封圈及相关支撑环
	盖侧	1. 螺栓未完全拧紧(13)	拧紧螺栓至指定力矩(24～36 N·m)
		2. 垫圈(15)或者“O”形密封圈(17)故障	更新垫圈和密封
方向盘操作费力		1. 液压泵故障	修理泵
		2. 由于异物或者缺少单向阀球(5)，单向阀保持开启	消除异物并清洗滤清器，在底座内放入新球(若缺失)
		3. 安全阀组件(22)设置不正确	正确校准阀
		4. 因为异物，安全阀组件(22)阻塞或者保持开启	消除异物并清洗滤清器
		5. 由于生锈、卡住等原因，转向机柱在轴衬上活动变得困难	消除产生原因
方向盘游隙过量		1. 转向机柱和回转阀间游隙过量	更换磨损件
		2. 传动轴(21)和轴销(12)间的耦合游隙过量	更换磨损件
		3. 传动轴(21)和转子(18)间的花键耦合游隙过量	更换磨损件
		4. 以上所述游隙过量的组合	更换过度磨损件
		5. 钢片回位弹簧(11)损坏或者疲劳	更新弹簧

续表5-1

故障现象		产生原因	解决方法
方向盘正常转动，但是转向不灵	缓慢	1. 控制缸密封不充分	更换密封
		2. 活塞杆损坏	更换被损坏的零件
	无效	传动轴(21)或者轴销(12)损坏	更换被损坏的零件
发动机熄火后，不转动车轮方向盘也可被转动		1. 定子和转子(18)过度磨损	更换磨损件
		2. 止回阀损坏	更换控制阀
方向盘摇晃，转向不可控制，车轮操纵在相反方向的才能达到希望的方向		1. 液压转向同步不正确	正确同步
		2. 连接到油缸的管路逆转	正确连接
车轮不能保持在所需位置，并需要持续使用方向盘校正		1. 液压油缸活塞密封损坏	更换密封
		2. 回流阀因异物或损坏而保持开启	清除异物并清洗滤清器或者更换控制阀
		3. 控制阀机械磨损	更换控制阀
液压转向不能获得空挡阶段。在手动控制过程中，操作正常；当停止手动操作方向盘趋向于自己移动时，或者保持静止，但最初选择(驾车)的转向方向继续缓慢进行，因此转向必须持续地由方向盘校正		1. 钢片回位弹簧(11)损坏或者疲劳	更换弹簧组件
		2. 由于异物出现，阀套和阀体(4)锁定在输送位置	清除异物，清洗滤清器
		3. 因为过多压力，阀套(4)在回转阀上被压碎	检查安全阀组件(22)
前轮振动(晃动)		1. 液压油缸内有空气	排气，并消除产生渗透的原因
		2. 转向杆机械接头磨损	更换磨损零件
		3. 回流阀因异物或损坏而保持开启	清除异物并清洗滤清器或者更换控制阀
一般转向器在一个方向上转向困难		1. 压力不足	检查液压泵和安全阀组件(22)
		2. 控制阀内部严重泄漏	更换控制阀

学习情境6　行驶系的拆装与维护

学习目标

- 能描述轮式拖拉机行驶系的组成和类型；
- 能描述转向轮定位的目的及原理；
- 能描述车架及车轮的功用、类型及结构；
- 能选择适当的工具拆装转向桥和车轮；
- 能正确检查和调整前轮前束；
- 会诊断和排除行驶系的故障。

6-1　必备知识　拖拉机行驶系的认知

课程导入

1. 拖拉机行驶系的功用是什么？履带式拖拉机和轮式拖拉机行驶系各有哪些特点？
2. 轮式拖拉机行驶系由哪几部分组成？
3. 拖拉机车架有哪些类型？SNH800 型拖拉机车架属什么类型？
4. 转向轮定位的目的是什么？转向轮定位的原理是什么？
5. 车轮由哪几部分组成？轮胎的花纹有哪些类型，各有哪些特点和用途？
6. 查阅资料，确定 SNH800 型拖拉机转向轮定位参数和轮胎的型号及相关技术数据。

一、拖拉机行驶系的功用、特点和组成

拖拉机传动系在解决了发动机的特性与使用要求之间的矛盾后，还必须设置一套将所有部件连成一体，并把从传动系接受的扭矩转化为驱动力，使拖拉机正确行驶的机构，这套机构称为拖拉机的行驶系。轮式拖拉机和履带式拖拉机的最大差异就在于它们的行驶系不同。

(一)拖拉机行驶系的功用

(1)将发动机传来的扭矩转化为使机车行驶(或作业)的牵引力；

(2)承受并传递各种力和力矩，保证拖拉机正确行驶或作业；

(3)将拖拉机的各组成部分连接成一个整体，支承全机质量；

(4)吸收振动、缓和冲击，轮式拖拉机行驶系还要与转向系配合，实现正确转向。

(二)轮式拖拉机行驶系特点

轮式拖拉机行驶系采用了弹性较好的充气橡胶轮胎，因此具有良好的缓冲、减振性能，而且行驶阻力小。故轮式拖拉机行驶速度高，机动性好。尤其随着轮胎性能的提高以及超宽基超低压轮胎的应用，轮式拖拉机的通过性能和牵引力都比过去有了较大的提高。故近年来轮式拖拉机在农业生产中应用的比例也越来越大。

(三)履带式拖拉机行驶系特点

与轮式拖拉机行驶系相比,它的支承面大,接地比压小,一般在 0.05 MPa 左右,所以在松软土壤上的下陷深度不大,滚动阻力小,而且履带板上制有履刺,可以深入土内。因此,它比轮式行驶系的牵引性能和通过性能好。

(四)拖拉机行驶系的组成

轮式拖拉机行驶系由车架、车桥(包括有驱动机构的前桥)、车轮(导向轮和驱动轮)及悬架(部分轮式拖拉机前桥)等组成;履带式拖拉机由车架、履带行走装置和悬架等组成。

二、拖拉机的车架

车架介于车桥(轮式)或行走装置(履带式)与拖拉机机体之间,是支撑和连接拖拉机各部分的基础,使拖拉机成为一个整体。目前绝大多数轮式拖拉机采用偏转前轮转向方式,这些轮式拖拉机和履带式拖拉机都采用整体式车架,整体式车架可分为全梁架式、半梁架式和无梁架式三种。

(一)全梁架式车架

全梁架式车架(又称全架式车架)是一个完整框架,拖拉机的所有部件都安装在这个框架上,这种结构在汽车上普遍采用。农用三轮运输车采用的无缝钢管和角钢焊接的钢车架,在拖拉机中一般不采用,只在少数履带式拖拉机上采用,如东方红-802 型拖拉机上采用的车架由两根槽钢做成的纵梁和前梁、后轴、横梁等组成(图 6-1)。

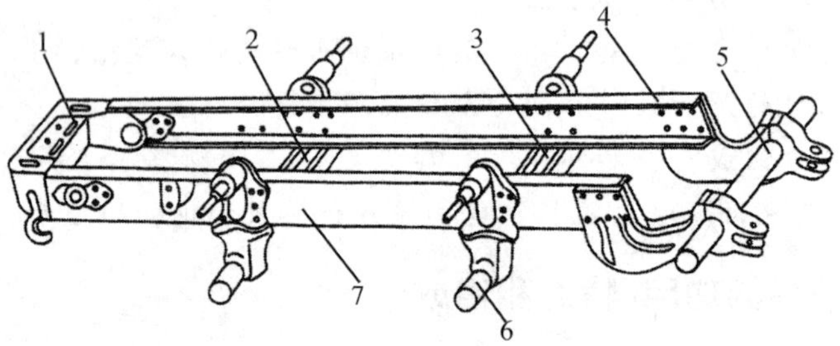

1. 前梁 2. 前横梁 3. 后横梁 4. 纵梁 5. 后轴 6. 台车轴 7. 纵梁

图 6-1 东方红-802 型拖拉机车架

(二)半梁架式车架

如图 6-2 所示,半梁架式车架(又称半架式车架)它的前半部分是由一根横梁和两根纵梁组成的梁架,用来安装发动机与前轴等,后半部分由传动系的壳体组成。其结构刚度好,拆卸柴油机时不必拆开整台拖拉机,安装和维修方便。一般应用在小型轮式拖拉机和一些履带拖拉机上,如东风-12 型手扶拖拉机、泰山-12 型小四轮拖拉机、铁牛-654 型拖拉机、东方红-1002/1202 型拖拉机等都采用半梁式车架。

(三)无梁架式车架

如图 6-3 所示,无梁架式车架(又称无架式车架)没有梁架,车架由拖拉机的发动机、变速器壳体和后桥壳组成。这种车架刚度较高、简化结构,缺点是拆装维修某一部件时需要将拖拉机拆开,制造及装配时的技术要求也高。现今设计的轮式拖拉机大都采用无架式车架,如奔野-25、上海-50、江苏-50 及引进的菲亚特系列、迪尔系列拖拉机都采用无梁架式车架。

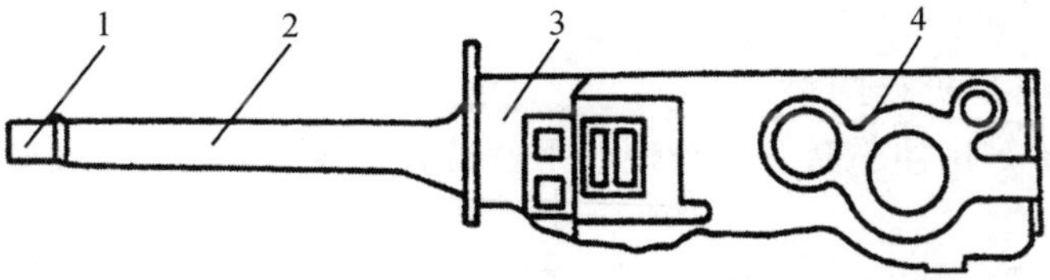

1. 前梁　2. 纵梁　3. 离合器壳体　4. 变速器和后桥壳体

图 6-2　半梁架式车架

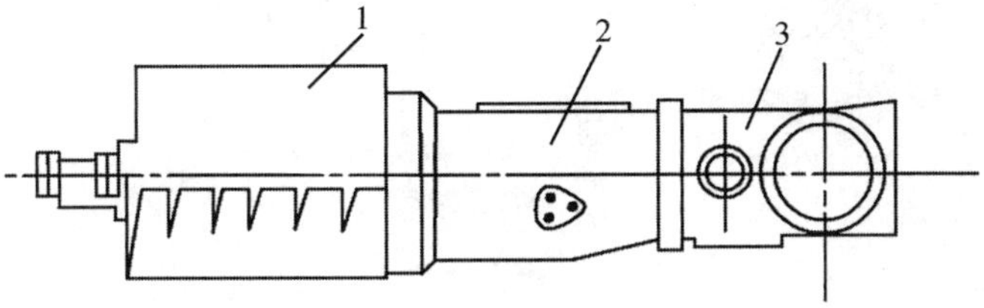

1. 发动机机体　2. 变速器壳体　3. 后桥壳体

图 6-3　无梁架式车架

还有部分大型拖拉机采用类似工程机械上常用的铰接式车架，由前后两个车架及连接两个车架的铰链等组成，如图 6-4 所示。

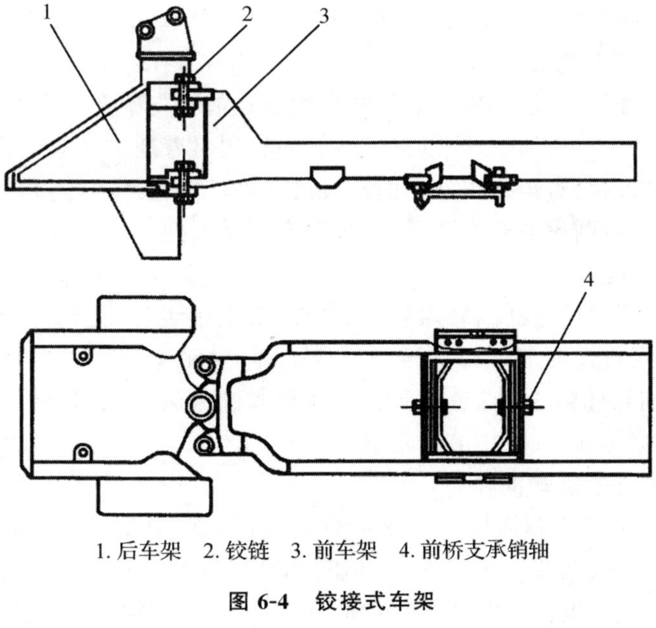

1. 后车架　2. 铰链　3. 前车架　4. 前桥支承销轴

图 6-4　铰接式车架

三、转向桥

前面“学习情境 3”已经介绍了后驱动桥和转向驱动桥（前驱动桥），在此我们仅介绍转向桥。转向桥除支承机械质量外，还兼起转向作用。拖拉机转向桥主要由前轴、转向节、主销和轮毂等组成。

(一)SH500 型拖拉机转向桥

该拖拉机转向桥采用伸缩套管有级调节平衡臂式前轴,其构造如图 6-5 所示。

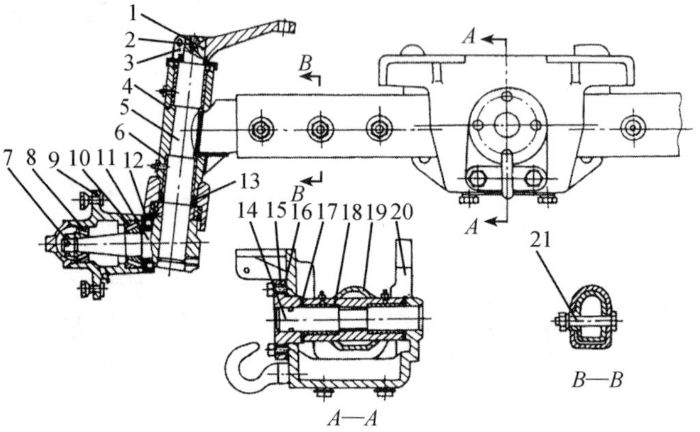

1. 半圆键 2. 螺栓 3. 转向节臂 4. 转向轮支架内套管焊接组件 5. 转向节主销 6. 转向节支架衬套 7. 开槽螺母 8. 轴承 9. 前轮轮毂 10. 轴承 11. 转向节 12. 油封 13. 止推轴承 14. 摇摆轴 15. 摇摆轴座 16. 摇摆轴座调整垫片 17. 前轴支架垫片 18. 摇摆轴衬套 19. 外套管组件 20. 前轴支架 21. 螺栓

图 6-5 SH500 型拖拉机转向桥

前轴支架用 6 个螺栓固定在柴油机油底壳上。前轴外套组件中的外套管为异形管,其中间孔有摇摆轴套并用焊接方法构成十字形。轴套内孔有 2 个摇摆轴衬套,与摇摆轴相配合。摇摆轴与摇摆轴座为静配合,摇摆座用 2 只螺栓固定在前轴支架上。这样,当拖拉机在不平地面上行驶时,前轴可相对于机体摆动,以保证两转向轮同时着地。

左、右导向轮支架内套管焊接组件的内套管可在外套管组件的外套管孔内伸缩,内套管上有 8 个孔,外套管上左右两段各有 3 个孔,可根据实际需要把 3 个螺栓分别插入不同的内套管孔内,从而获得不同的轮距。

转向轮支架内套管焊接组件的管内装有转向节带主销组件,主销与转向轮支架衬套和止推轴承配合,主销下端与转向节配合后再焊接成一体,主销上端通过半月键和转向节臂相连接。转向轮安装在前轮轮毂上,转向节上装有油封和圆锥滚子轴承,转向节轴端装有开槽螺母,用来调整轴承间隙,同时可防止前轮轮毂松脱。

(二)SNH800 型拖拉机转向桥

该拖拉机与东方红-X 系列拖拉机的转向桥都采用的是 FIAT90 系列拖拉机技术,转向桥的前轴也为伸缩套管有级调节平衡臂式。其构造如图 6-6 和图 6-7 所示。

前桥支架上方安放蓄电池和发动机冷却水箱,前方通过两排 6 个螺栓与前配重托架相连,后方通过 4 个螺栓和 2 个定位销与发动机前支架相连。前支架下方制有摇摆轴座孔,摇摆轴穿过座孔与前轴上的摇摆轴套管相连。摇摆轴一端通过锁片固定在前桥支架上,当前轴摆动时,摇摆轴与摇摆套管两端的摇摆轴衬套相配合形成转动摩擦副。

该拖拉机的伸缩套管与 SH500 型拖拉机结构相同,只是在调整轮距时,需要同时调整转向横拉杆的长度及转向油缸安装位置(注:SH500 型拖拉机采用双侧纵拉杆转向方式,无转向横拉杆)。

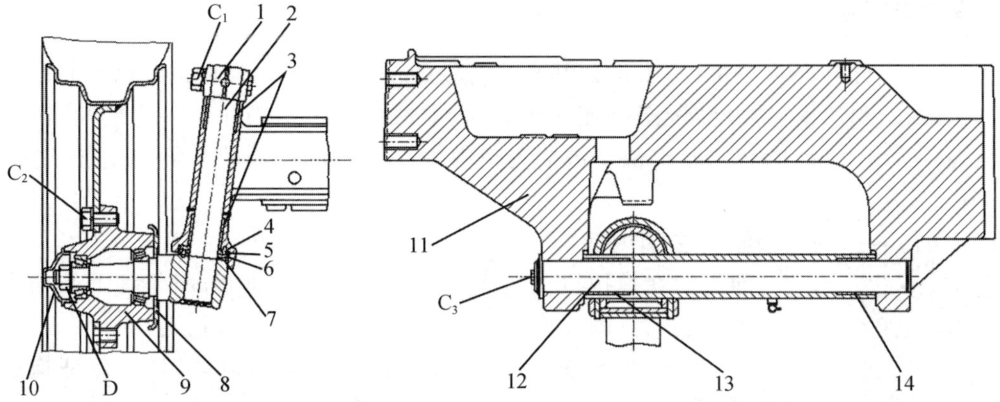

C_1. 转向节臂螺母　C_2. 车轮与轮毂连接螺栓　C_3. 摇摆轴螺栓　D. 轮毂轴承调整螺母
1. 转向节臂　2. 转向节主销　3. 转向主销衬套　4. 平头螺钉　5. 垫圈　6. 青铜止推垫圈　7. 止推垫圈防护盖
8. 油封　9. 轮毂　10. 轮毂罩　11. 前桥支架　12. 摇摆轴　13、14. 摇摆轴衬套

图 6-6　SNH800 型拖拉机转向桥

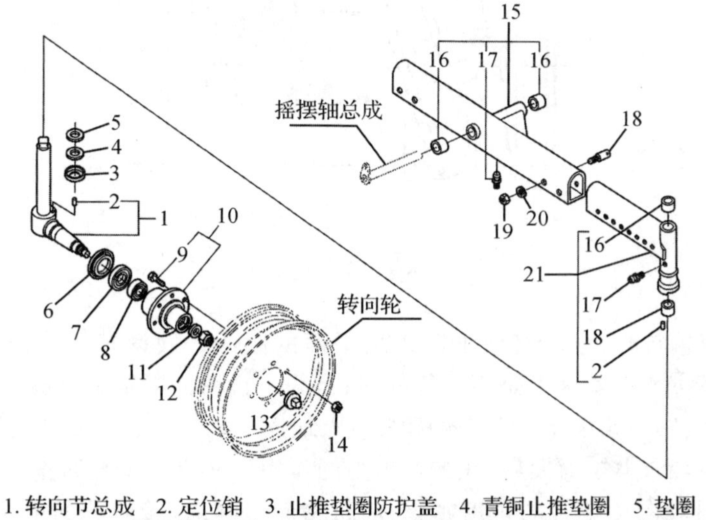

1. 转向节总成　2. 定位销　3. 止推垫圈防护盖　4. 青铜止推垫圈　5. 垫圈
6. 油封　7. 转向节内轴承　8. 转向节外轴承　9. 转向轮螺栓　10. 轮毂
11. 垫圈　12. 轮毂轴承调整螺母　13. 轮毂端盖　14. 转向轮螺母
15. 前轴外套管组件　16. 衬套　17. 黄油杯　18. 套管与伸缩臂螺栓
19. 螺母　20. 锁紧垫圈　21. 伸缩臂（内套管）

图 6-7　SNH800 型拖拉机前轴及所有零部件

如图 6-7 所示，转向节主销安装在与伸缩臂焊接成一体的转向节销套内，与销套内的两个衬套(16)配合。主销与销套之间安装有两个垫圈(4 和 5)(SH500 型拖拉机为止推轴承)，其中一个是青铜材料的，与止推轴承相比，结构简单、工作可靠，而且磨损后拆装更换方便。主销为一光轴，上端为方形，与转向节臂上的方形孔相连。

四、转向轮定位

对于偏转前轮转向拖拉机，为了保证其直线行驶的稳定性、转向轻便以及减少行驶中轮胎的磨损，由拖拉机设计制造及装配来保证的转向轮、主销相对于前轴倾斜一定的角度，这种具有一定位置关系的安装叫转向轮定位。包括主销内倾、主销后倾、前轮外倾和前轮前束，俗称“三倾一束”。

微课：主销内倾

（一）主销内倾

即主销在拖拉机横向平面内并不垂直于地面，而是其上端向内倾斜一个角度（β，见图 6-8），称为主销内倾角。其功用是：

（1）使转向轮（前轮）在行驶中偏转后能够自动回正，保证拖拉机稳定直线行驶。

（2）使转向轮转向轻便，减轻驾驶员的劳动强度。

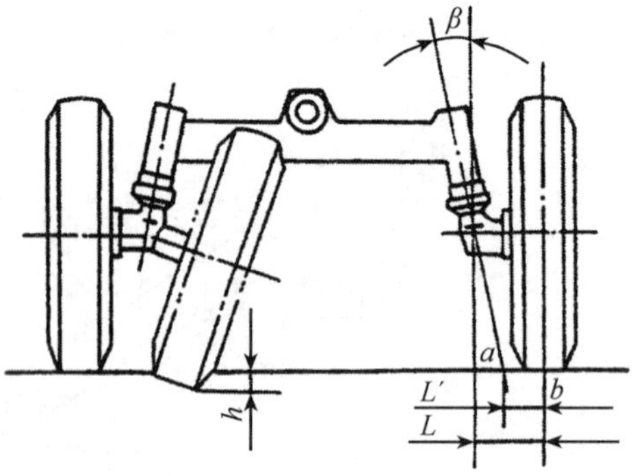

图 6-8 主销内倾

当车轮转向或偏转时，车轮有向下陷入地平面的倾向。假设车轮从位置 A 转到位置 B（相当于车轮转偏转 180°，实际上是不可能的，只是为了说明问题而做的运动分析），则车轮将陷入地面一定深度（h）。事实上，当车轮无法陷入地面时，只能使车轮向上抬起，前桥的重心也必然被抬高。当转向力矩消失后，在前桥重力的作用下又有使车轮回正的趋势（以降低到原来的重心高度），且转向轮偏转的角度越大，前桥抬起得越高，转向轮的回正作用就越强。因此，在拖拉机转弯后，驾驶员只需在方向盘上施加较小的力，转向轮就能迅速地回到中间位置。但这也会增加转向时的转向力矩。

同时，主销内倾也使主销的延长线交地点 a 与车轮着地点 b 的距离 L' 缩短了（$L>L'$），这样在车轮转向时，路面对车轮的阻力矩便减小了，这在一定程度上抵消了前桥重心抬高导致的转向阻力的增大。因此，为解决这两方面对操纵力的影响，应选择合适的主销内倾角。通常 $\beta \leqslant 8°$，L' 为 40～60mm。

微课：主销后倾

（二）主销后倾

即主销在拖拉机纵向平面内上端向后倾斜一个角度（γ，见图 6-9），称为主销后倾角。其功用为：增加拖拉机直线行驶的稳定性，并使转向后的车轮自动恢复到直线行驶状态（即自动回正）。

当主销向后倾斜 γ 角时，其轴线与路面交点 a 位于车轮与路面接触

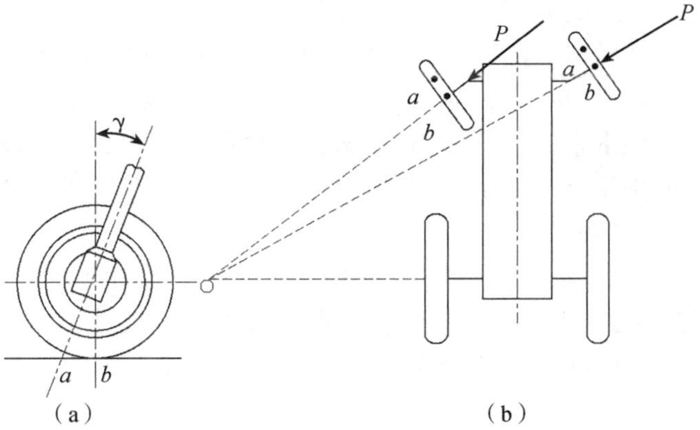

图 6-9　主销后倾

点 b 的前面,见图 6-9(a)。从上方向地面投影,接触点 b 到主销轴便形成了一段距离 ab,见图 6-9(b)。当拖拉机转弯时(如向左转弯),受驱动力和车重离心力的作用,地面对前轮接触点 b 将产生一个侧向反作用力。此力相对于主销轴心线便形成一个回正力矩,使转向轮自动回正,保证拖拉机稳定的直线行驶。这一回正力矩,称为稳定力矩。稳定力矩产生的同时,也增加了转向阻力矩,使转向时费力。故后倾角不宜过大,一般拖拉机的主销后倾角为 0°～5°,汽车一般不超过 3°。

微课:转向轮外倾

(三)转向轮外倾

即转向轮向外倾与拖拉机纵向垂直平面形成一个角度(α,见图 6-10),称为转向轮外倾角。转向轮外倾的功用为:提高转向轮工作时的安全性、可靠性和操纵轻便性。

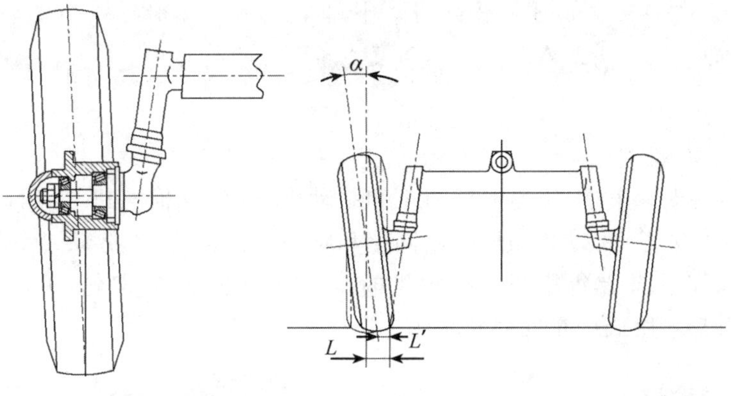

图 6-10　转向轮外倾

转向轮外倾是转向轮轴向下倾斜形成的。转向轮外倾使力臂 L 减小到 L',从而使转向轻便。此外,转向轮外倾后,地面对转向轮的垂直反作用力的轴向分力指向轴承的根部,使车重和载荷作用在转向轮内端大轴承上,还可以抵消转向或横坡作业时所受向外的部分轴向力,以减轻轴端负荷,从而使转向节不易折断,转向轮不易产生松动或脱落的危险。拖拉机转向轮外倾角 α 一般为 1.5°～4°,汽车约为 1°。

(四)转向轮前束

微课:转向轮前束

转向轮前束是指从俯视角度看转向轮的前端在水平面上向内收缩一段距离(或角度),如图 6-11 所示。转向轮前束的功用为:消除转向轮外倾带来的不良影响,可防止车轮在地面上出现半滚动、半滑动的现象,减少轮胎的磨损,保证转向轮相互平行地直线行驶。

转向轮外倾后,在行驶过程中就有使车轮向外滚动的趋势,见图 6-11(a)。但由于转向横拉杆的约束,车轮不能向外滚动,而使车轮在地面上出现边滚边滑的现象,从而加速轮胎的磨损。有了前束后,就使转向轮在每一瞬间,与地面形成纯滚动状态,从而能减轻轮毂外轴承压力和轮胎磨损。

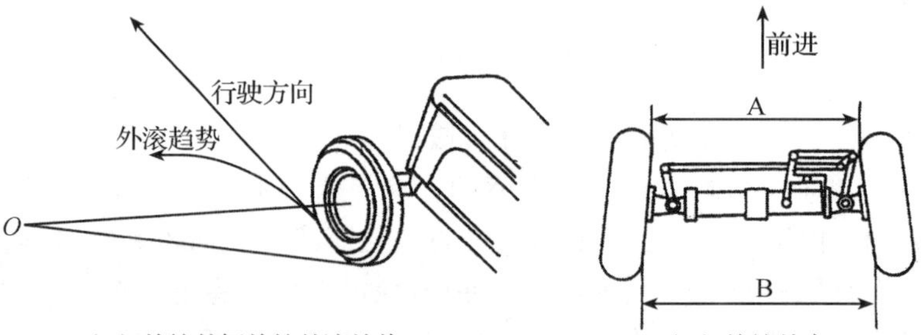

(a) 前轮外倾前轮外滚趋势　　(b) 前轮前束

图 6-11　转向轮前束

转向轮前束值,一般用两轮前、后端距离差值来表示。如图 6-11(b)所示,设两轮前端距离为 A,后端距离为 B,则前束值为 $B-A$。通常前束值为 0～12 mm,其大小可通过调整转向横拉杆的长度来调整。

注意: 转向轮定位除前束可以自由调整外,其余均在制造时即已确定,大修时应按规定检查其数值,必要时校正或更换零件予以恢复。

五、车轮

车轮的功用是:支承车重,传递驱动力矩和制动力矩;保证拖拉机与路面间有良好的附着性;确定拖拉机的行驶方向,以及和悬架共同缓和路面的冲击、减少振动。车轮一般由轮毂、轮辋(轮圈)、轮盘(辐板)、轮胎等组成。拖拉机的车轮分为前轮(转向轮,见图 6-12)和后轮(驱动轮,见图 6-13),都采用低压充气橡胶轮胎。

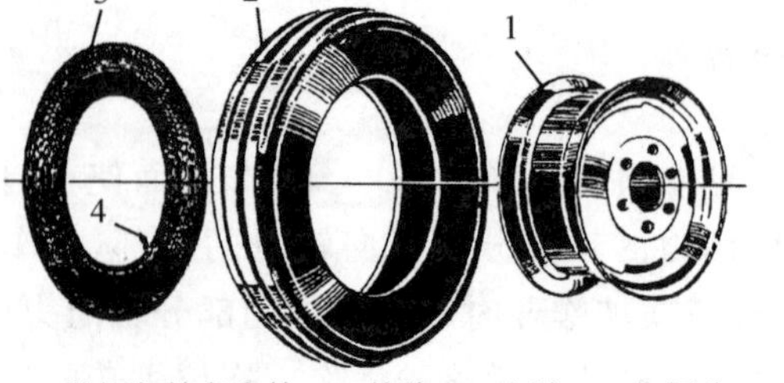

1. 轮辋与轮盘合件　2. 外胎　3. 内胎　4. 气门芯

图 6-12　前轮

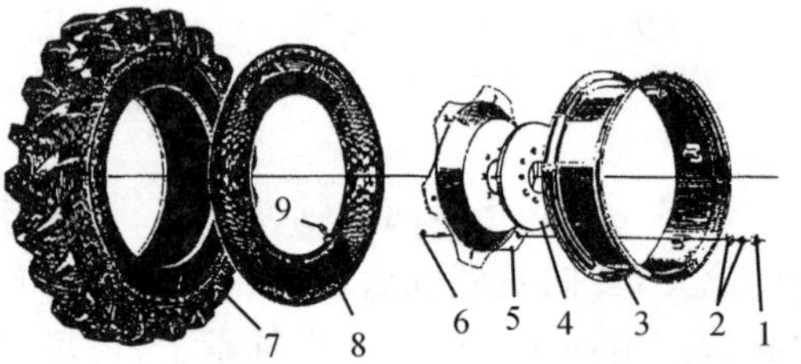

1. 螺母　2. 垫圈　3. 轮辋　4. 衬板　5. 轮盘　6. 螺栓
7. 外胎　8. 内胎　9. 气门芯

图 6-13　后轮

(一)轮毂

轮毂是车轮的中心,通过内外轴承安装在车桥端部或转向节上。如图 6-14 所示,分别为转向轮和驱动轮的轮毂结构。

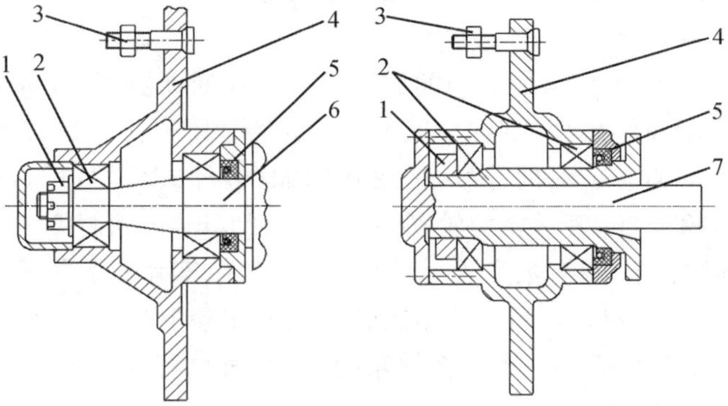

(a)转向轮轮毂　(b)驱动轮轮毂

1. 调整螺母　2. 轴承　3. 螺栓　4. 轮毂　5. 油封　6. 转向节　7. 半轴

图 6-14　轮毂

轮毂(4)内的轴承(2)一般采用一对滚锥轴承,轴承间隙通过调整螺母(1)进行调整,然后用锁紧螺母锁定,以防松动而使车轮脱出。轴承用润滑脂润滑,通过油封(5)防止漏油。轮毂上制有凸缘,便于固定轮盘或制动鼓。

(二)轮辋

轮辋是用来固定轮胎的,由薄钢板滚轧成型焊接而成。它具有安装外胎的特殊断面,按断面形状可分为平底式、深式和可拆平底式几种类型,如图 6-15 所示。

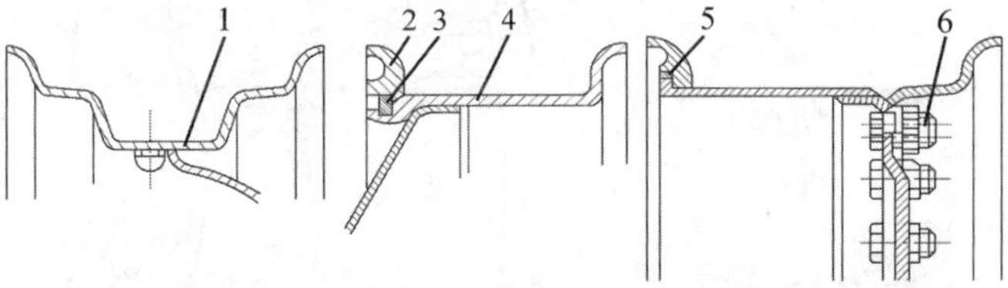

(a)深式轮辋　(b)平底式轮辋　(c)可拆平底式轮辋

1. 轮盘　2. 挡圈　3. 锁圈　4. 轮辋底座　5. 锁圈　6. 连接螺栓

图 6-15　轮辋断面类型

1. 平底式轮辋

平底式轮辋一侧安装有整体式挡圈,并用一个开口锁圈来限制挡圈脱出。在安装轮胎时,先将轮胎套在轮辋上,然后套上挡圈,并将它向内推,直到越过轮辋上的环形挡圈,再将开口的弹性锁圈嵌入环形槽中。平底式轮辋多用在汽车和工程机械上,虽然拆装方便,但轮胎容易从轮辋上脱落,不适合在高速或大载荷的机车上使用。

2. 深式轮辋

深式轮辋是整体式的,其上带有凸肩,用以安放轮胎的胎圈。凸肩部通常略有倾斜,中部的凹槽是为了便于安装外胎。深式轮辋结构简单,刚度大,质量小,承载能力强。缺点是,尺寸较大、较硬的轮胎较难拆装。目前,大多数拖拉机和一些工程机械采用此种轮辋。

3. 可拆平底式轮辋

可拆平底式轮辋由两部分通过螺栓连接而成,轮辋可以制作得比平底轮辋略深一些,因为可拆分,所以并不影响轮胎的拆装。可拆平底式轮辋主要与宽基或超宽基轮胎配套。

4. 轮辋的规格标识

轮辋规格标识由三部分组成,最前面的数字表示轮辋断面宽度(in 或 mm),中间的英文字母如“S、T、V、R”等表示边缘高度(S=35.5、T=38、V=44.50、R=28.58,单位为 mm),最后的数字表轮辋直径(in),直径前面的符号,平底式轮辋(多件式)用“-”,深式轮辋(一件式)用“×”表示。例如,6.00T-20,表示该型轮辋为断面宽度 6 in,边缘高度 38 mm,轮辋直径 20 in 的平底式轮辋。个别情况下,只有数字表示轮辋宽度,没有表示边缘高度的字母,如 7.00-20。由于轮辋是轮胎安装固定的基础,同一轮胎装到不同的轮辋上时,其变形位置与大小将发生变化。因此一定规格的轮辋只适合一定规格的轮胎,必要时也可配用规格与标准轮辋相近的轮辋,否则会造成轮胎早期损坏。

(三)轮盘

轮盘用于连接轮辋和轮毂。一般有两种结构形式,即盘式和辐式。

1. 盘式轮盘

盘式轮盘如图 6-16 所示,一般是经冲压制成的钢质圆盘,与轮辋焊接或铆接成一体,少数是和轮辋直接铸造成一体的。有些盘式轮盘上开有较大的孔,目的是减轻轮盘的质量并有利于制动鼓散热,对轮胎充气时也便于接近气门芯。盘式轮盘强度大,刚度好,多用于载荷大的车轮上。

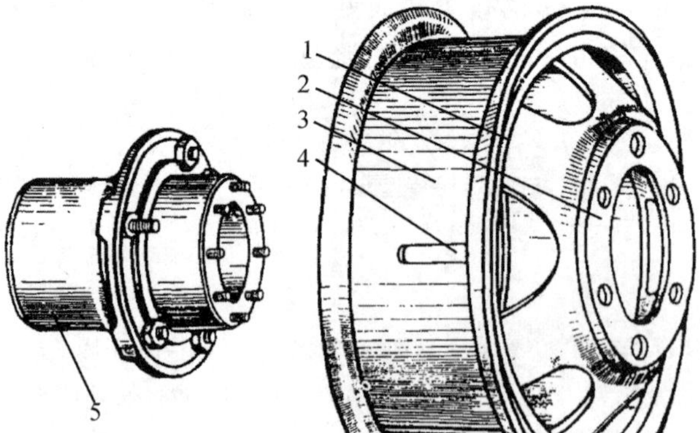

1. 挡圈 2. 轮盘 3. 轮辋 4. 气门芯出口 5. 螺栓

图 6-16 盘式轮盘

2. 辐式轮盘

辐式轮盘如图 6-17 所示,由若干可锻铸铁辐条组成,并通常与轮毂铸成一体。轮辋则通过螺栓及衬块固定在轮盘上。辐式轮盘质量轻,散热性好,多用于载荷小的小型车辆。

(四)轮胎

轮胎用于支承拖拉机的自重和负荷,传递驱动力和制动力,吸收路面冲击,与地面接触产

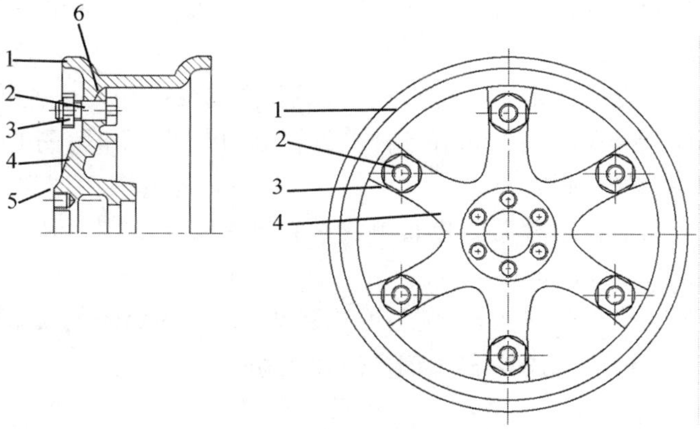

1. 轮辋　2. 螺栓　3. 螺母　4. 轮盘　5. 轮毂　6. 衬块

图 6-17　辐式轮盘

生附着力驱动拖拉机行驶。拖拉机几乎都采用带内胎的充气轮胎，按其的结构不同分为普通轮胎和子午线轮胎两种。

1. 普通充气轮胎的结构

普通充气轮胎主要由外胎、内胎等组成。

(1)内胎　内胎是一个环形软橡胶管，管壁上装有气门嘴，空气由气门嘴压入，使内胎具有一定的弹性。

气门嘴主要由座筒、气门芯、气门芯盖等组成，如图 6-18 所示。座筒底部的凸缘通过内胎上的小孔插入内胎中，并用螺母夹紧在两个垫圈之间。气门芯装在座筒内，它由紧固螺母(2)、衬套(7)、芯体(5)、密封圈(4)、芯杆(1)、弹簧(3)等组成。活门在弹簧的作用下紧靠在衬套上，衬套的环形槽内嵌有密封圈，当旋紧固紧螺母时，衬套被压紧在座筒的锥形座上。气门芯盖旋在套筒端部，其内装有橡胶垫，以防漏气。盖上制有槽口，以利于拆装。

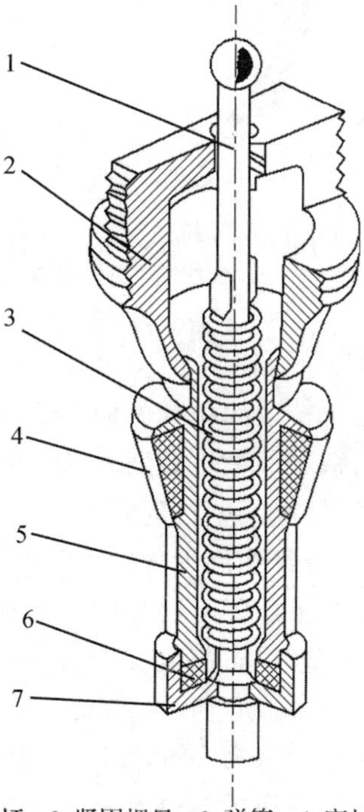

1. 芯杆　2. 紧固螺母　3. 弹簧　4. 密封圈
5. 芯体　6. 密封垫　7. 衬套

图 6-18　气门芯

在给轮胎充气时，活门被空气压力顶开，压缩空气进入内胎。充气结束后，在弹簧及压缩空气作用下，活门紧压在衬套上，以防空气漏出。需要放气时，可压住活门杆或旋出固紧螺母，将气门芯取出。

(2)外胎　外胎是一个保护内胎的有一定强度的弹性外壳。它主要由胎面、胎体和胎圈等组成，如图 6-19 所示。胎体由帘布层和缓冲层所组成。帘布层是外胎的骨架，用以保持外胎的形状和尺寸，承受车轮受压时胎内的张力，它通常由若干层涂胶的帘布按一定角度贴合而成，其中帘线材料有棉线、人造丝、金属丝和尼龙丝等。缓冲层在胎面和帘布层之间，由较稀疏的挂胶布组成，可吸收胎面的冲击，保持帘布层，同时可使胎面胶与帘布层结合得更牢固。

胎面是外胎的最外一层，包括胎冠、胎侧和胎肩三部分。胎冠用耐磨的橡胶制成，它直接承受摩擦，减轻帘布层所受的冲击，并能防止帘布层和内胎受损伤。为使轮胎得到良好的附着性能和防止车轮横向滑动，在胎面上制有各种花纹。胎肩是胎冠和胎侧的过渡部分，其作用为保护帘布层侧壁免受潮湿与损伤。

胎圈由钢丝圈、帘布层包边和胎圈包布组成。它具有很大的刚度和强度，可使外胎牢固地装在轮辋上。

(3)衬带　衬带是一个带状橡胶环，它衬在内胎下面，使内胎不与轮辋及外胎的硬胎圈直接接触，以防止内胎擦伤或卡到胎圈和轮辋之间而夹伤。

2. 子午线轮胎

子午线轮胎与普通轮胎结构有所不同，其特点如下：

(1)子午线轮胎的帘布层帘线与胎面中心线呈90°角，帘线的这种布置形式很像地球上的子午线，所以称为子午线轮胎，如图6-20所示。

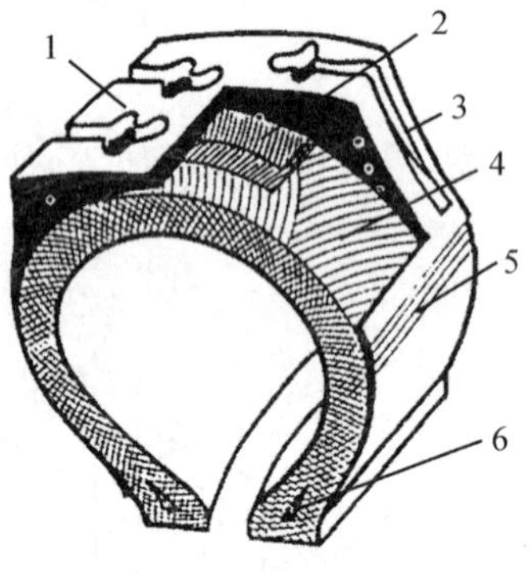

1. 胎面　2. 缓冲层　3. 帘布层　4. 胶层
5. 侧壁　6. 钢丝圈

图6-19　外胎

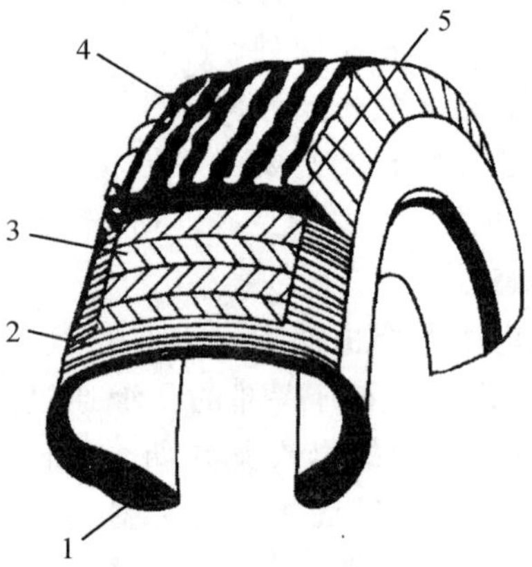

1. 胎圈　2. 帘布层　3. 缓冲层
4. 胎面花纹　5. 胎面胶

图6-20　子午线轮胎

由于帘线的排列方向与轮胎的主要变形方向一致，因此能充分利用帘线的强度，故子午线轮胎的帘布层数比普通轮胎可减少40%～50%，且结构强度与径向弹性好，增大了轮胎的接地面积，提高了整机的附着性能。

(2)帘线在周围方向上的联系只靠橡胶来实现，为了承担行驶时产生的较大的切向力，子午线轮胎采用了与胎面中心线夹角较小(10°～20°)的多层缓冲层，其用强度高、伸张小的织物帘布或钢丝帘布制成。使缓冲层像一层刚性环带一样紧紧箍在胎体上，大大提高了胎面的刚性，使之在滚动过程中起着类似履带的功能，大大地提高了驱动性能和耐磨性能。这种轮胎比普通轮胎的寿命高50%以上，还可以节省5%～10%的燃料。相同尺寸规格的子午线轮胎与普通轮胎使用的轮辋可相互代替，但在同一机车上普通轮胎和子午线轮胎不可混装。

3. 轮胎的规格标识

轮胎的尺寸规格标记方法有英制和公制两种，我国采用的是英制，标记方法如图6-21所示。

高压胎用“$D\times B$”表示，其中 D 为轮胎的外径，B 为轮胎的断面宽度，单位均为英寸(in，1 in＝2.54 cm)，“×”表示高压胎。例如“34×7”，即表示外径为 34 in，断面宽度为 7 in 的高压胎。对于普通轮胎，由于断面宽度 B 约等于断面高度 H，安装外胎的轮辋直径 d 可按 $d=D-2B$ 计算。

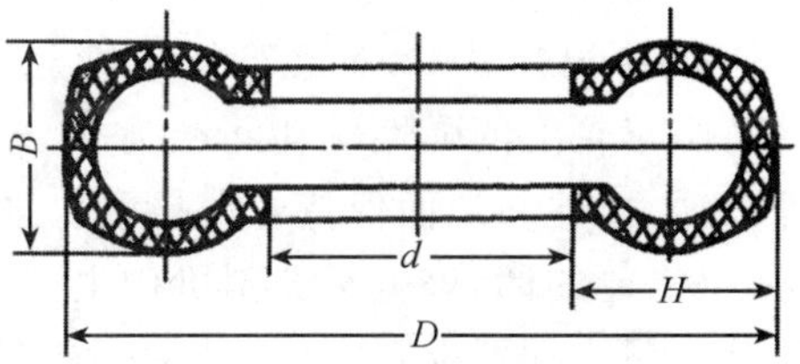

图 6-21　轮胎的规格尺寸

低压胎用“$B-d$”表示。B 为轮胎断面宽度，d 为轮胎内径，“－”表示低压胎。例如“9.00－20”，即表示轮胎断面宽度为 9 in，轮胎内径为 20 in 的低压胎。超低压胎的标记方法与低压胎相同。

4. 轮胎的花纹

动力机械的作业要求和路面条件各不相同，轮胎的胎面花纹形式也不同。其主要作用就是保证轮胎和道路之间的附着力和防侧滑能力。轮胎花纹主要有纵向花纹、横向花纹和混合花纹三种类型，如图 6-22 所示。

(a) 纵向花纹　(b) 横向花纹　(c) 混合花纹

图 6-22　轮胎的花纹

(1)纵向花纹　是一种沿轮胎回转方向的条形、波纹形等花纹，如图 6-22(a)所示。花纹沟占接地面积的 18%～20%。由于其抗侧滑能力强，操纵稳定，适用于拖拉机的转向轮。

(2)横向花纹　对轮胎旋转方向来说是横向配置的，在车轮平面内产生良好的附着力，但横向稳定性差，耐磨性较差，适用于驱动轮。拖拉机的驱动轮采用“八”字或“人”字形花纹轮胎，如图 6-22(b)所示。其沟槽占接地面积的 50%。安装时要注意花纹方向，在前进方向上应使胎面中心部位花纹首选接触地面(在前进方向上，车辙印痕为倒“八”字形)，既能保证在松软土地上或雪地上的附着力，又具有较好的自清泥作用。

(3)混合花纹　是一种中间部分是纵向的而两肩是横向的花纹，如图 6-22(c)所示。其花纹沟占接地面积的 30%。它兼有前两种花纹的优点，中间纵向花纹能保证操纵稳定性，两肩横向花纹可提供驱动力和制动力，并具有较好的耐磨和耐切伤性能，但在松软和泥泞的路面上附着性能大大下降，因此不适合在拖拉机上使用，只应用于运输车辆和工程机械。

6-2　扩展学习　弹性悬架前桥

近年来，国外一些主要拖拉机公司生产的拖拉机产品采用弹性悬架前桥的越来越多。装用弹性悬架前桥的好处是极大地提高了驾驶操纵的舒适性和在公路上进行运输作业时的安全性。另外，采用这种新结构也可改进拖拉机在田间的牵引性能。国外各主要拖拉机公司均研制有自己独特的弹性悬架前桥结构，下面将有关公司的拖拉机系列产品所采用的弹性悬架前桥结构特点做一简单介绍。

1. Case 公司

Case 公司在其 CVX 系列拖拉机上采用独立型弹性悬架前桥，可电子调整。这种弹性悬架在每个车轮上的弹性跳动间距为 90 mm。悬架导向机构装有 4 个悬挂摆动臂。拖拉机轮胎保持独立，并与地面保持永久接触。采用 1 个电子控制机构将弹性悬架自动维持在中央位置，如果需要的话，该电子控制机构也可以解除弹性悬架的工作。在这种情况下，拖拉机前桥就被其机械止动器重新定位，以保证具有与刚性前桥相类似的性能。Case 公司的这种弹性悬架前桥可以根据需要选装前置装载机或前置提升机构悬挂机具进行作业。安装的机具可以装在悬架的高位，以增加拖拉机离地间隙。

2. John Deere 公司

John Deere 公司在其 6020 系列和 7020 系列拖拉机上装用一种 TLSⅡ型弹性悬架前桥，其优点是提高了拖拉机的牵引力，提高了作业速度和增加了拖拉机行驶稳定性。

这种 TLSⅡ型弹性悬架前桥的结构较为特殊，目前这种机构仍为一种选装装备。这种前桥为一种常啮合系统，在这个系统的中心，所装的液压油缸可以产生组合作用，装有摆动臂和 Panhard 型连杆以保证对拖拉机有较好的控制，并改善了悬架的垂直、纵向和侧向的弹性性能。这种 TLSⅡ型弹性悬架前桥可以满足前轴负荷的各种条件：诸如装用前置装载机进行繁重作业或进行深耕作业。另外，这种结构的前桥，同时具有进行后置提升的电子控制和摆动补偿器的功能。

在 John Deere 公司的 8020 系列拖拉机上采用了新设计的 S 型弹性悬架前桥，这种前桥结构原理较为简单，它是将液压油缸的作用力施加于下悬架和上悬架支架上，悬架与每个车轮保持独立，车轮和地面保持常接触。

6-3 实操训练　前桥(转向桥)的拆装

课程导入

1. 如何拆装前桥摇摆轴？
2. 如何拆装转向节支架内的衬套？
3. 如何取下轮毂轴承？为什么重新安装轮毂时必须更换轮毂轴承调整螺母？
4. 安装前桥轮毂时，如何调整轮毂轴承的紧度？
5. 查阅相关资料，确定 SNH800 型拖拉机前桥技术参数。
6. 实训前需准备以下材料用具：

(1)待修拖拉机(本书以 SNH800 拖拉机为例)；

(2)常用拆装工具；

(3)手锤；

(4)气动扳手；

(5)铜棒；

(6)吊装设备及吊索；

(7)千斤顶；

(8)厂家维修手册和零件图册。

安全提示

吊装和操作所有沉重部件时，必须使用具有足够提升能力的提升设备。确保零部件由合适的吊钩或吊带承载，并且所吊装的部件附近无人靠近。

一、前桥总成的车上拆装

(一)拆下前桥总成

从拖拉机上卸下前桥总成的步骤如下：

(1)使用楔块牢固楔住后轮。

(2)拆下前轮配重和配重支架(若配置)。

(3)用吊装工具升起拖拉机前桥(图6-23)。

(4)将固定支架(1)置于发动机油底壳下，并在发动机油底壳和支架间插入一块木块(图6-24)。

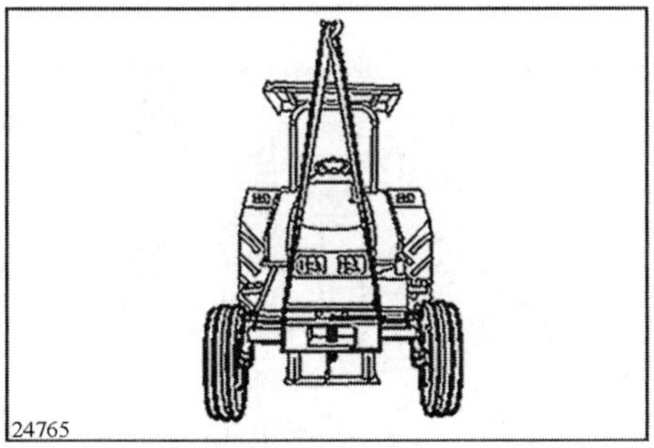

图6-23　吊起拖拉机前桥

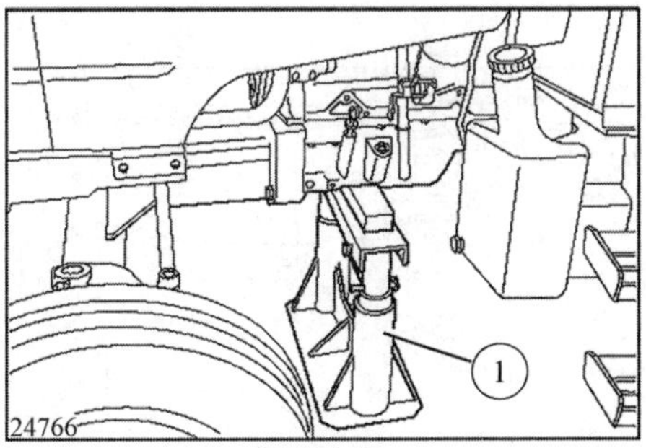

1.固定支架

图6-24　在发动机油底壳下安装固定支架

(5)拧下前轮固定螺栓(1)并卸下前轮(图6-25)。

(6)拧下活塞杆球铰接头固定螺母(1)，取出卡环，拆下转向油缸活塞杆球铰接头(图6-26)。

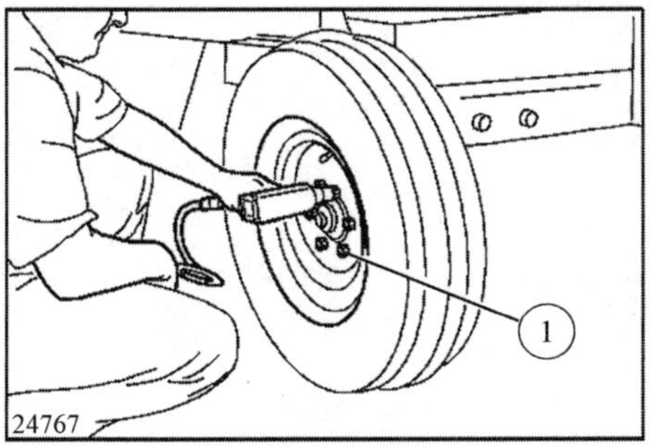

1.前轮固定螺母

图6-25　拆下前轮

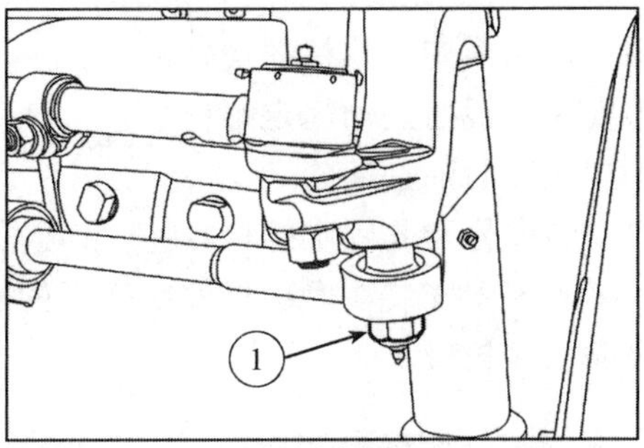

1.固定螺母

图6-26　拆下转向油缸活塞杆球铰接头

(7)断开油管接头(2、4)的连接，拆下开口销(1)并拧下锁紧螺母(3)，取出转向油缸(图6-27)。

(8)可靠固定车桥。拧下前桥摇摆轴固定螺母(1)，见图6-28。

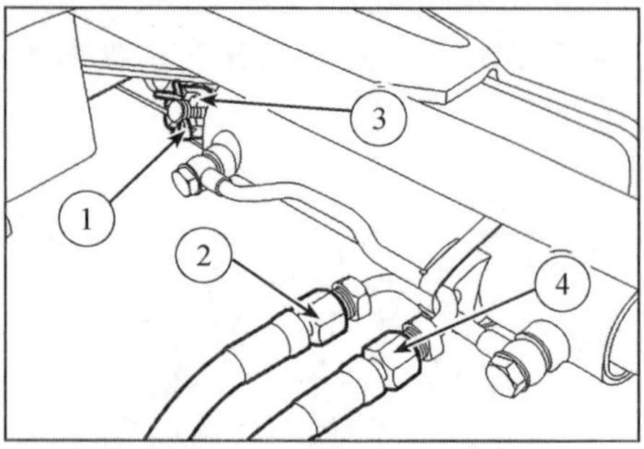

1. 开口销 2、4. 油管接头 3. 锁紧螺母

图 6-27 拆下转向油缸

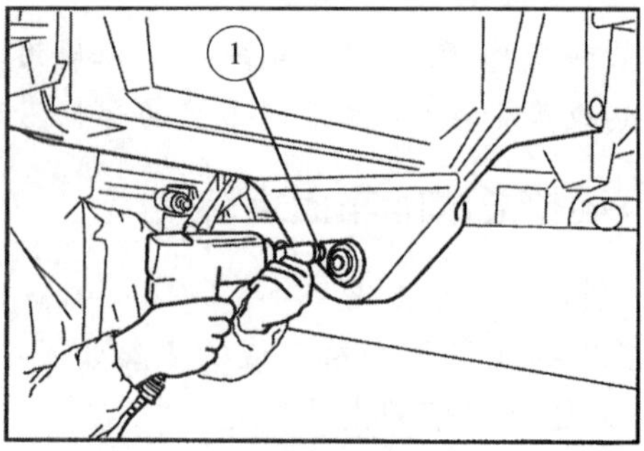

1. 固定螺母

图 6-28 拧下前桥摇摆轴固定螺母

(9)使用一个拔出器工具拔出前桥摇摆轴(1),见图 6-29。

(10)用吊装工具卸下前桥,见图 6-30。

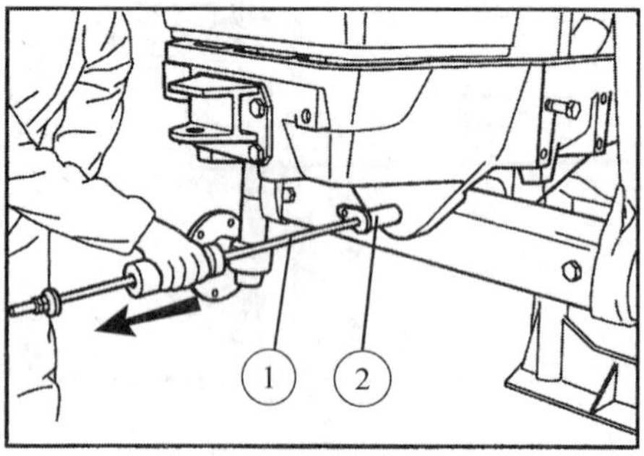

1. 前桥摇摆轴 2. 拔出器

图 6-29 拔出前桥摇摆轴

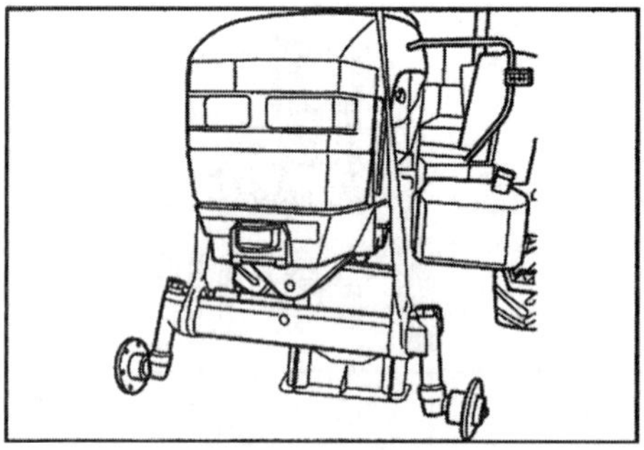

图 6-30 卸下前桥

(二)安装前桥总成

按与拆卸步骤相反的顺序安装前桥总成,主要步骤如下:

(1)使用铜棒安装前桥摇摆轴。

(2)安装前桥摇摆轴固定螺栓。

(3)连接转向油缸油管。

(4)安装前轮及其固定螺栓。

(5)撤去预先安装在发动机油底壳下的固定支架。

(6)撤去后轮楔块。

二、前桥的解体和装配

(一)前桥的解体

前桥的解体可以就车进行,也可以将前桥总成从车上卸下后进行。将前桥解体的主要步骤如下:

(1)将液压千斤顶定位在转向桥下,拧松转向节臂(2)固定到转向主销上的螺栓(1),见图 6-31。

(2)从转向主销(2)中拔出转向节臂(1),见图 6-32。

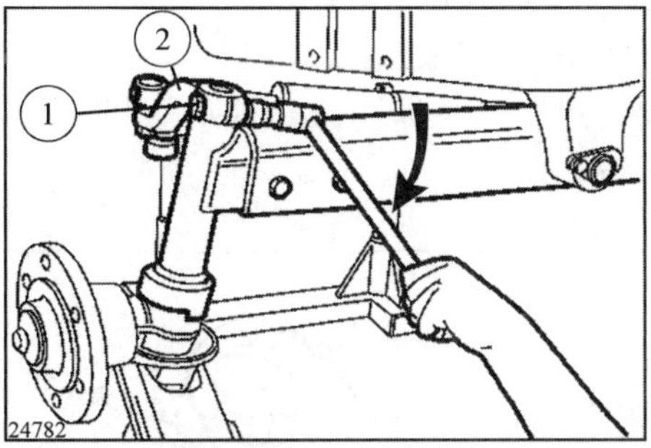

1. 固定螺栓　2. 转向节臂

图 6-31　拧松转向节臂与转向主销固定螺栓

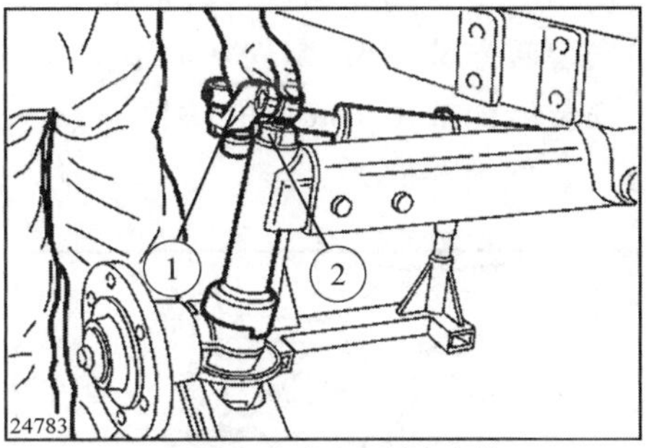

1. 转向节臂　2. 转向主销

图 6-32　拔下转向节臂

(3)降低液压千斤顶并拆下带轮毂的转向节(1),见图 6-33。

(4)拧下转向节支架(1)与前轴套管的固定螺栓(图 6-34)。

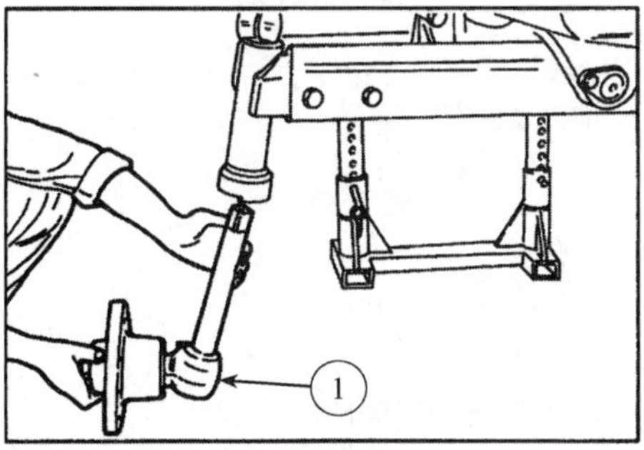

1. 转向节

图 6-33　拔出转向节

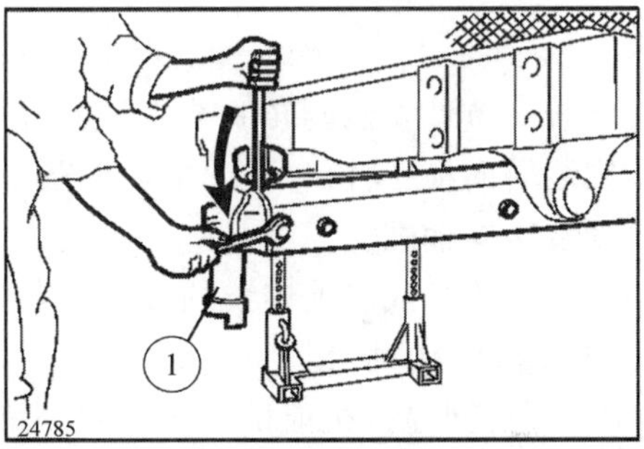

1. 转向节支架

图 6-34　拧下转向节支架与前轴套管的固定螺栓

(5)取出带内伸缩臂的转向节支架(1),见图 6-35。

(6)用台虎钳夹住转向节支架,使用拔出器拔出转向节主销衬套(图 6-36)。

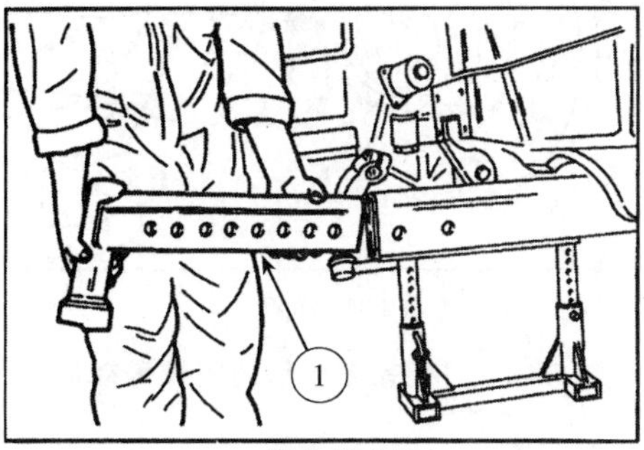

1. 转向节支架

图 6-35　取出转向节支架

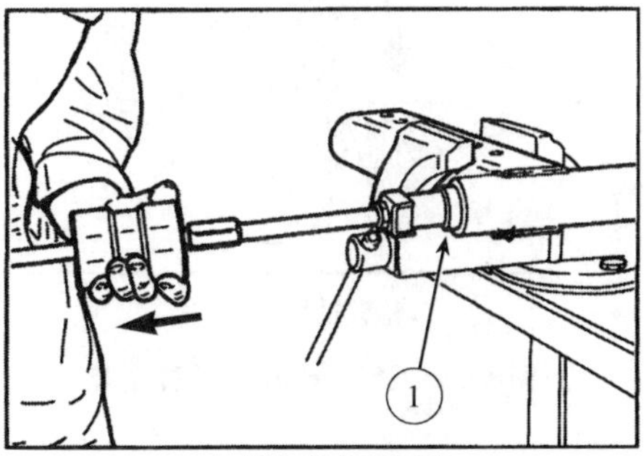

1. 转向节主销衬套

图 6-36　拔出转向节主销衬套

(二)前桥的装配

按与前桥解体相反的顺序装配前桥。主要装配步骤如下:

(1)使用一个铁锤和铜棒在转向节支架上安装一个新的转向节主销衬套(图 6-37)。

(2)安装转向节支架,紧固转向节支架与前轴套管的固定螺栓。

(3)安装转向节主销底部的防护盖(3,见图 6-7),然后将青铜止推垫圈(1,见图 6-38)插入平头螺钉(4,见图 6-6)。

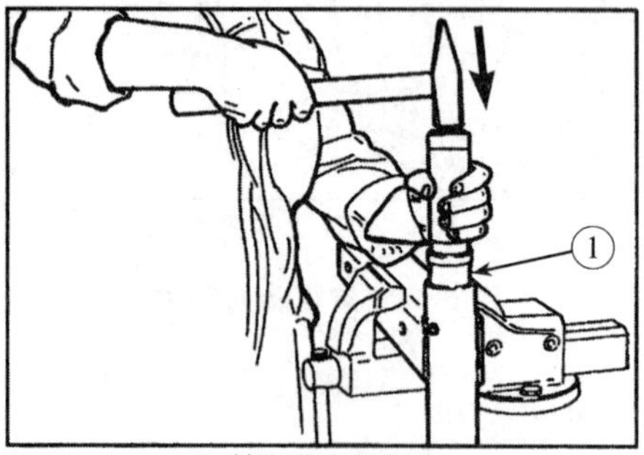

1. 转向节主销衬套

图 6-37 安装转向节主销衬套

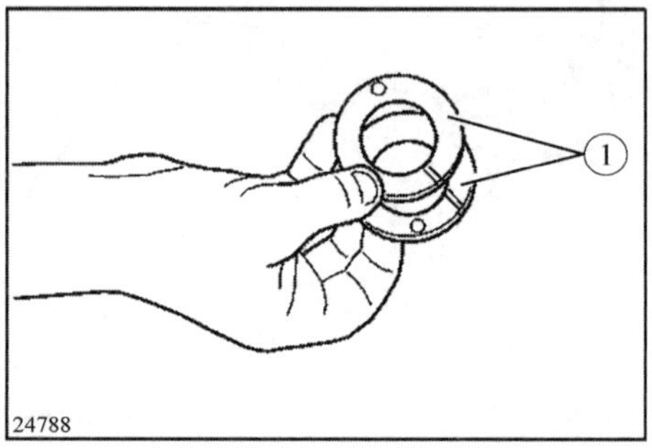

1. 止推垫圈(上面为青铜垫圈)

图 6-38 安装青铜止推垫圈

(4)将转向节臂安装到转向节主销的方形头上,并拧紧固定螺栓。

(5)安装转向横拉杆。

(6)安装转向油缸。

(7)按照前桥总成车上安装的步骤将前桥安装到车上。

(三)前轮轮毂的拆装

前桥轮毂可同拖拉机前桥一起拆卸。每个轮毂的拆卸步骤如下:

(1)拆下轮毂轴承防尘盖(1),见图 6-39。

(2)敲平轮毂轴承调整螺母(1)上的锁片(图 6-40)。

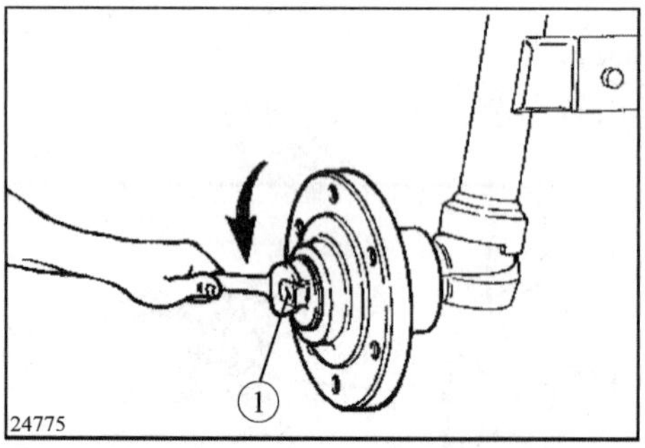

1. 轮毂轴承防尘盖

图 6-39 拆下轮毂轴承防尘盖

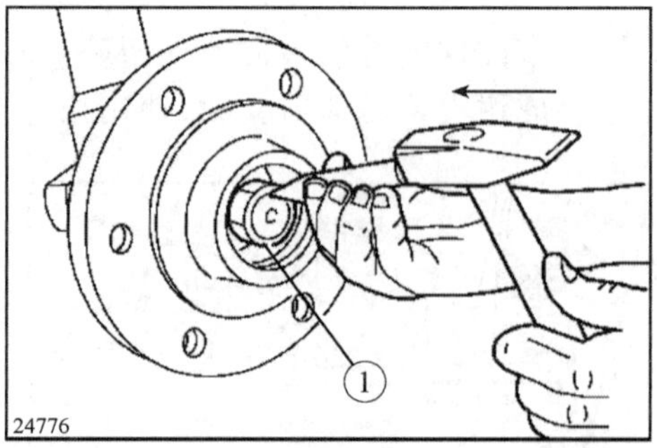

1. 调整螺母

图 6-40 打平轮毂轴承调整螺母锁片

(3)用专用套管扳手拧下轮毂轴承调整螺母(图 6-41)。

(4)卸下轮毂(2),取下轴承(1、3),见图 6-42。

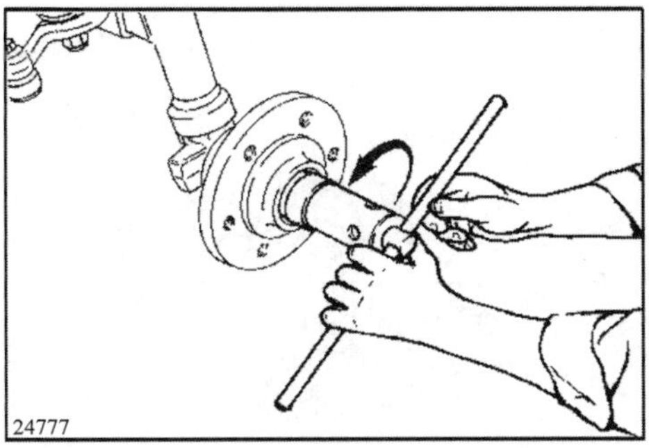

图 6-41　拧下轮毂轴承调整螺母

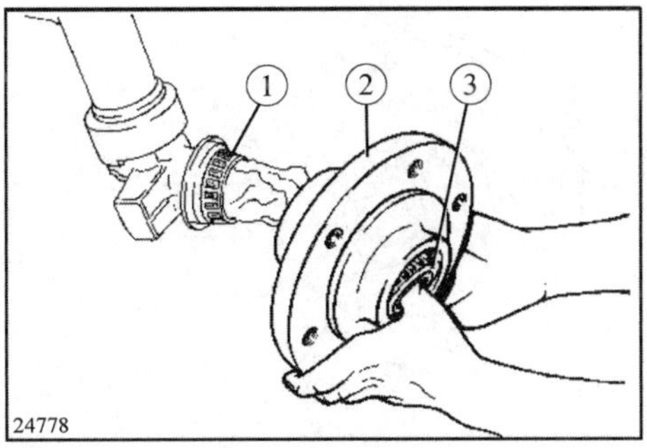

1. 内端轴承　2. 轮毂　3. 外端轴承

图 6-42　拆下轮毂及轴承

(5)用合适的拉拔器来更换损坏的密封圈和磨损的轴承(图 6-43)。

(6)给轮毂加注润滑脂。

(7)重新安装轮毂和轴承。

(8)使用扭力扳手和专用套管扳手,将轮毂轴承调整螺母紧固到 98 N·m,同时转动轮毂使轴承就位(图 6-44)。

(9)拧松轮毂轴承调整螺母,再次紧固至规定扭矩值(见附录 2),继续转动轮毂(1),见图 6-44。

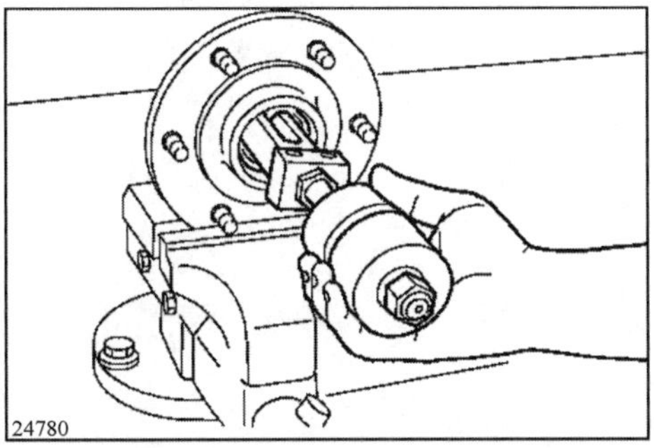

图 6-43　更换损坏的密封圈和轴承

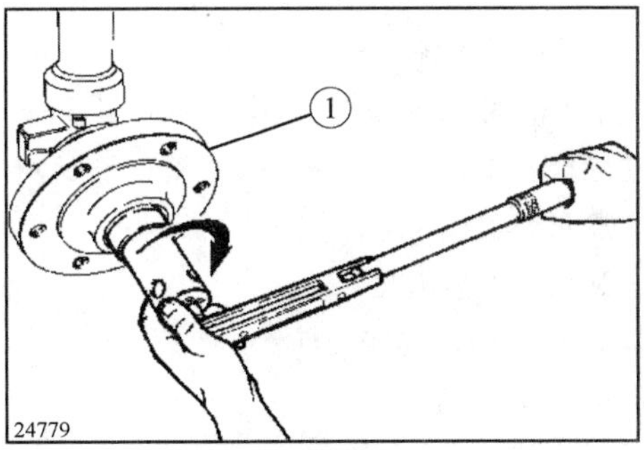

1. 轮毂

图 6-44　拧紧轮毂轴承调整螺母

注意:每次重新安装轮毂时,均应更换轮毂轴承调整螺母(图 6-45)。

(10)将轮毂轴承调整螺母锁片边缘打入螺母凹槽,使调整螺母可靠锁定。

(11)安装轮毂轴承防尘盖(图 6-46)。

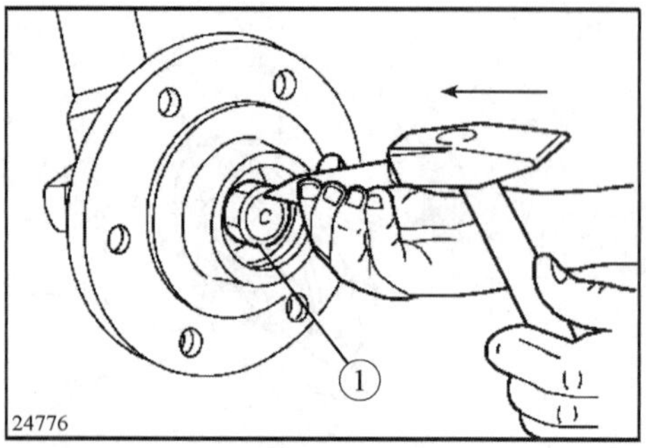

1. 轮毂轴承调整螺母

图 6-45　更换损坏的密封圈和轴承

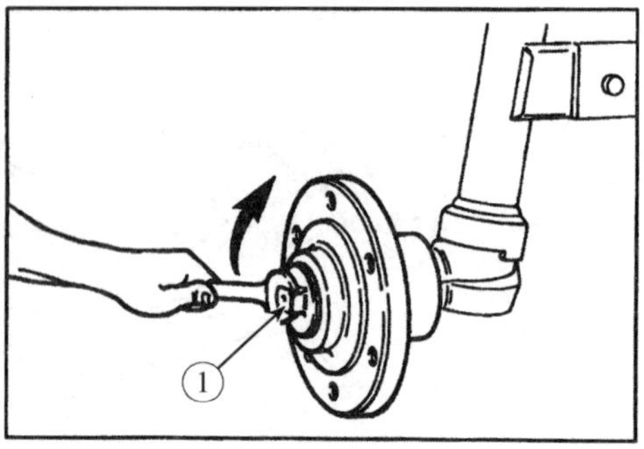

1. 防尘盖

图 6-46　安装轮毂轴承防尘盖

6-4　实操训练　转向桥的调整

课程导入

1. 为什么要经常检查和调整前轮轮毂轴承间隙(或紧度)? SNH800 型拖拉机的前轮轮毂轴承如何调整?

2. 为什么要经常检查和调整前轮前束? 如何调整 SNH800 型拖拉机的前轮前束?

3. 为什么要调节轮距,如何进行调节? SNH800 型拖拉机的轮距如何调节?

4. 查阅相关资料,确定 SNH800、东方红-X 系列拖拉机的前桥技术参数。

5. 实训前需准备以下材料用具:

(1)待修拖拉机(本书以 SNH800 拖拉机为例);

(2)常用拆装工具;

(3)前束尺(或卷尺);

(4)吊装设备及吊索;

(5)专用支撑台架;

(6)零件摆放台和盛油盆;

(7)厂家维修手册和零件图册。

一、前轮轮毂轴承间隙的调整

参见“6-3　实操训练”。

二、前轮转向参数的检查与调整

前轮转向几何参数包括:前轮外倾角、主销内倾角、主销后倾角和前轮前束,简称“三倾一束”。检查和调整前轮转向几何参数即前轮定位,其目的是保证拖拉机的直线行驶、转向轻便、转向自动回正和防止轮胎非正常磨损。拖拉机的“三倾角”是由零件结构设计予以保证的,一般不能调整,如果“三倾角”不合适,应换件修理。

(一)前轮外倾角的检查

当拖拉机前轮处于直线行驶位置时,轮辋边缘与拖拉机纵向平面之间的夹角称之为前轮外倾角(纽荷兰 90 系列拖拉机和东方红 X 系列拖拉机为 2°,东方红-1004/1204 型拖拉机为 1°)。如图 6-47 所示,以纽荷兰 SNH800 型拖拉机为例,等效的轮辋最外缘的外偏量(X):16 in 轮辋为 15 mm;18 in 轮辋为 17 mm;20 in 轮辋为 18 mm。

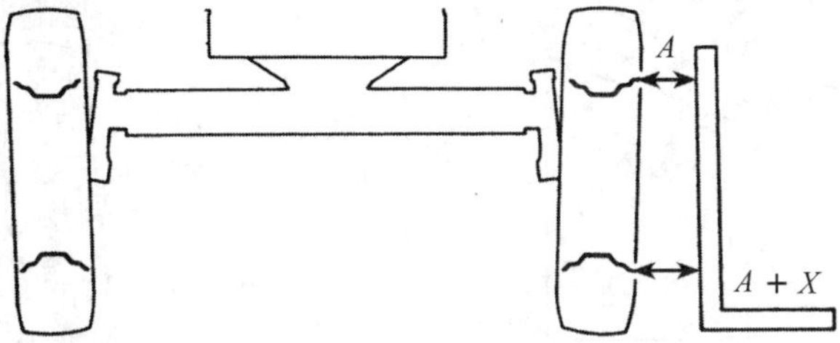

图 6-47　前轮外倾角的检查

(二)前轮前束的检查与调整

微课:前轮前束的检查和调整

使用过程中,由于转向系和前轴各零件的磨损,引起前束值改变,使转向困难,轮胎早期磨损。为此,要经常检查并加以调整。

按下述步骤检查和调整 SNH800 型拖拉机的前轮前束(图 6-48):

(1)将拖拉机停放在平坦地面上,将前轮顶离地面。

(2)将前轮轮胎充至规定气压值。

(3)使前轮处于直线行驶的位置(将方向盘从最左极限位置转到最右极限位置,记下方向盘旋转的圈数,然后把方向盘从最右极限位置退回至上述圈数的一半即可)。

(4)在与前轮轮轴中心线相同的高度上,测量出两轮前胎内侧或胎面中心线前端的距离(A)和两轮后胎内侧或胎面中心线后端的距离(B),差值($B-A$)即为前轮前束(图 6-48)。

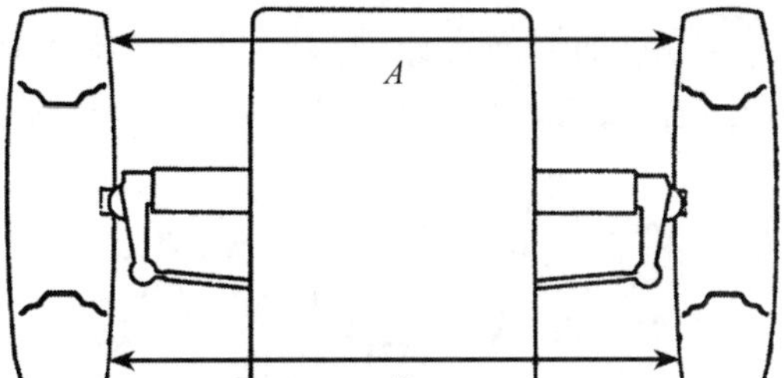

图 6-48　前轮前束的检查

(5)若需要调节前轮前束,如图 6-49 所示,松开转向横拉杆两端锁紧螺母(1)。

(6)向内或向外转动方形调整螺母(2)或横拉杆来缩短或延长横拉杆,直至前束达到规定值(纽荷兰 90 系列拖拉机为 0～5 mm,东方红 X 系列拖拉机为 0～10 mm)。

(7)将锁紧螺母(1)紧固至规定扭矩(见附录 2)。

三、轮距的调节

1. 前轮轮距的调节(以东方红 X 系列拖拉机为例)

用千斤顶将拖拉机前轴抬起,拆下主副套管锁紧螺栓(1、2),见图 6-50,然后拆下锁紧螺栓(3)并调整横拉杆长度。调整轮距有 2 级可选:1 400、1 500 mm。可选装 6 级可调轮距:1 400、1 500、1 600、1 700、1 800、1 900 mm(图 6-51)。

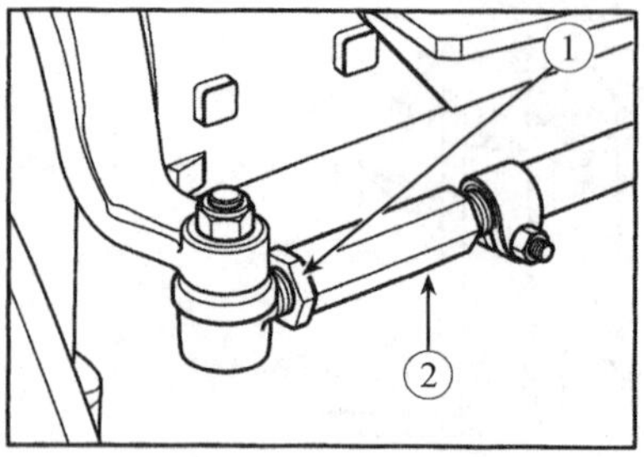

1. 锁紧螺母 2. 方形调整螺母

图 6-49 前轮前束的调整

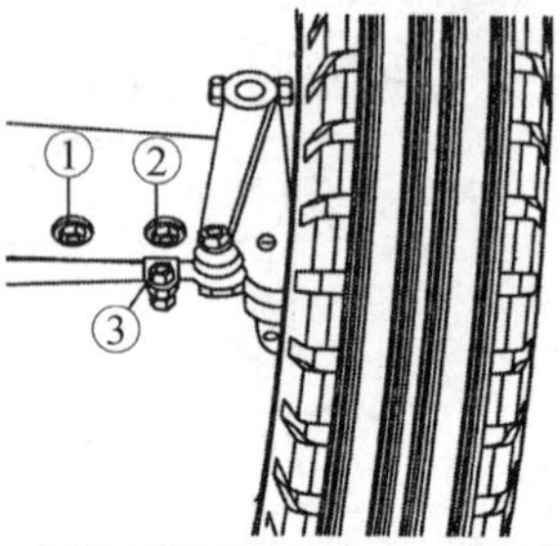

1、2. 主副套管锁紧螺栓 3. 横拉杆锁紧螺栓

图 6-50 前轮轮距的调整

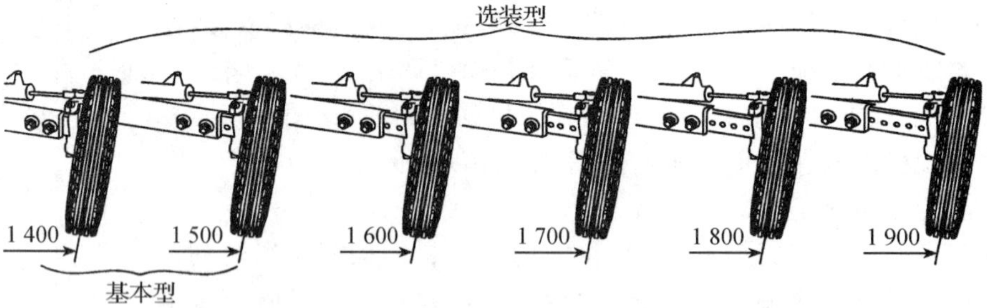

图 6-51 东方红经 X 系列拖拉机前轮轮距的调整形式(单位:mm)

颠倒车轮与轮毂的固定位置,可得到最宽轮距(1 970 mm)。

对于液压转向拖拉机(右侧安装转向油缸)左前轮调整如前所述,调整右轮时,先松开滑动端,然后松开油缸油管固定夹,再将油缸固定销轴移到与调整轮距相应的孔中(图 6-52),最后拧紧固定销,锁紧螺栓及固定夹。安装时应注意油缸油管不能盘缠、扭曲。

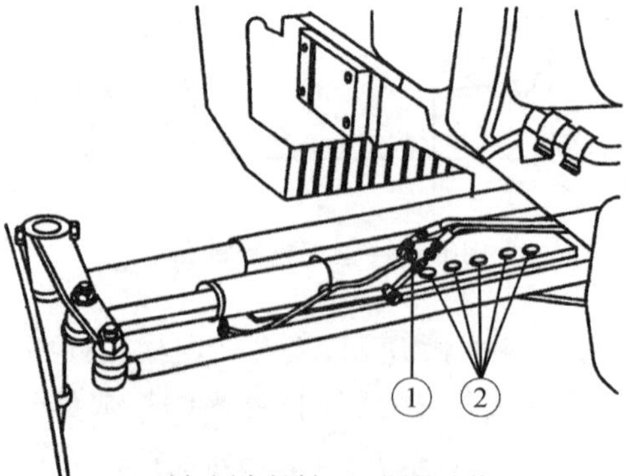

1. 油缸固定销轴 2. 调整孔位

图 6-52 带液压转向右前轮距的调整

2. 后轮轮距的调整(以东方红-X 系列拖拉机为例)

通过辐板、轮毂和轮辋的不同连接位置可获得如图 6-53 所示的 7 种轮距。

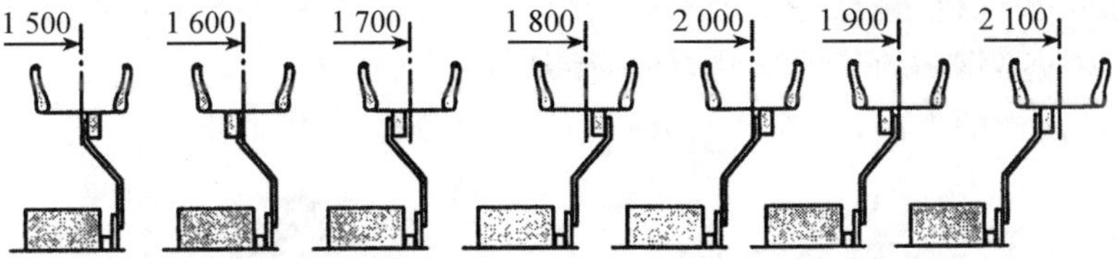

图 6-53　东方红-X 系列拖拉机后轮轮距的调整形式(单位:mm)

调整后轮轮距时,一定要使轮胎侧面上所标箭头指向拖拉机前进方向,始终保证两个前轮及后轮对称于拖拉机中心线。调整时,先选择最合适的后轮轮距,再选择前轮轮距。

6-5　实操训练　轮胎的调位和拆装

课程导入

1. 轮胎调位使用有哪些好处?如何进行轮胎的调位?
2. 轮胎拆装过程要注意哪些问题?
3. 如何给轮胎充气?
4. 查阅相关资料,确定 SNH800 型拖拉机轮胎的技术数据。
5. 实训前需准备以下材料用具:

(1)待修拖拉机(本书以 SNH800 拖拉机为例);
(2)常用拆装工具;
(3)撬棍(3 支);
(4)气门钥匙;
(5)充气泵;
(6)吊装设备及吊索;
(7)千斤顶;
(8)厂家维修手册和零件图册。

技术提示

拆装轮胎时,应在平坦、干燥、清洁的硬地上进行。拆装应用专门工具,不得使用尖锐的铁棒或起子,以免刺伤轮胎。

一、轮胎的调位

在工作中左右轮胎工作条件不同,磨损不一致,为使左右轮胎均匀磨损以延长其使用寿命,可将轮胎调位使用。方法是将两前轮或两后轮的内外胎拆下,然后平移,左右交换安装。

二、轮胎的拆装

(一)轮胎的拆卸

(1)用气门钥匙放净胎内的空气。
(2)将外胎内缘从钢圈平面压入钢圈中间的凹槽内,如图 6-54(a)所示。
(3)把撬棍伸进钢圈和外胎内缘的接触处,将气门嘴附近处的外胎内缘先撬出钢圈外,然后再用两根撬棍交替进行，直至将整个外胎内缘撬出钢圈，如图 6-54(b)所示。

(4)使气门嘴脱离钢圈的气门嘴孔，将内胎从外胎中取出。

(5)用与上述同样的方法，将外胎的另一边由钢圈的凹槽中取出。

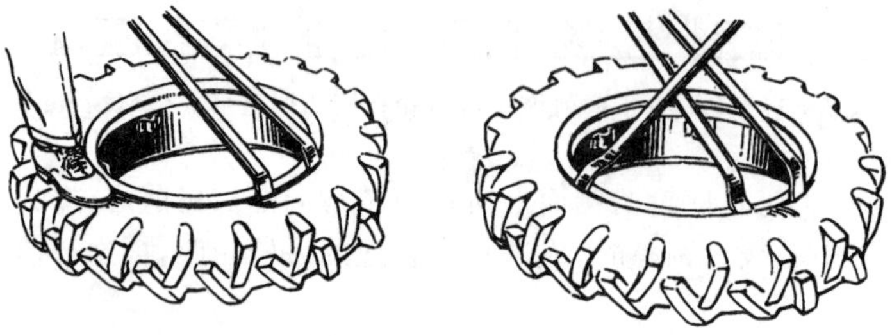

(a)　　(b)

图 6-54　轮胎的拆卸

(二)轮胎的安装

(1)先将外胎内壁和内胎外壁涂上薄薄一层滑石粉。

(2)将钢圈平放，并把装气门嘴的一面朝上，然后用撬棍将外胎的一边撬入钢圈内。

(3)如图 6-55(a)所示，把另一边外胎提离钢圈，然后将内胎放进外胎内(先将气门嘴穿过钢圈的气门嘴孔，拧上气门嘴帽或用铁丝将气门嘴拴好)。后轮较重，可用木块或砖头分三点将外胎垫起，再把内胎放入外胎中。

(4)如图 6-55(b)所示，把钢圈推向半面，两脚踩在另一半面的外胎上，并用脚把外胎压入钢圈的凹槽中，然后用撬棍把另一半面的外胎撬入钢圈内。

(5)安装时，注意应使气门嘴在中间。最后一段外胎较难撬进钢圈，可按图 6-55(c)所示的方法，用铁锤敲击撬棍，以便将外胎撬入钢圈。

(6)安装完毕后，先充气至规定气压值的一半，同时敲击胎面数次，然后放气减压，以免内胎在外胎中折叠，最后充气至规定气压值。

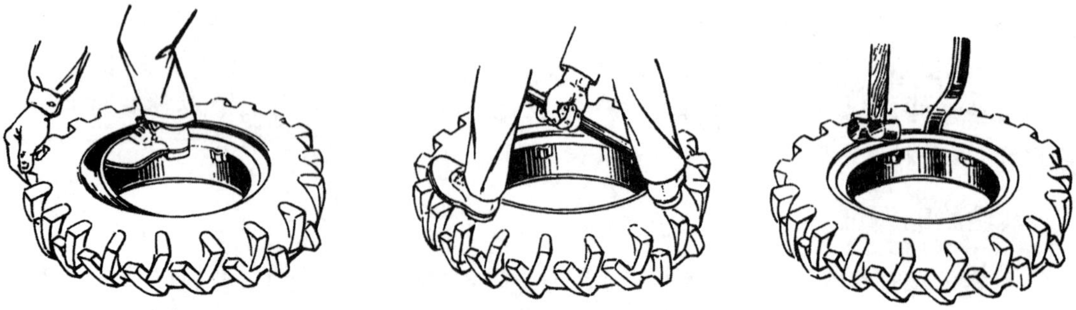

(a)　　(b)　　(c)

图 6-55　轮胎的安装

6-6　实操训练　行驶系的故障诊断与排除

课程导入

1. 轮胎不正常磨损是什么原因造成的？如何解决？

2. 上网查找有关拖拉机转向桥和车轮方面的故障案例与大家一起分享。

常见行驶系故障有轮胎不正常磨损、拖拉机行驶稳定性差等。其故障诊断及排除方法见表6-1。

表6-1　拖拉机行驶系故障诊断及排除方法

故障	产生原因	排除方法
轮胎不正常磨损	1. 轮胎气压不正确	参照操作手册中的推荐压力将轮胎充气到正确气压，推荐气压由轮胎制造商给出
	2. 前轮前束不正确	正确调整前轮前束
拖拉机行驶稳定性差	轮胎气压不正确	按照要求正确充气

学习情境7　拖拉机底盘技术保养与磨合

学习目标

- 掌握拖拉机技术保养规程；
- 能按照拖拉机技术保养规程完成拖拉机底盘的各级保养项目；
- 掌握拖拉机磨合技术规范；
- 能按照拖拉机磨合技术规范对修后拖拉机底盘系统进行磨合；
- 能正确处理拖拉机磨合期间出现的技术故障；
- 能正确选用拖拉机润滑油、液压油、制动液等，并能完成这些油液的更换。

7-1　必备知识　安全规则与注意事项

课程导入

1. 如何正确驾驶拖拉机？
2. 拖拉机在作业过程中应注意哪些事项？
3. 拖拉机维修时应注意哪些事项？
4. 查阅相关资料，确定SNH800型拖拉机维修技术数据和注意事项。

一、驾驶安全规则

(1)驾驶员应受过专门训练取得驾驶执照，并在仔细阅读使用保养说明书后才能使用拖拉机。

(2)起动发动机之前，必须将变速杆放在空挡位置，动力输出操纵手柄处于分离位置，提升器操纵手柄放在下降位置。

(3)拖拉机起步时，应注意前方是否有障碍物，拖拉机和农具或挂车之间是否有人。

(4)拖拉机在行驶中，驾驶员不能离开座位，任何人不得上下拖拉机。拖拉机严禁发动机熄火、挂空挡或踏下离合器踏板滑行下坡。

(5)拖拉机在行驶中，驾驶员的脚绝不允许放在制动器踏板和离合器踏板上。

(6)挂车必须有独立的制动系统，否则不能拖挂。

(7)拖拉机停车时，一定要将农具下降到地面。拖拉机停放在斜坡上时，应踩下制动踏板，用停车制动手柄锁止。在发动机熄火后，将拖拉机挂上挡。坡度大时，应将拖拉机前、后轮胎处垫上斜块，再次起动拖拉机时，应注意将变速杆拨入空挡位置。

(8)拖拉机运输作业时，在转向前必须减低行驶速度，之后再转向，不能在高速行驶时转弯，以防翻车。

(9)拖拉机在道路上行驶时应注意交通标志，遵守交通管理条例。

(10)拖拉机在行驶前首先确认差速锁处于分离状态，以防止拖拉机在高速行驶中转向而造成翻车事故。

二、使用注意事项

(1)新出厂或大修后的拖拉机,必须按要求进行磨合后,才能进行正常负荷工作。

(2)拖拉机各部件应严格按要求使用推荐牌号的溶液。燃油必须经过至少 48 h 沉淀后,传动系(驱动桥除外)润滑油必须经过与提升器过滤精度相同的滤油器过滤后,才能加注。

(3)各连接部位的螺栓、螺母及其他易松动零部件等应经常检查。发现松动时应及时拧紧。

(4)保养电气系统以前,一定要先拆掉蓄电池搭铁线,以免电气元件烧毁。

(5)检查、清洗、调整、修理、保养拖拉机和农具前.一定要停车熄火,并将变速杆置于空挡位置,动力输出轴操纵手柄置于分离位置,使所有运动部件处于静止状态。

(6)牵引挂车时,一定要用牵引钩而不能用三点悬挂杆件。

(7)拖拉机配套悬挂农机具行驶时,应防止提升器操纵手柄被碰到,以免引起农机具突然下落而造成事故。

(8)拖拉机动力输出轴带负荷工作时,拖拉机不能急转弯,以免损坏万向节。

(9)使用动力输出轴驱动农具以前,应检查拖拉机和驱动农具匹配合理性。一般耕作时,应使动力输出轴与万向节传动轴的夹角不大于 10°,地头转弯提升农具后,动力输出轴及农具输入轴与传动轴的夹角不大于 30°。

(10)轮胎的安装调整,只能由经验丰富的专业人员,使用合适的专业工具进行。轮胎安装不正确会引起严重事故。

(11)发动机在热车状态时,不要去拧水箱盖或机油加油口盖,以防冷却水或机油喷出导致烫伤。应在发动机熄火并冷却后,才可拧下水箱盖或机油加油口盖。

三、维修注意事项

(1)拖拉机拆卸和安装时,必须使用合适的升降机构提升和搬运所有重的部件,用适当吊钩支承零件和部件,并确保在提升的重载附近无人。

(2)如果拖拉机上装有不可去掉的配重,须用起重吊钩吊住配重,以防发动机向前翻倾。

(3)拖拉机拆装和调整时,要用适当的工具对中孔,不允许用手或手指对中。

(4)切勿用汽油或其他易燃液体清洗零件,应使用无毒不易燃液体清洗零件。

(5)当拖拉机需要“断腰”时,应停放在平整的地面上,传动装置壳体、前后轮胎等部位应予以可靠的支承或固定。

7-2　必备知识　拖拉机技术保养规程

课程导入

1. 为什么要经常对拖拉机进行技术保养?

2. 拖拉机技术保养规程有哪些内容?

3. 查阅相关资料,确定 SNH800、东方红-X 系列拖拉机的技术保养规程。

在拖拉机使用过程中,由于各种恶劣因素的作用,零部件的工作能力会逐渐降低或丧失,使整机的技术状态失常。另外，燃料、润滑油、冷却水、液压油等工作物质也会逐渐消耗，使拖拉机的正常工作条件遭到破坏，加剧整机技术状态的恶化。针对拖拉机零部件技术状态恶化的表现形式以及工作物质消耗的程度，驾驶员、修理工适时采取清洗、紧固、调整、更换、添加等维护其性能的技术措施，以保持零部件的正常工作能力和拖拉机的正常工作条件，称为对拖拉机进行技术保养。拖拉机的技术保养是一项十分重要的工作。技术保养工作是计划性和预防性的，不能认为“只要拖拉机能工作，保养不保养没有啥关系”。重使用、轻保养的思想是十分有害的。

为了使拖拉机正常工作并延长使用寿命，必须严格执行技术保养规程。拖拉机技术保养规程按照累计负荷工作时间(h)划分如下：

(1)每班技术保养　每班或工作 10 h 后进行。

(2)50 h 技术保养　累计工作 50 h 后进行。

(3)200 h 技术保养　累计工作 200 h 后进行。

(4)400 h 技术保养　累计工作 400 h 后进行。

(5)800 h 技术保养　累计工作 800 h 后进行。

(6)1 600 h 技术保养　累计工作 1 600 h 后进行。

(7)长期存放保养　准备停车超过 1 个月时进行。

一、每班技术保养

(1)清除拖拉机上的尘土和污泥。

(2)检查拖拉机外部紧固螺母和螺栓，特别是前、后轮的螺母是否松动。

(3)检查水箱、燃油箱、转向油箱、制动器油箱及蓄电池的液面高度，不足时添加。

(4)按维护保养图加注润滑脂和润滑油。

(5)检查并调整主离合器踏板高度。

(6)检查前后轮胎气压，不足时按规定值充气。

(7)检查拖拉机有无漏气、漏油、漏水等现象，如有“三漏”应排除。

(8)按柴油机生产厂家的使用保养说明书中的“日常班次技术保养”要求对柴油机进行保养。

二、50 h 技术保养

(1)完成每班技术保养的全部内容。

(2)按维护保养图和表加注润滑脂。

(3)检查油浴式空气滤清器油面并除尘。

(4)按柴油机生产厂家的使用保养说明书中的“一级技术保养”要求对柴油机进行保养。

三、200 h 技术保养

(1) 完成 50 h 技术保养的全部内容。

(2)更换发动机油底壳润滑油。

(3)对油浴式空气滤清器油盆进行清洗、保养。

(4)清洗提升器机油滤清器，必要时更换滤芯。

(5)按柴油机生产厂家的使用保养说明书中的“二级技术保养”要求对柴油机进行保养。

四、400 h 技术保养

(1) 完成 200 h 技术保养的全部内容。

(2)按维护保养图加注润滑脂和润滑油。

(3)检查前驱动桥中央传动及末端传动油面高度,必要时添加。

(4)检查传动系统及提升器的润滑油面高度,必要时添加。

(5)检查停车制动器手柄自由行程,必要时调整。

(6)清洗保养液压转向油箱滤清器。

(7)按柴油机生产厂家的使用保养说明书中的“二级技术保养”要求对柴油机进行保养。

五、800 h 技术保养

(1)完成 400 h 技术保养的全部内容。

(2)更换液压转向油箱传动液压两用油。

(3)更换传动系及提升器传动液压两用油。

(4)对燃油箱进行清洗保养。

(5)按柴油机生产厂家的使用保养说明书中“三级技术保养”要求对柴油机进行保养。

六、1 600 h 技术保养

(1)完成 800 h 技术保养全部内容。

(2)更换前驱动桥中央传动和最终传动润滑油。

(3)对起动电动机进行检查、调整、维护和保养。

(4)按柴油机生产厂家的使用保养说明书中的“三级技术保养”要求对柴油机进行保养。

七、长期存放技术保养

(1)若发动机存放不到 1 个月,发动机机油更换后工作不超过 100 h,就不需要做任何防护措施。若发动机存放超过 1 个月,必须趁热车时把发动机机油放净,更换新机油,并让发动机在小油门下运转数分钟。

(2)将燃油箱加满油,清洗保养空气滤清器。将冷却系统中的冷却水放出(如果使用的冷却液是防冻液则不必放掉)。

(3)所有操纵手柄放到空挡位置(包括电气系统开关和驻车制动器)。将拖拉机前轮放正,悬挂杆件放在最低位置。

(4)取下蓄电池并在其极桩上涂润滑脂,存放在避光、通风、温度不低于 10 ℃的室内。对普通蓄电池,每月检查 1 次电解液液面高度,并用密度计检查充放电状态。必要时,添加蒸馏水至规定高度,并用 7 A 电流对蓄电池进行补充充电。

(5)将拖拉机前后桥支撑起来,使轮胎稍离地面,并把轮胎中的气放掉。否则,要定期将拖拉机顶起,检查轮胎气压。

(6)整机擦洗干净,在油漆件表面涂上石蜡,非油漆件表面涂上防护剂,整机套上防护罩。

7-3 实操训练 拖拉机技术保养操作

课程导入

1. 拖拉机维护保养主要有哪些项目？

2. 拖拉机底盘部分的润滑部位有哪些？

3. 拖拉机轮胎的使用和保养应注意哪些事项？

4. 查阅相关资料，确定 SNH800、东方红-X 系列拖拉机的技术保养项目。

一、拖拉机的维护保养项目

以东方红-X 系列拖拉机和纽荷兰 SNH 系列拖拉机为例，拖拉机的维护保养部位、操作内容、保养周期见图 7-1、表 7-1 和表 7-2。

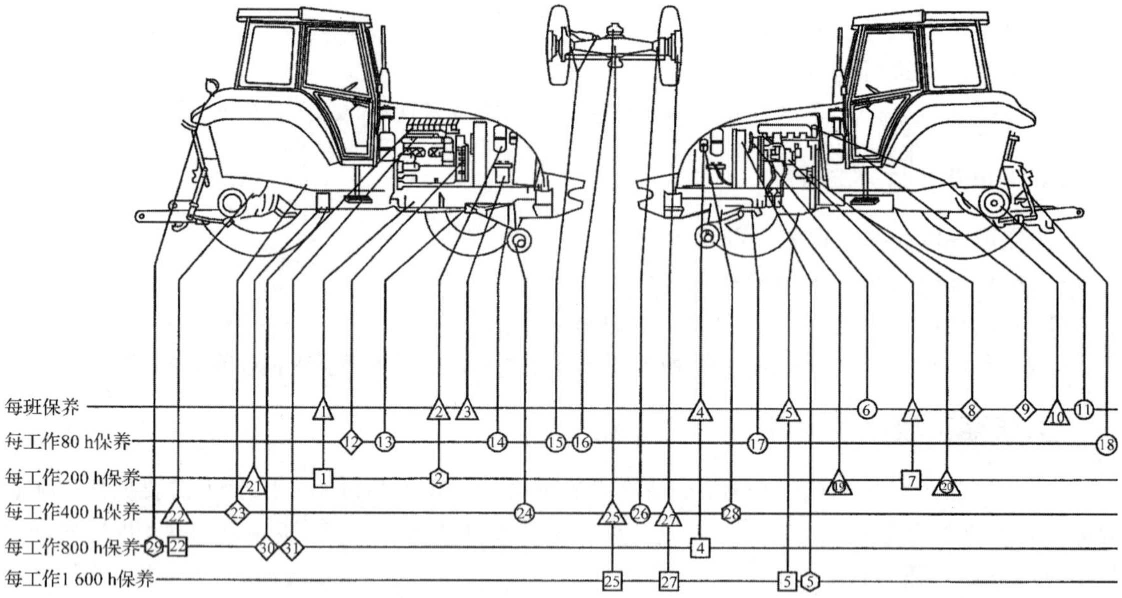

图 7-1 东方红 X 系列拖拉机整机维护保养部位

表 7-1 东方红-X 系列拖拉机维护保养项目

编号	维护保养润滑部位	操作内容	数量	保养时间	备注
1	发动机油底壳	检查油面高度	1	每班	
2	油浴式空气滤清器	检查油面高度	1	每班	必要时
3	蓄电池	检查液面高度	1	每班	必要时
4	液压转向油箱	检查油面高度	1	每班	必要时
5	散热器(水箱)	检查液面高度	1	每班	
6	发动机水泵轴	加注润滑脂	1	每班	

续表7-1

编号	维护保养润滑部位	操作内容	数量	保养时间	备注
7	喷油泵	检查油面高度	1	每班	
8	主离合器分离杠杆	检查、调整	1	每班	
9	主离合器踏板	检查踏板高度	1	每班	必要时
10	制动器油箱	检查液压高度	1	每班	需要时加注
11	后轮毂	加注润滑脂	2	每班	
12	风扇皮带	检查张紧度	1	每工作 50 h	
13	两轮驱动转向油缸连接处	加注润滑脂	1	每工作 50 h	无 15 项
14	前轴主销套管	加注润滑脂	1	每工作 50 h	无 16 项
15	四轮驱动转向油缸连接处	加注润滑脂	2	每工作 50 h	无 13 项
16	四轮驱动前桥摆轴	加注润滑脂	2	每工作 50 h	无 14 项
17	前轴中央摆销套管	加注润滑脂	1	每工作 50 h	
18	悬挂杆件	加注润滑脂	3	每工作 500 h	
19	柴油滤清器	更换滤清器	1	每工作 200 h	
20	旋装式机油滤清器	更换滤清器	1	每工作 200 h	
21	提升器机油滤清器	清洗或更换滤芯	1	每工作 200 h	
7	喷油泵	更换润滑油	1	每工作 200 h	
1	发动机油底壳	更换润滑油	1	每工作 200 h	
2	油浴式空气滤清器	保养、清洗	1	每工作 200 h	
22	传动系及提升器	检查油面高度	1	每工作 400 h	需要时加注
23	驻车制动器	调整自由行程	1	每工作 400 h	
24	前轮	加注润滑脂	2	每工作 400 h	
25	前驱动桥中央传动	检查油面高度	1	每工作 400 h	需要时加注
26	四轮驱动主销油杯	加注润滑脂	2	每工作 400 h	
27	前驱动桥最终传动	检查油面高度	2	每工作 400 h	需要时加注
28	液压转向油滤清器	保养、清洗	1	每工作 400 h	
4	液压转向油箱	更换液压油	1	每工作 800 h	
29	燃油箱	保养、清洗	1	每工作 800 h	
30	发动机进排气门	调整气门间隙	8	每工作 800 h	
31	喷油器	调整喷油压力	4	每工作 800 h	
22	传动系及提升器	更换润滑油	1	每工作 800 h	
5	发动机冷却系统	保养、清洗	1	每工作 1 600 h	
5	采用防冻液的发动机冷却系统	更换防冻液	1	每工作 1 600 h	
25	前驱动桥中央传动	更换润滑油	1	每工作 1 600 h	
40	前驱动桥最终传动	更换润滑油	1	每工作 1 600 h	

表 7-2　纽荷兰 SNH800/804、900/904、1000/1004 型拖拉机润滑与维护保养表

保养时间	序号	保养操作	检查	加注	清洁	润滑	调整	更换
灵活保养	1	发动机离合器					√	
	2	风扇皮带					√	
警示灯亮起	3	制动油缸	√	√				
每工作 10 h	4	发动机机油	√	√				
	5	蓄电池	√	√				
	6	液压转向油缸	√	√				
	7	风挡玻璃雨刷器瓶	√	√				
	8	驾驶室空气滤清器			√			
	9	空调冷凝器			√			
	10	空调及无水滤清器	√					
每工作 50 h	11	轮毂				√		
	12	紧固连接件				√		
	13/14	四轮驱动前轴主销				√		
	15	两轮驱动转向油缸				√		
	16	两轮驱动转向节轴				√		
	17	两轮驱动转向轴				√		
	18	两轮驱动前轴主销				√		
	19	燃油滤清器(冷凝排泄)			√			
每工作 300 h	20	发动机机油						√
	21	燃油滤清器						√
	22	燃油泵过滤器			√			
	23	液压悬挂系统机油滤清器						
	24	发动机机油滤清器						
	25	液压转向(独立油箱)机械油滤清器			√			
	26	干式空气滤清器(外筒体)			√			
	27	后变速器及悬挂	√	√				
	28	前轴壳	√	√				
	29	手制动	√				√	
	30	前轴减速轮毂	√	√				
	31	两轮驱动前轮				√		
	32	四轮驱动转向轴				√		
每工作 900 h	33	发动机气门	√				√	

续表7-2

保养时间	序号	保养操作	检查	加注	清洁	润滑	调整	更换
每工作 1 200 h 或一年	34	驾驶室空气滤清器						√
	35	干式空气滤清器(外筒体)						√
	36	燃油箱			√			
	37	液压转向液压油(独立油箱)						√
每工作 1 200 h 或两年	38	喷油器	√				√	
	39	四轮驱动前轴壳机油						√
	40	四轮驱动前轴减速轮毂机油						√
	41	发动机冷却系统			√			√
	42	变速器润滑油及液压油						√
日常维护与保养	燃油系统排气							
	液压制动系统排气							
	电子设备							

二、底盘系统的技术保养操作

1. 离合器、制动器的保养

离合器、制动器的保养点分别见图 7-2 上的 A、B,然后按相关要点进行保养维护。

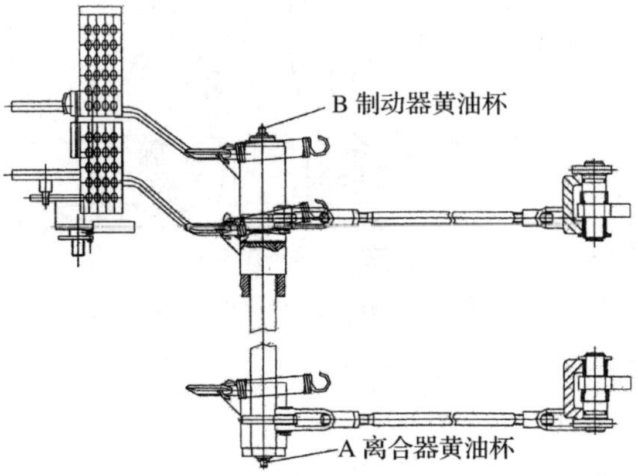

图 7-2　离合器、制动器的保养

2. 离合器的调整

参见“学习情境 1”。

3. 行车制动器的调整

参见“学习情境 4”。

4. 行车制动器油箱的检查

若行车制动器油箱(图 7-3)仪表板上的红色报警灯亮,说明行车制动器油箱油面低于下限,应检查找出漏油原因,然后补充加油。加油后的油箱油面应达到最高标记线。

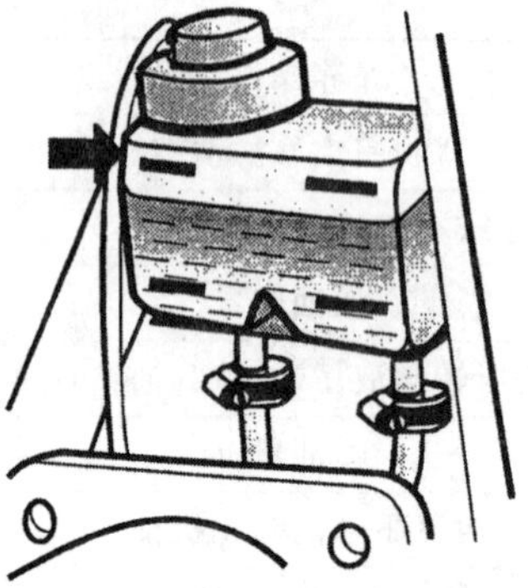

图 7-3　检查行车制动器油箱油面

5. 驻车制动器的调整

驻车制动器的调整见图 7-4。驻车制动器操纵手柄必须能卡住棘齿的第 6 和第 7 节，且带齿扇形板的自由行程为 3 个棘齿。如不符合要求，应按下列方法调整：先松开螺母(1)，再转动螺母(2)直至带齿扇形板自由行程为 3 个棘齿，最后重新锁紧螺母。

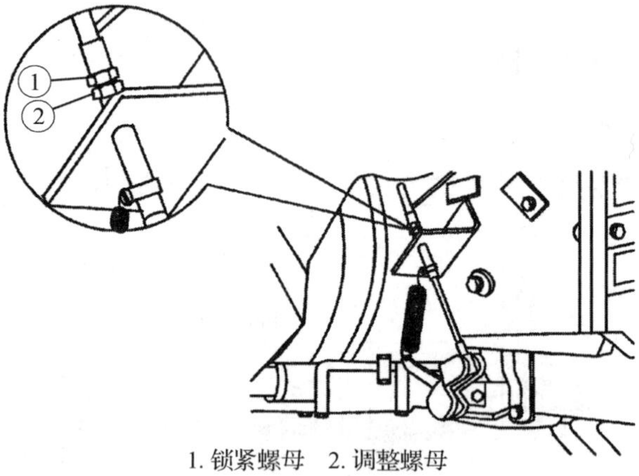

1. 锁紧螺母　2. 调整螺母

图 7-4　驻车制动器的调整

6. 制动系的排气

参见“学习情境 4”。

7. 前桥中央摆销的保养

按维护保养要求向图 7-5 中各黄油杯处加注润滑脂。

8. 前桥主销、最终传动及转向油缸的保养

按照表 7-1、表 7-2 的要求，在图 7-6 的相关位置加注润滑脂。

9. 前驱动桥中央/最终传动油面的检查

将拖拉机停放在平地上，前驱动桥中央/末端传动油面检查时应旋下加油孔/油尺，查看油面是否在要求的刻度以上，否则需加油。更换润滑油时，应旋下中央及末端放油塞，放净污油，加注新油直到油尺刻度。

10. 后轮轴的保养

定期检查后轮轴轮毂润滑脂是否注入润滑接头(每边一个)，油脂是否会从外部防护装置

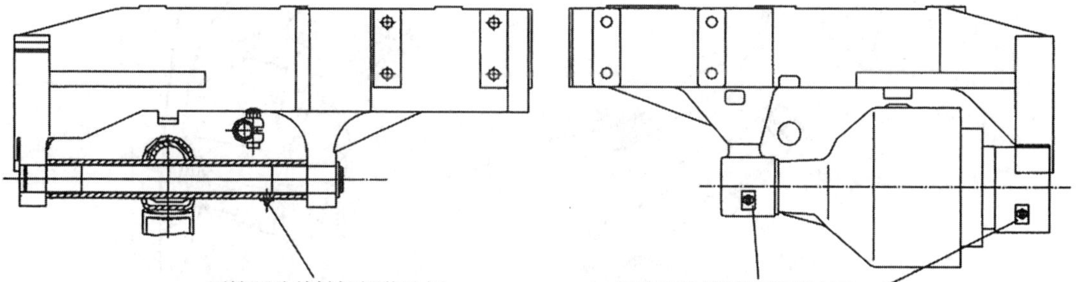

图 7-5　前桥中央摆销的保养

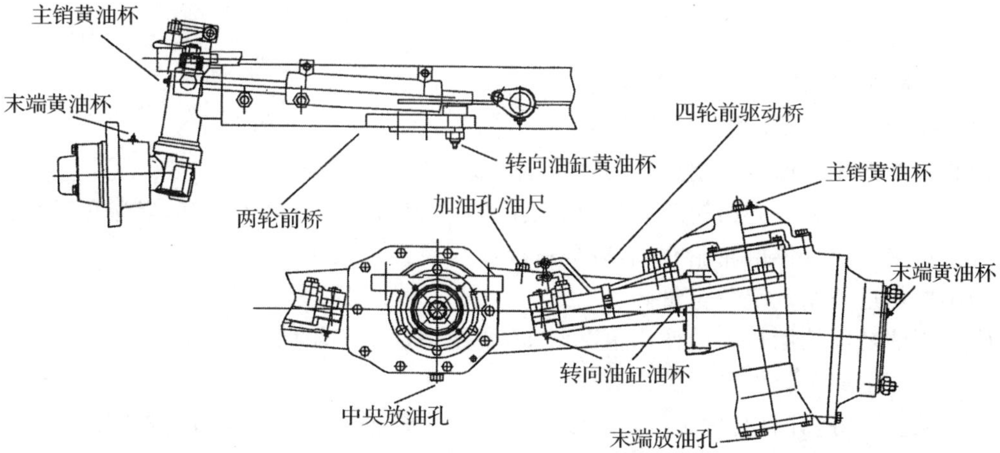

图 7-6　前桥主销、最终传动及转向油缸的保养和前驱动桥中央/最终传动油面的检查

漏出。为了均匀地把油脂注入轮毂和减速器壳间，必须旋转轮胎。当拖拉机工作在非常肮脏或者沼泽地带，必须经常进行该操作以去除进入轮毂的污水。

11. 变速器与提升装置的保养

将拖拉机停放在平地上，关闭发动机，提升臂放低，检查油位是否达到油尺标识的“最高”位置，如需加油，则卸下加注口盖，通过注入口注入。

12. 悬挂杆件的保养

按维护保养要求向图中箭头所指处黄油杯加注润滑脂(图 7-7)。

13. 转向角的调整(以 SNH800 型拖拉机为例)

为了避免拖拉机转向时，转向轮与机身或挡泥板相碰，应确保在转向轮偏到极限位置时，轮胎与机身留有 20 mm 的间隙。为避免此类问题，在拖拉机前轴配有转向角限位螺钉(1)，见图 7-8，可以通过调整该螺钉改变拖拉机的转向角。按以下步骤调整转向角：

(1)将转向轮偏转到极限位置。

(2)按要求调整螺钉的伸出长度(L)。

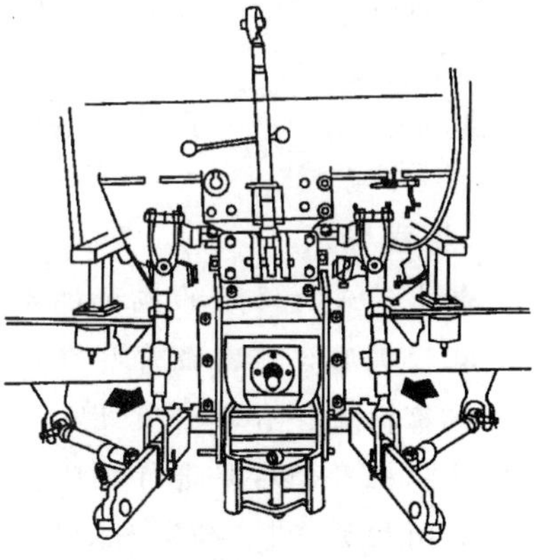

图 7-7　悬挂杆件的保养

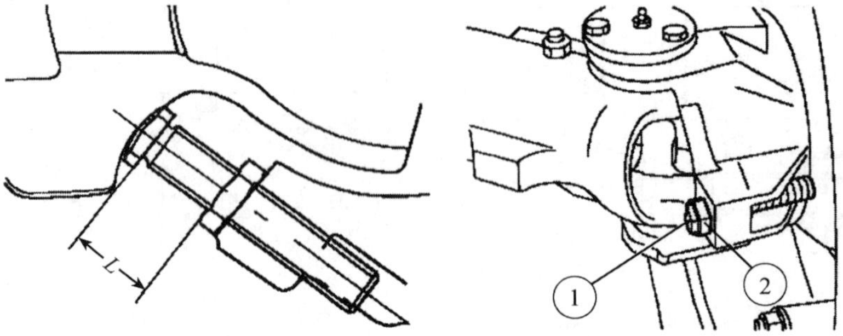

1. 转向角限位螺钉　2. 锁紧螺母

图 7-8　SNH800 型拖拉机转向角的调整

(3)拧紧锁紧螺母。

14. 轮胎的使用、维护保养和更换

(1)更换轮胎时,应选择合适的轮胎。

(2)轮胎充气压力值应为制造厂的规定压力值。

(3)检查轮胎压力时和给轮胎充气时,拖拉机应空载,轮胎应处于冷态,以避免过度充气。

(4)不得用易燃气体给轮胎充气,以免造成爆炸使人员受伤。

(5)不要超过轮胎额定载重量。

(6)当不清楚旧轮胎过去的使用情况时,不要使用这个旧轮胎。

(7)从胎面上卸下物件前轮胎应放气。

(8)轮胎安装好,并且行驶 100 km 或作业 3 h 后,检查轮胎螺母是否仍然牢固。按此定期检查轮胎螺母的松紧度。

(9)不要把轮胎放在碳氢化合物上(机油、柴油、黄油等)。

(10)拖拉机轮胎必须定期检查,重点检查如下内容:

①轮胎面是否均匀磨损。

②轮胎壁面绝不能有裂纹、突起和磨损。注意:即使轮胎不常使用,甚至未曾使用,轮胎也是有寿命的。轮胎壁面上的裂纹,有时伴随着突起,预示着轮胎寿命将至。

(11)已经安装在拖拉机上的轮胎如果长期不用,它的老化速度要比经常使用的轮胎快。因此,建议将拖拉机悬空停放并防止阳光直射。

7-4　实操训练　拖拉机的磨合

课程导入

1. 新出厂或大修后的拖拉机为什么要经过磨合才能投入使用?

2. 拖拉机磨合前需做哪些准备工作?

3. 拖拉机磨合有哪些项目?

4. 拖拉机磨合后要进行哪些技术保养?

5. 查阅相关资料,确定 SNH800 型拖拉机磨合的技术规范。

拖拉机在投入使用前,要在规定的润滑、转速、负荷条件下运转一段时间,同时进行必要的检查、调整与保养，使技术状态正常化，这一系列工作称为磨合。

新出厂的或大修后的拖拉机必须经过磨合才能使用，否则将缩短拖拉机的使用寿命。

一、磨合前的准备工作

(1)磨合期间对拖拉机进行每班技术保养和工作 50 h 技术保养。

(2)检查拖拉机外部螺栓、螺母及螺钉的拧紧力矩，若有松动应及时拧紧。

(3)在前轮毂、前驱动桥主销及水泵轴的油杯处加注润滑脂。检查发动机油底壳、传动系及提升器、前驱动桥中央传动及最终传动油面，不足时按规定加注。

(4)加注燃油和冷却水。

(5)检查轮胎气压是否正常。

(6)检查电器线路是否连接正常、可靠。

(7)使各操纵手柄均处于空挡位置。

二、发动机空转磨合(30 min)

按说明书规定顺序起动发动机。起动后，使发动机怠速运转 5 min，观察发动机运转是否正常，然后将转速逐渐提高到额定转速进行空运转。

在发动机空转磨合过程中，应仔细倾听发动机有无异常声音，检查发动机有无漏水、漏油和漏气现象。观察各仪表读数是否正常，如有故障应立即停车排除。

当确认发动机工作一切正常后，方可进行下一步的磨合。

三、动力输出轴空转磨合

将发动机置于中油门位置，分别使动力输出轴处于独立及同步位置空运转 5 min。同步磨合可结合拖拉机空驶磨合进行，或将后轮抬起离开地面进行，检查有无异常现象，磨合后使动力输出轴处于空挡位置。

四、悬挂机构的磨合

起动发动机，操纵液压位调节手柄，使悬挂机构提升、下降数次，观察液压系统有无顶、卡、吸空现象。然后挂上质量为 500 kg 左右的重块，在发动机标定转速下，操纵位调节手柄，使重块平稳下降和提升。其次数不少于 20 次，并能停留在行程的任何一个位置上。

五、拖拉机的空驶磨合(3 h)

拖拉机按高、中、低挡位和时间进行空驶磨合。将分动箱滑动齿轮操纵杆放在结合位置。在空驶磨合过程中，发动机转速控制在 1 800 r/min 左右，同时注意下列情况：

(1)观察各仪表读数是否正常。

(2)离合器接合是否平顺，分离是否彻底。

(3)主副变速器换挡是否轻便、灵活、有无自动脱挡现象。

(4)差速锁能否接合和分离。

(5)拖拉机的操纵性和制动性。

六、拖拉机的负荷磨合

拖拉机的负荷磨合是带上一定负荷进行运转，负荷必须由小到大逐渐增加，速度由低到高逐挡进行。

拖拉机按表7-3的负荷、油门开度、挡位和时间进行负荷磨合（将分动箱滑动齿轮操纵杆放在结合位置）。

表7-3　负荷磨合规范

负荷	油门开度
拖车装3 000 kg	1/2
拖车装6 000 kg	全开
挂犁耕深16～20 cm，耕宽120 cm以上	全开

七、磨合后的技术保养

拖拉机经过磨合，在传动系统、润滑系统和液压系统中将有一些金属屑末或脏物混在润滑油中，因此必须进行清洗并更换全部的润滑油和液压油。做完必要的技术保养后，才能交付使用。为此，要做好下述工作：

(1)趁热放出发动机油底壳中的润滑油，清洗柴油滤清器、机油滤清器和空气滤清器，然后注入新的润滑油。

(2)拧紧气缸盖螺母，检查和调整气门间隙。

(3)趁热放出变速器一后桥壳内及前桥壳和左右末端传动壳中的润滑油，并加入适量的轻柴油，用2挡行驶速度行驶2～5 min，停车后立即将轻柴油放出，并按规定加入润滑油。

(4)趁热放出转向油箱和油缸中的液压油，然后注入新的液压油。

(5)更换冷却水。

(6)按润滑保养表对各润滑点加注润滑脂。

(7)检查前轮前束和离合器、制动器踏板的自由行程，必要时调整。

(8)检查并拧紧所有外部紧固螺栓和螺母。

附　录

附录 1　SNH800/804/900/904/1000/1004 型拖拉机技术规格

整机参数

型号		SNH800	SNH804	SNH900	SNH904	SNH1000	SNH1004
型式		水旱两用中型轮式拖拉机					
动力输出轴功率/kW		≥52.5	≥52.5	≥59.5	≥59.5	≥66.0	≥66.0
最大牵引力/kN		21.4	33.0	23.0	34.0	23.0	35.0
最大牵引功率/kW		≥45.0	≥45.0	≥50.3	≥50.3	≥55.2	≥55.2
额定提升力/kN		20	20	20	20	20	20
轴距/mm		2 439	2 411	2 439	2 411	2 439	2 411
长/mm		3 914	3 914	3 914	3 914	3 914	3 914
宽/mm		2 012	2 012	2 012	2 012	2 012	2 012
高/mm	至驾驶室	2 481	2 481	2 531	2 531	2 531	2 531
	至排气管顶	2 450	2 450	2 520	2 520	2 520	2 520
前轮距/mm		1 407～2 175	1 425～2 133	1 407～2 175	1 425～2 133	1 407～2 175	1 425～2 133
后轮距/mm		1 534～2 135	1 534～2 135	1 534～2 135	1 534～2 135	1 534～2 135	1 534～2 135
结构质量/kg		3 260	3 590	3 400	3 730	3 400	3 730
配重/kg	前配重	10 片，400 kg					
	后配重	6 片，300 kg					
离地间隙/mm		最低 403，最高 508					

传动系

型号	SNH800	SNH804	SNH900	SNH904	SNH1000	SNH1004
型式	4×2 轮式	4×4 轮式	4×2 轮式	4×4 轮式	4×2 轮式	4×4 轮式
离合器型式	干式、单片、双作用独立操纵					
变速器型式	12＋4　同步器换挡			12＋12　同步器换挡		
中央传动型式	螺旋圆锥齿轮副					
差速器型式	闭式					
最终传动型式	行星齿轮　末端传动					

续表

行走与转向系						
型号	SNH800	SNH804	SNH900	SNH904	SNH1000	SNH1004
机架型式	无架式					
前轮前束/mm	0～5					
前轴型式	伸缩套管有级调节平衡臂式	双万向节、行星齿轮末端传动	伸缩套管有级调节平衡臂式	双万向节、行星齿轮末端传动	伸缩套管有级调节平衡臂式	双万向节、行星齿轮末端传动
前轮轮胎(标准配置)	7.5—16	11.2—24	7.5—16	13.6—24	7.5—16	13.6—24
轮胎气压/kPa	245	180	245	200	245	200
后轮轮胎(标准配置)	16.9—30	16.9—30	16.9—34	16.9—34	16.9—34	16.9—34
轮胎气压/kPa	160	160	160	160	160	160
前轮轮胎(选装配置)	7.5—16	13.6—24	10.00—16	14.9—24	10.00—16	14.9—24
轮胎气压/kPa	245	160	220	160	220	160
后轮轮胎(选装配置)	7.5—16	11.2—24	7.5—16	13.6—24	7.5—16	13.6—24
轮胎气压/kPa	160	160	160	160	160	160
转向型式	全液压转向					
最小转向半径(单边制动)/m	3.8	3.9	3.9	4.3	3.9	4.3
制动系						
型号	SNH800	SNH804	SNH900	SNH904	SNH1000	SNH1004
行车制动	液压助力式操纵、湿式					
驻车制动	机械式操纵、湿式					
液压悬挂机构						
型号	SNH800	SNH804	SNH900	SNH904	SNH1000	SNH1004
液压悬挂型式	半分置式液压提升系统					
系统压力/kPa	190					
液压泵型式,流量/(L/min)	45					
液压输出最大功率/kW	7.20	7.20	8.04	8.04	8.82	8.82
扭矩储备率/%	18		30		30	
提升器型式	力位综合、快速升降液压提升器					
最大提升力(加载点在悬挂轴后 610 mm 处)/kN	20					
悬挂系统类型	2 型、独立式					
转速/rpm	787(柴油机转速为 2 500 r/min)					

续表

润滑油、燃油规格与容量			
用油、水部位	规格和要求	容量/L	备注
转向油箱	AMBRA MULTI G	2.5	
制动油箱	GB11118-89 抗磨液压油，L-HM32	0.4	
变速器，后桥	AMBRA MULTI G	47.5 42.5	挡位为12×12 挡位为12×4
燃油箱	$0^{\#}$或$-10^{\#}$燃油	127.0	环境温度高于5 ℃用$0^{\#}$燃油；温度高于−5 ℃用$-10^{\#}$燃油
油底壳	SAE15W40 （CD40柴油机机油）	13.0	SNH900/904-1000/1004
	SAE15W30 （CD30柴油机机油）		SNH800/804
润滑脂	3号合成润滑脂		推荐使用锂基脂
前桥	AMBRA MULTI G	7.0	
水箱容量	KVDO高级长效防沸防锈防冻冷却液	11.5	不带驾驶室和暖风
		17.5	带驾驶室和暖风
冷冻液（防冻液）			
项目	JFL-318	JFL-336	JFL-345
乙二醇含量/%	33	50	56
相对密度（15.6 ℃）	1.05	1.074	1.082
沸点/℃	104.5±1	108.5±1	110.0±1
凝固点/℃	−18±1	−36±1	−45±1
最低适宜温度/℃	−10	−26	−35
冷却水			
水质	最小	最大	只有符合水质要求的冷却水才能与长效防冻液及防腐剂混合
pH	6.5	8.5	
氯离子含量/（mg/dm^3）	—	100	
碳酸盐含量/（mg/dm^3）	—	100	
阴离子总含量/（mg/dm^3）	—	150	
使用冷冻剂时的总硬度	3	12	
碳酸盐硬度	3	—	
使用防腐蚀剂时的总硬度	0	10	

附录 2　主要紧固件拧紧力矩

SNH800/804/900/904/1000/1004 型拖拉机主要螺栓、螺母的拧紧力矩如下。

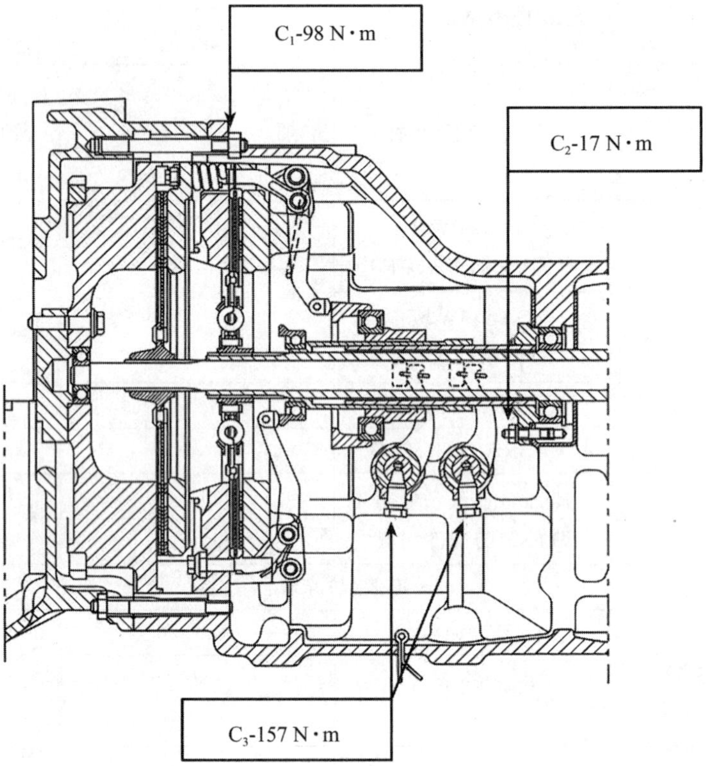

离合器

名称及装配部位	螺纹规格	拧紧力矩	
		N·m	kgf·m
分离拨叉，有头螺钉(C_3)	M16×1.25	157	16
离合器壳体与变速器壳体连接，有头螺钉	M12×1.25	98	10
离合器壳体与发动机连接，有头螺钉	M12×1.25	98	10
分离轴套座，螺母	M8×1.25	17	1.7
离合器踏板支架，螺母	M8×1.25	20	2

续表

名称及装配部位	螺纹规格	拧紧力矩	
		N·m	kgf·m

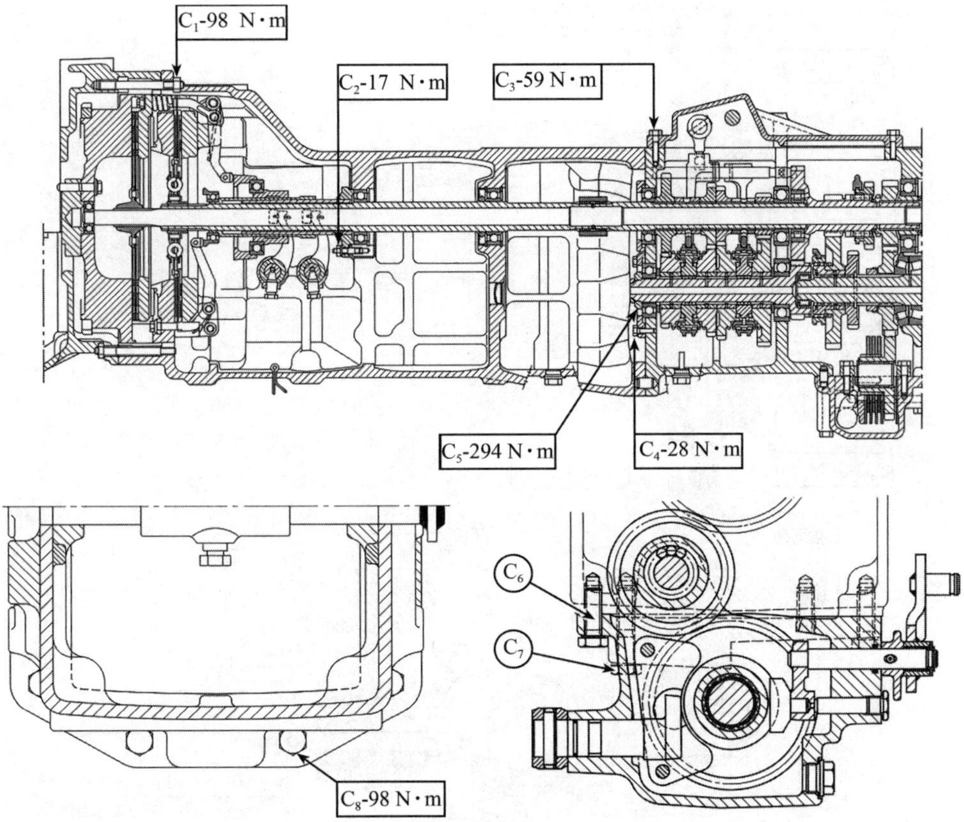

变速器

变速器顶盖,有头螺钉(C_3)	M10×1.25	59	6
变速器主动和从动轴轴承盖固定螺栓(C_4)	M8×1.25	28	2.9
从动齿轮轴防松螺母(C_5)	M32×1.5	294	30
传动轴中心架固定螺栓(C_6)	M12×1.5	98	10
传动齿轮座固定螺栓(C_7)	M12×1.25	98	10
离合器壳与变速器箱体固定螺栓(C_8)	M12×1.25	98	10

续表

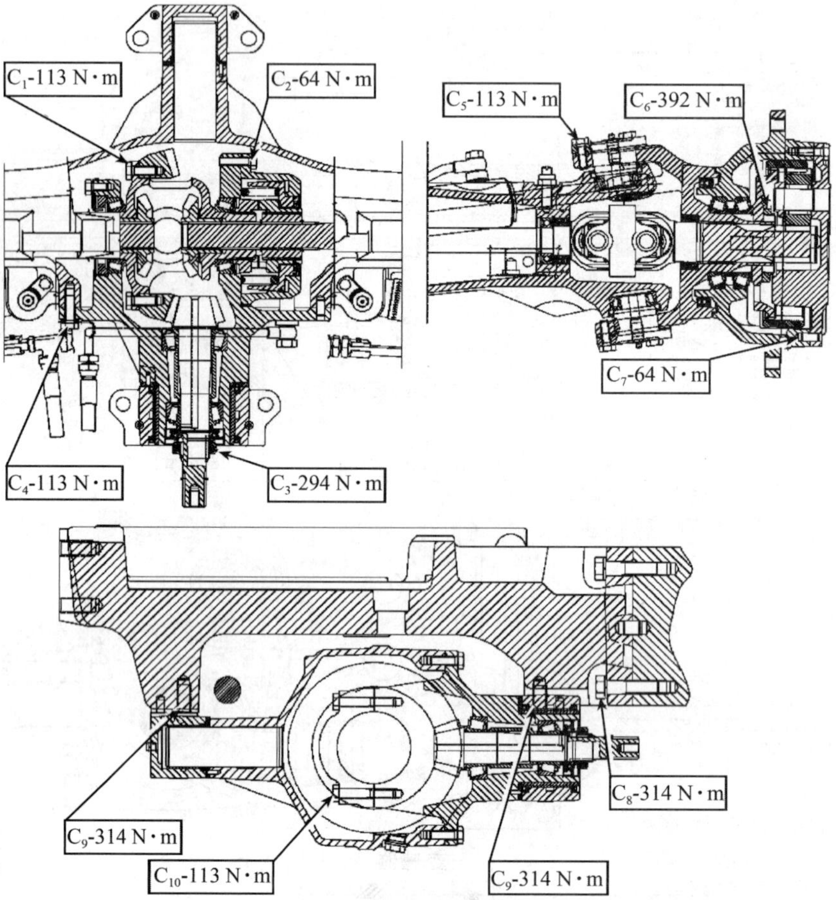

前桥传动

名称及装配部位	螺纹规格	拧紧力矩	
		N·m	kgf·m
大锥齿轮与差速器壳体固定螺栓(C_1)	M12×1.25	90	9.1
差速器锁装置固定螺栓(C_2)	M10×1.25	64	6.5
小锥齿轮轴防松螺母(C_3)	M35×1.5	294	30
差动伞齿轮支架与桥壳固定螺栓(C_4)	M12×1.25	113	11.5
转向节销固定螺栓(C_5)	M12×1.25	113	11.5
轮毂轴承防松螺母(C_6)	M75×2	392	40
外摆线最终减速器壳固定螺栓(C_7)	M10×1.25	64	6.5
前桥支架与发动机固定螺栓(C_8)	M18×1.5	314	32
前桥枢轴前后支架固定螺栓(C_9)	M18×1.5	314	32
差速机壳柱帽固定螺栓(C_{10})	M12×1.25	113	11.5
轮辋/盘固定螺栓螺母	M16×1.5	245	25

续表

名称及装配部位	螺纹规格	拧紧力矩	
		N·m	kgf·m

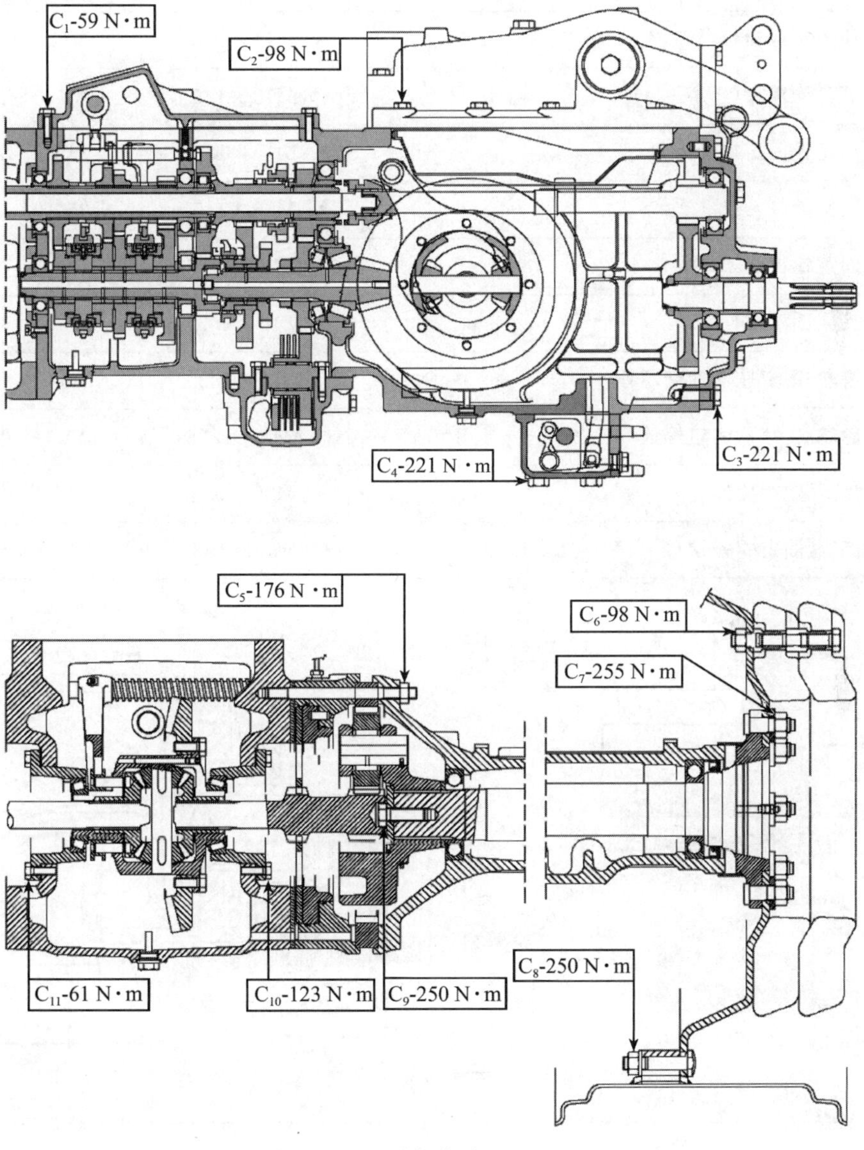

后桥传动

名称及装配部位	螺纹规格	N·m	kgf·m
齿轮箱-变速器上盖固定螺栓(C_1)	M10×1.25	59	6
悬挂提升器与后桥壳固定螺栓(C_2)	M12×1.25	98	10
动力输出轴壳与齿轮箱-变速器固定螺栓(C_3)	M16×1.5	221	22.5
挠性杆与齿轮箱-变速器固定螺栓(C_4)	M16×1.5	221	22.5

续表

名称及装配部位	螺纹规格	拧紧力矩	
		N·m	kgf·m
最终传动壳体与齿轮箱-变速器固定双头螺栓螺母(C_5)	M14×1.5	176	18
主动轮配重环固定螺栓螺母(C_6)	M14×1.5	98	10
主动轮毂衬盘防松螺母(C_7)	M18×1.5	255	26
钢板盘与主动轮辋固定螺栓螺母(C_8)	M16×1.5	245	25
主动轮轴固定螺栓(C_9)	M16×1.5	250	25.5
锥齿轮传动固定螺栓(C_{10})	M12×1.25	123	12.5
锥齿轮传动支架固定螺栓(C_{11})	M10×1.25	61	6.2
离合器壳与齿轮箱-变速器固定螺栓	M12×1.25	98	10
传动箱与齿轮箱-变速器固定螺栓	M12×1.25	98	10
主动轮辋-轨盘固定螺栓螺母	M20×1.5	245	25
主动轮辋-固定盘固定螺栓螺母	M18×1.5	314	32

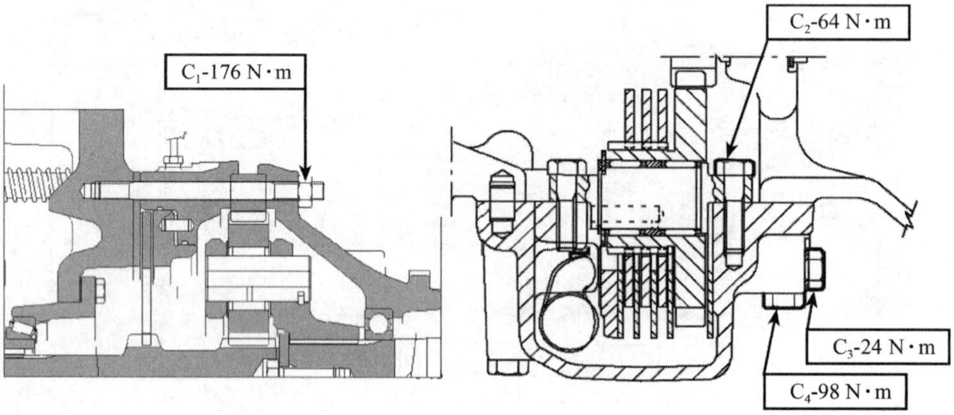

制动器

将最终传动固定到变速器上的螺母 (C_1)	M14×1.5	176	18
驻车制动从动齿轮固定轴用螺栓 (C_2)	M10×1.25	64	6.5
驻车制动扇形蹄片导向螺栓(C_3)	M12×1.25	24	2.5
变速器上固定驻车制动器支座用螺栓(C_4)	M12×1.25	98	10

续表

名称及装配部位	螺纹规格	拧紧力矩	
		N·m	kgf·m

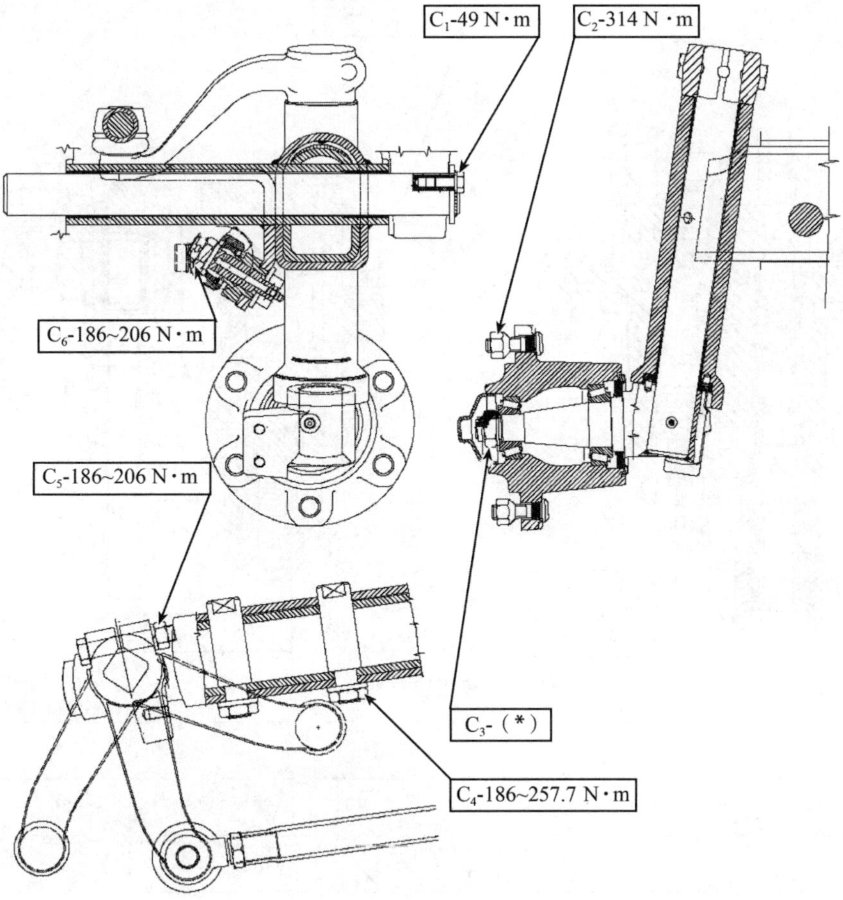

转向桥

将桥支架固定到发动机的螺栓	M18×1.5	353	36
转向横拉杆双头锁紧螺母	M16×1.5	102～123.5	10.4～12.6
转向横拉杆锁紧螺母	M20×1	176	18
桥铰接销(摇摆轴)固定螺栓(C_1)	M10×1.25	49	5
转向轮固定到轮毂的螺母(C_2)	M18×1.5	314	32
轴承调节螺母(C_3)	M20×1.5	(*)	(*)
固定桥末端的销的螺母(C_4)	M20×1.5	186～257.7	19～26.3
转向轴左右控制杆螺栓的螺母(C_5)	M14×1.5	186 ～ 206	19 ～ 21
固定油缸到支点销的螺母(C_6)	M18×1.5	186 ～ 206	19 ～ 21

续表

名称及装配部位	螺纹规格	拧紧力矩	
		N·m	kgf·m
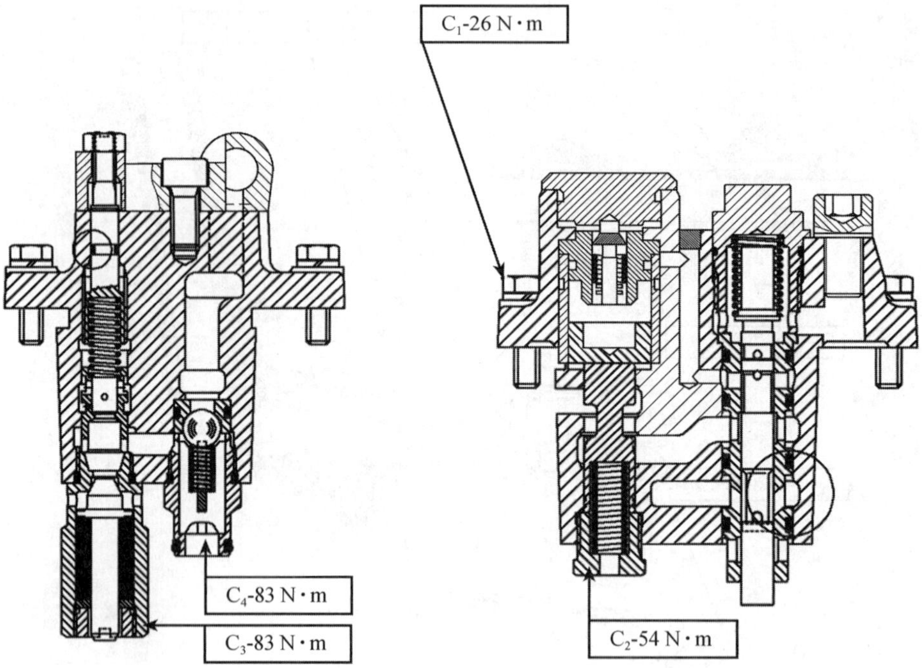 液压控制阀			
提升装置			
确保控制阀组提升的螺栓(C_1)	M8×1.25	26	2.7
控制阀盖(C_2)	M20×1.5	54	5.5
安全气缸阀(C_3)	M20×1.5	83	8.5
止回阀接头(C_4)	M24×1.5	83	8.5
内提升臂紧固螺栓	M10×1.25	61	6.2
定位轴螺母	M10×1.25	14.7	1.5
使用联结装置			
挠曲杆底座固定螺栓	M16×1.5	221	22.5
横向支柱架稳定装置固定螺栓	M16×1.5	221	22.5
提取吊钩底座固定螺栓	M16×1.5	221	22.5

续表

名称及装配部位	螺纹规格	拧紧力矩	
		N・m	kgf・m

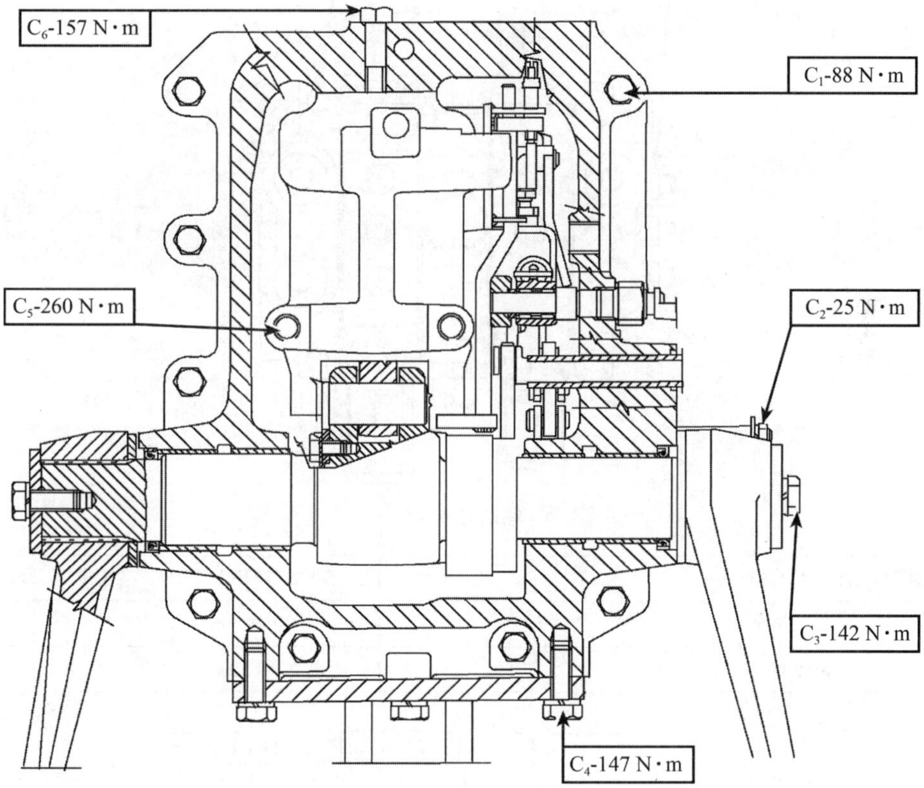

液压提升器

确保提升到后变速器的螺栓(C_1)	M12×1.25	98	10
用于扇形杆托双头螺栓的螺母(C_2)	M8×1.25	25	2.6
提升臂起模板固定螺栓(C_3)	M14×1.5	142	14.5
三点连杆底座固定螺栓(C_4)	M14×1.5	147	15
提升油缸固定螺栓			
顶部 (C_5)	M16×1.5	260	26.5
前部 (C_6)	M14×1.5	157	16

续表

名称及装配部位	螺纹规格	拧紧力矩	
		N·m	kgf·m

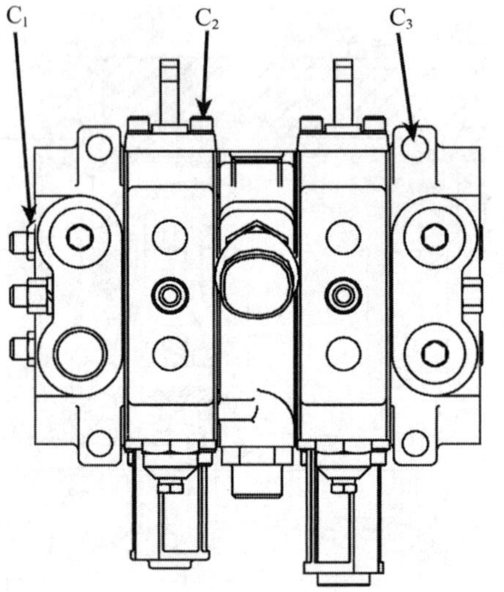

辅助控制阀

控制阀元件放松螺母(C_1)	3/8-24 UNF	20.4	2.1
前后盖固定螺栓(C_2)	1/4-20 UNC	11	1.1
辅助控制阀固定螺栓(C_3)	M10×1.25	59	6

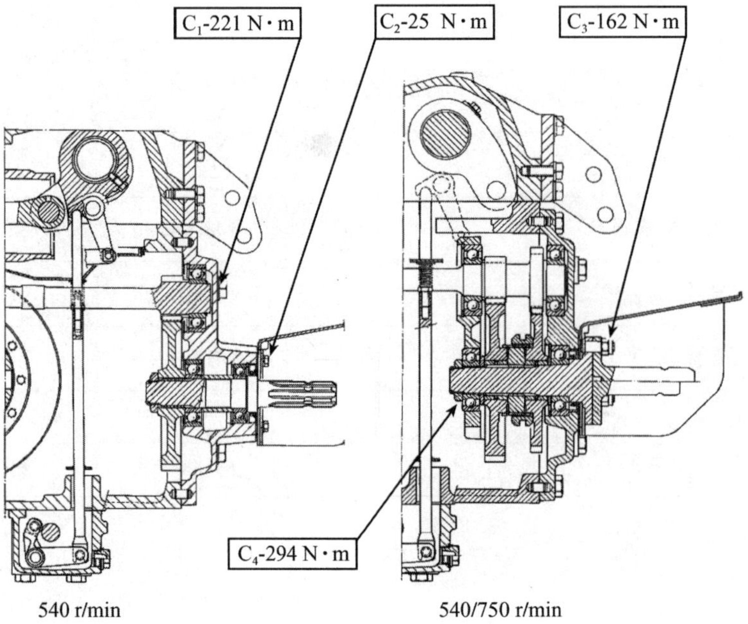

动力输出装置

续表

名称及装配部位	螺纹规格	拧紧力矩	
		N·m	kgf·m
轴承座固定螺栓(540/750 和 540/1 000 r/min 动力输出装置)	M 12×1.25	98	10
动力输出装置外壳固定螺栓(C_1)	M16×1.5	221	22.5
动力输出装置固定螺栓 (C_2)	M8×1.25	25	2.6
固定凹槽终端的自锁螺母 540/750 r/min 动力输出装置和 540/750/1 000 r/min 动力输出装置(C_3)	M12×1.25	162	16.5
螺母锁紧从动齿轮轴:			
540 r/min 和 540/750 r/min 动力输出装置(C_4)	M32×1.5	294	30
540/750/1 000 r/min 动力输出装置(C_4)	M28×1.5	294	30

附录 3 拖拉机使用操作国际通用符号表

拖拉机操作、维修手册,以及仪表、控制开关等拖拉机部件上使用了各种各样的通用符号,为了方便大家使用,收录整理如下:

符号	含义	符号	含义	符号	含义	符号	含义
	预热起动开关		收音机		动力输出		位置控制
	交流发电机充电	KAM	保持记忆体	N	变速器空挡		牵引力控制
	燃油液位	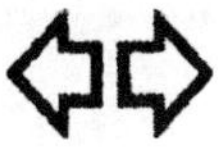	转向信号		爬行挡		附件(辅助装置插座)
	自动燃油供应切断		转向信号——辆拖车		慢速或低速设定		机具插座
	发动机转速/(r/min)	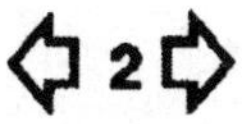	转向信号—两辆拖车		快速或高速设定		滑移量(%)
	记录小时数		前风挡玻璃—洗涤/刮水		陆地行驶速度		挂钩升起(后端)
	发动机机油压力	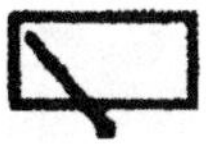	后风挡玻璃—洗涤/刮水		差速锁		挂钩降下(后端)

续表

符号	含义	符号	含义	符号	含义	符号	含义
	发动机冷却介质温度		加热器温度控制		后桥机油温度		挂钩高度限制(后端)
	冷却液液位		暖风装置风扇		变速器机油温度		挂钩高度限制(前端)
	拖拉机灯		空调		前轮驱动接合		挂钩已损坏
	前照灯远光		空气滤清器阻塞		前轮驱动脱开		液压系统及变速滤清器
	前照灯近光		停车制动		警告		远控阀伸长
	工作灯		制动液液面		危险警告灯		远控阀收回
	车顶灯		挂车制动		有压力，小心打开		远控阀浮动
	喇叭		制动		可变控制器		故障,参考驾驶员手册
			警告，腐蚀性物质				故障(代用符号)